海外中国园林发展与建设：1978—2020

OVERSEAS CHINESE GARDEN DEVELOPMENT AND CONSTRUCTION：1978-2020

赵晶　沈子晗 著

中国建筑工业出版社

图书在版编目（CIP）数据

海外中国园林发展与建设 = OVERSEAS CHINESE GARDEN DEVELOPMENT AND CONSTRUCTION: 1978–2020 : 1978—2020 / 赵晶，沈子晗著. —北京：中国建筑工业出版社，2022.4

ISBN 978-7-112-27024-8

Ⅰ. ①海… Ⅱ. ①赵… ②沈… Ⅲ. ①古典园林—建筑史—世界—1978-2020 Ⅳ. ①TU-098.41

中国版本图书馆CIP数据核字（2021）第270109号

责任编辑：杜　洁　孙书妍
责任校对：王　烨

海外中国园林发展与建设：1978—2020
OVERSEAS CHINESE GARDEN DEVELOPMENT AND CONSTRUCTION：1978-2020
赵晶　沈子晗　著

*

中国建筑工业出版社出版、发行（北京海淀三里河路9号）
各地新华书店、建筑书店经销
北京锋尚制版有限公司制版
北京中科印刷有限公司印刷

*

开本：787毫米×1092毫米　1/16　印张：17¾　字数：389千字
2021年12月第一版　2021年12月第一次印刷
定价：**118.00**元
ISBN 978-7-112-27024-8
（38817）

本书出版受教育部人文社会科学青年项目（编号18YJC760146）与
北京林业大学“城乡人居生态环境学科相关专著出版”项目资助

前言

1980年的春天，纽约第五大道上一座充满东方神韵的花园华丽绽放——以苏州网师园“殿春簃”为蓝本的“明轩”落户大都会艺术博物馆。这是第一座被移筑到大洋彼岸的中国园林，也是璀璨的中国文化走向世界的一块里程碑。正是这一占地仅400平方米的古典庭院，再次唤醒了西方世界对中国传统文化艺术的无限好奇与真挚向往。在这以后，德国慕尼黑的“芳华园”、加拿大温哥华的“逸园”、埃及的“秀华园”、新加坡的“蕴秀园”、美国波特兰的“兰苏园”、法国肖蒙城堡的“天地之间”，这些中国园林如雨后春笋般不断在国外萌芽、落地生根，为新时代中国文化艺术的海外影响力及广泛传播奠定了基础。

纵览全球传播的历史脉络，在经历了复制、仿建和现代转译的跨文化移植语境下，四十多年来中国园林的海外传播一直处于稳定发展的状态。在这一过程中，海外中国园林逐渐形成了中西结合、古今兼纳的独特风格。在继承神州大地上多重地域性风格园林的特点，以及传统营造技法的同时，部分古典名园的复制仿建作品又吸取了国外规范管理的经验，采用现代新型的材料技术建成的海外中国园林堪称兼具传统形式和现代化文化内涵的优秀之作，彰显了中国古典气韵的传承和发展。更令人惊喜的是，从20世纪70年代末“明轩”设计时所提出的“编新不如述古”观点，到如今中国展园陆续在威尼斯、新加坡、巴黎等国际建筑、艺术和园林展上粉墨登场，新一代中国风景园林师古为今用——在新时代的语境下，用创新的理念和视野，将中国园林的气象和内蕴良好地传递给了世界，这不仅展现了当代中国园林设计尊重传统的向下扎根性，也体现了接轨国际、面向未来的胸怀气魄与发展趋势。

从更为深远的维度来看，人们对海外中国园林的深刻印象，远不止于其独特的美学风格。事实上，自改革开放以来，这些园林的构建被赋予了丰厚的政治及文化内涵意味：透过美轮美奂的视觉盛宴，中国园林在海外不断被委以促进中外政治、经济、文化友好交往的重任，其背后正是这四十多年间中国文化开放化、国际化，稳健“走出去”的真实写照，其深层次的发展逻辑，正彰显了国家、地方、团体乃至个人层面中外交流的轨迹与特点。无论是古典名园的异国新生，还是现代展园的探索试验，都诠释了中国园林自古以来的期望与旨归——始终寄托世界人民共同心驰神往的“诗意栖居”情感。在现今全球文化的竞争与协同的发展语境下，海外中国园林作为古典美学与文化交流的双重载体，既是中国文化走向世界的内在驱动，也是中国园林持续演进的外生动力。

时至今日，海外中国园林作为中国跨文化传播的主要文化资源及传播媒介之一，日益凸显别样的吸引力、代表性和典型性。目前，已有逾百座海外中国园林实践项目落地建成，以其独特的实体环境形式，促进了中外各国特别是“一带一路”沿线国家间的文化交流。可以预见：未来随着世界各国联系更加紧密，中外文化交流愈发频繁，海外中国园林作为中国文化国际传播的重要载体，将承担更多也更关键的责任。因此，为促进该领域进一步发展壮大，我们亟须具备历时性与共时性的发展眼光：一方面，以史为鉴、汲取经验，通过继承前辈学者的研究成果，梳理四十多年海外中国园林在全球发展的时空脉络，总结既有海外中国园林建设的成功经验与失败教训；另一方面，通过深入探索海外中国园林的持续运行和文化传播方式，适应当下全球化语境的需求，是当下亟须关注且十分必要的领域方向。

鉴往知来，未来可期。本书印记了改革开放四十多年来中国海外造园的日新月异，再现了海外中国园林在全球各地的生长步履，不仅是对以往历史的纪念，也可作未来发展的借鉴。我国在国外建的园林数量和种类繁多，并不局限于本书的研究范围，经多方努力考证，书中涵盖的确是大多数作品。“艰难困苦，玉汝于成”，文化的传承与发展贵在持之以恒、静水流深。我们可以看到，海外中国园林繁荣发展的背后，一方面，缘于国家政治、经济、文化、教育等领域的长足发展，这无疑为当代园林事业创造了良好环境；另一方面，这些园林项目的建成有赖于强大的设计施工阵容和各方的齐心协力、通力合作。欣赏海外中国园林美轮美奂之景的同时，我们也诚挚感谢坚持不懈的风景园林设计师、默默奉献的工人师傅们，感谢为此光荣事业鞠躬尽瘁的老前辈以及中青年名家。希望通过本书，共襄盛举、踵事增华，为中国园林走向世界开拓更为广阔的天地；也希冀海外中国园林不负“常驻文化使者”的美誉，把跨越时空、超越国度、富有魅力的中国文化及精神内蕴，镌刻在异国他乡的咫尺山林。

2021年9月

目录

第一章 概说：中国园林的海外传播实践

自古以来，无论国界与地域差异，园林与人类生活都是密不可分的。即使时光流转，历史人文留下的印记，依然可以通过建筑、山水、花木按图索骥，略见一斑。甚至，我们不妨说园林的艺术，是有关地域文明的一种综合体现。中国园林源远流长、博大精深，以其丰富多彩的内容和高度的艺术水平在世界上独树一帜，成为中国传统文化的重要象征。中国园林在漫长发展的历程中，不仅影响着亚洲的朝鲜、日本等国家，甚至漂洋过海、远播西方，对世界园林艺术发展产生了深远影响。

由于社会、历史等复杂原因，在20世纪的很长一段时间里，世界对于东方园林的普遍认知仅仅局限于日本。然而，这种文化盲见的“拨正”过程，正是无数前辈学者不懈努力的结晶，使得外界再次认识到中国园林这块瑰宝。园林艺术的中外交流如历史长河般奔腾不息，永远绵延不绝。现如今我们回顾过去，目的正是为了古为今用、鉴往知来。梳理中国园林海外传播的历史经纬，我们得以清晰地把握中国造园艺术之于世界的重要意义，也为中国园林在今后的传承、保护、发展、传播指明方向。

一、历史步履

早在公元前7世纪，中国文化就由朝鲜东渡日本。日本的造园艺术承袭秦汉典例，用池中筑岛的手法，仿效中土的海上神山。南宋时，日本又从中国接受禅宗和啜茗风气，为后来的茶道、茶庭文化兴盛奠定了精神基础，而逐渐为日本庭园全盛时期的来临做出了全然铺垫。中国宋、明两代山水画家的作品，被临摹成日本水墨画，用作造庭的底稿，并且通过石组手法，布置成茶庭、枯山水等造型艺术。最意味深长的是，日本庭园建筑物和配景标题，乃至园名的选取，往往大量运用古典汉语词汇，展现了风雅隽永的文化根源，其背后正彰显了难以忽视的中国“印记”。

13世纪，以东亚文化圈使者、欧洲传教士为代表的文化交流使者，通过记录和叙述的方式，推动了中国园林艺术的对外传播进程。其中贡献最大的典型代表，当属威尼斯著名商人和旅行家马可·波罗（Marco Polo）。马可·波罗在中国停留了整整17年，回国后在狱中口述完成的《马可波罗行纪》（*The Travels of Marco Polo*）一书，详尽记载了他在中国的所见所闻，堪称事无巨细、如数家珍，神异的东方世界唤醒了欧洲人对东方的热烈向往，而书中就有对当时元大都壮丽的宫廷及庭院景观简短却富含感性色彩的文字记载。在当时的西方人心目中，东方就是不容置喙的“异域的福地”，而他们甚至从未涉足，就沉醉于这种来自远东的乌托邦幻想之中。

从16世纪中叶起，耶稣会开始向中国派遣传教士，中西文化的互通有无得以进一步推进。明万历十一年（1583年），意大利传教士利玛窦（Matteo Ricci）获准进入中国内地，自此中西方文明交流的程度得以进入新阶段。1665年，荷兰东印度公司驻华使节纽霍夫（Johannes Nieuhof）出版了图文并茂的《联合省东印度公司谒见中国皇帝或鞑靼大汗记》（*Het gezantschap der Neerlandtsche Ost-Indische Compagnie, aan den grooten Tartarischen cham, den tegenwoordigen keizer van China*）一书。这本书详尽介绍了具有鲜明中国特色的风情民俗、工艺、动植物等，用文字创造了一个充满异域情趣的中国形象。值得注意的是，其中就包括了对中国园林建筑的阐述与介绍，并附上了相应的铜版画插图。在很长一段时间里，这本书深刻影响着欧洲人心目中的中国印象，形成了根深蒂固的东方“标签”。即使时间到了18世纪末，在欧洲人掌握了有关中国更详细、更先进的第一手资料后，仍然会一再提到纽霍夫这位不容置疑的开拓者。

17世纪下半叶起至18世纪，“中国热”开始真正盛行。其辐射规模及范围空前，甚至深刻渗透到欧洲的建筑装饰风格之中。随着启蒙运动及其思想在法兰西愈演愈烈、深入人心，自然主义的思想开始拥有广泛影响力。落实到法国的装饰艺术层面，法兰西率先诞生了浪漫主义的洛可可风格（Rococo）。值此契机，“中国热”正好高度契合洛可可艺术家的审美追求，因此，中国工艺品上精雕细琢的山水、园林、建筑和人物形象，深刻融入了法国装饰风格之中。

时光迈入18世纪，中西园林文化交流盛况令人叹为观止，堪称空前绝后。纵观历史可以发现，基督教入华几乎成为当时中西方汇通的主要标志，同时也是主要途径。耶稣传教士入华曾有三次高潮，其中，17—18世纪的耶稣会传教士大举入华实践，可以视作是第三次高潮爆发的标志性事件。在当时的环境下，东方帝国与西方国家之间的书信往来，变得相对快捷便利，在华的耶稣会士得以将自己在远东的所见、所闻、所想以书信的形式，寄回大洋彼岸的家乡。而这些书信作为文化的传播承载之物，也陆陆续续在杂志、书籍等形式的纸媒中出版、面世。由此衍生出《耶稣会士书简集》（*Lettres Edifiantes et Curieuses écrites des Missions étrangères*）这一不朽经典。该书的编纂过程略有波折、几经易手，但其在西方国家的影响力度及传播范围非同小可。特别是在园林文化这一方面，对于英国自然风景式园林，以及英中式园林的发展历程，起到了启迪萌发、推波助澜的作用。在1743年，王致诚（Jean Denis Attiret）在给友人的书信《中国皇家园林特记》（*Un Recit Particulier des Jardins de l'Empereurde Chine*）中详细描绘了圆明园，并称赞圆明园景色“由自然天成”，誉之为“万园之园”“无上之园”。他认为中国人“要表现的是天然朴素的乡村，并非严谨对称和尺度和谐原则指导下的宫殿”；中国园林的特点，正在于不规则的构图和柔和的曲线、蜿蜒曲折的园路，以及变化无穷的池岸。上述的东方造园特色，迥然不同于整齐划一、严格对称的法国式园林风格。在这些书信、画作的铺垫及基础上，威廉·钱伯斯（William Chambers）、勒·路治（Le Rouge）等设计师乘上“中国热”的东风，对中国园林进行了一系列研究，并将研究成果以出版物的形式体现在相关论著和铜版画之中。二人的研究内容主要集中于英中式园林以及中国园林的造园要素和细部刻画，著名的代表作有《东方造园论》（*Dissertation on Oriental Gardening*）。后来，部分欧洲人还通过插图和工艺品中的建筑形象，自发营造了许多“中式园林”，它们往往以中式宝塔、亭阁、小桥等“构筑物”（Fabrique）为主，其中也存在对中国的山水、假山、植物等要素的借鉴。从历史经验来看，这些实践虽然并不能称为真正意义上的中国造园艺术，但毋庸置疑，其对欧洲人造园观念的转变和造园思想的长足发展，产生了至关重要的深远影响。

日新月异，时代变迁，从19世纪开始，欧洲的“中国热”逐渐消弭、淡去，然而西方设计师、普通民众对中国园林的认识却仍然十分有限，中国园林的普及范围也极为狭窄。这无疑阻碍了中国海外园林在境外的进一步传播，中国园林的海外传播陷入了“开源”的困厄之境，其发展也随之进入滞涩、被动、消极的持续低潮期。

与此同时，国内关于中国园林的研究也较为稀少，亟待展开。在这一背景下，由中国学者创办的英文期刊《天下》（*T'ien Hsia Monthly*）月刊，涉及书法、美术、雕刻、建筑、园林等诸多领域的内容，向西方介绍了中国文化。由朱启钤兴办的中国营造学社，延聘和资助了梁思成、刘敦桢等学兼中西的学者参与研究，通过对于古代建筑实例的调查测绘，以及大量搜集整理中外文献资料，筚路蓝缕、以启山林，为中国造园史的研究作出了重大贡献。童寯先生的《中国园林——以江苏、浙江两省园林为主》，就是第一篇由中国学者撰写、向海外详尽介绍中国园林的英文文章。在文中，他将中国园林放在世界园林体系的大环境中进行横向比较研究，也为当时国际学者进一步开展中国园林研究奠定了理论基础。童寯先生的文章还影响了瑞典学者喜龙仁（Osvald Siren），其著作《中国园林》（*Gardens of China*）对中国园林的研究考察堪称首开西方研究先河，因此也被视为西方学界关于中国园林的第一部系统性著作。自此，越来越多的中外学者投身于此，无私奉献智慧和心血，致力于中国园林的研究，并为了保护中华传统文化精髓发声，可以说，这一时期出版的研究著作是"后中国热"时期对中国园林更为冷静、更系统、更全面的梳理总结。

新中国成立后，良好的国际政治氛围为中外交流活动带来了更多便利，园林事业也百废待兴。在此期间，包括《园冶》在内的中国学者的大量研究论著，也逐渐被翻译成多种文字出版，在世界范围内为中国园林文化的研究提供了大量基础资料以及全新视角，外国出版的关于中国园林文化的相关论著，也因此大量涌现，数目上持续增加，对于中国园林文化对外传播的范围和深度都带来了巨大的助推作用。近年来，借助影视媒体传播的平台优势，我国还制作拍摄了一系列与中国园林文化有关的纪录片，制作精美，内容翔实，但选材多聚焦于北京皇家园林和江南私家园林，还未能高屋建瓴、从全貌高度呈现中国园林，也并未实现完全展现与介绍中国园林的宏志。引起广泛反响的人文历史纪录片《园林：长城之内是花园》，由中央广播电视总台制作拍摄，但在对外传播以及传播范围方面仍然比较有限，并未实现真正意义上的"对外出口"。

回望中国园林辉煌而又曲折的海外传播历程，其背后是无数学者昼夜不停地皓首穷经、砥砺山河、笃行不怠，以文字耕耘向世界尽可能展现了中国园林的真实面貌。随着世界格局的变迁，以及中国文化在世界范围内的复兴，中外文化交流的形式也历经几番流变，机遇无限。作为数千年来中国文化海外传播过程中最具吸引力、典型性、影响力的文化资源之一，得益于1978年改革开放的历史坐标，中国园林"走出去"获得了良好的契机。自此，中国园林的海外足迹开启了现代意义上的传播之旅，海外中国园林应运而生，在多种异质文化的交流与碰撞过程中，彰显着别样的魅力，诠释了属于东方神韵的独特价值。

二、时代跫音

改革开放以来，目前颇具规模的中国园林实践项目，已经在海外落地建成。这些园林以其独特的实体环境，促成中外特别是"一带一路"沿线国家的文化交流互通，与此同时，旨在将中国园林的文化精髓与特色播撒到世界各地，使中国文化屹立于世界文化之林。

现如今，中国园林作为中华传统文化在国际视野中的一张“名片”，兼具复杂性、多义性等特征。它不仅仅指向皇家园林、私家园林等中国传统文化遗产，还是一种中国文化的象征。更重要的是，中国园林已逐渐成为个人与民族，乃至国家文化形象与集体记忆的载体。随着中国园林向海外传播的过程不断被复制、仿制和转译等新模态塑造，海外中国园林既是国际展览的特色创新作品，也无疑是以友好城市建交为契机，多方通力合作建设的城市崭新绿色空间。

2017年2月，中共中央办公厅、国务院办公厅印发了《关于实施中华优秀传统文化传承发展工程的意见》(以下简称《意见》)，第一次以中央文件形式专题阐述中华优秀传统文化传承发展工作。《意见》指出要“推动中外文化交流互鉴。充分运用海外中国文化中心、孔子学院，文化节展、文物展览……助推中华优秀传统文化的国际传播。支持中华医药、中华烹饪、中华武术、中华典籍、中国文物、中国园林、中国节日等中华传统文化代表性项目走出去”[①]。中国园林作为重要的实体环境承担载体，正同中国文化中心、孔子学院一样，逐渐担当起持续传播中国文化、创设良好平台的重任。在未来更为频繁的中外文化交流中，海外中国园林无疑也是中国文化输出的重点之一。回望往昔，展望来路，毋庸置疑，海外中国园林的发展与建设将充满崭新的挑战与契机，因此，对其现阶段的考察对于助力中国文化更好地“走出去”具有重要意义。

三、立足当下

经过四十多年的实践，迄今已有一百余座海外中国园林陆续建成，它们代表中国文化全球复兴的重要阶段性成就，“身影”遍布亚洲、美洲、欧洲、大洋洲、非洲五大洲的二十余个国家和地区，分布范围广，数量和质量也颇为壮观（图1-1）。这些园林以身临其境的体验形式、实形实景的意境营造，将中国园林文化的韵味意境展现给各国人民。在此文化交流的过程中，依托海外中国园林的平台，中外园林界和人民之间的友谊得以升华，并且进一步促进了我国园林事业的发展。在此双向交流过程中，不仅取得了风评卓著的社会效益，同时也取得了良好客观的经济效益。

然而长期以来，这一输出形式并未得到来自世界各地的广泛关注，也并未形成系统性研究。在此语境前提下，建立并完善海外中国园林的理论研究结构体系，既能扩展和补充风景园林学的理论研究内容，又能深化中国园林文化海外传播理论研究的深广程度，拓宽该研究的国际视野。地域差异极大的东西方、文化价值极为悬殊的地域，为什么会不约而同选择为了中国园林事业增砖添瓦，本身便是一个值得深思的问题。这背后与当今日益紧密的国家关系、全球化的发展战略密不可分；然而我们必须承认，一座海外中国园林从草创、初拟、提出方案到最终

① 中共中央办公厅，国务院办公厅. 关于实施中华优秀传统文化传承发展工程的意见. 2017-01-25.

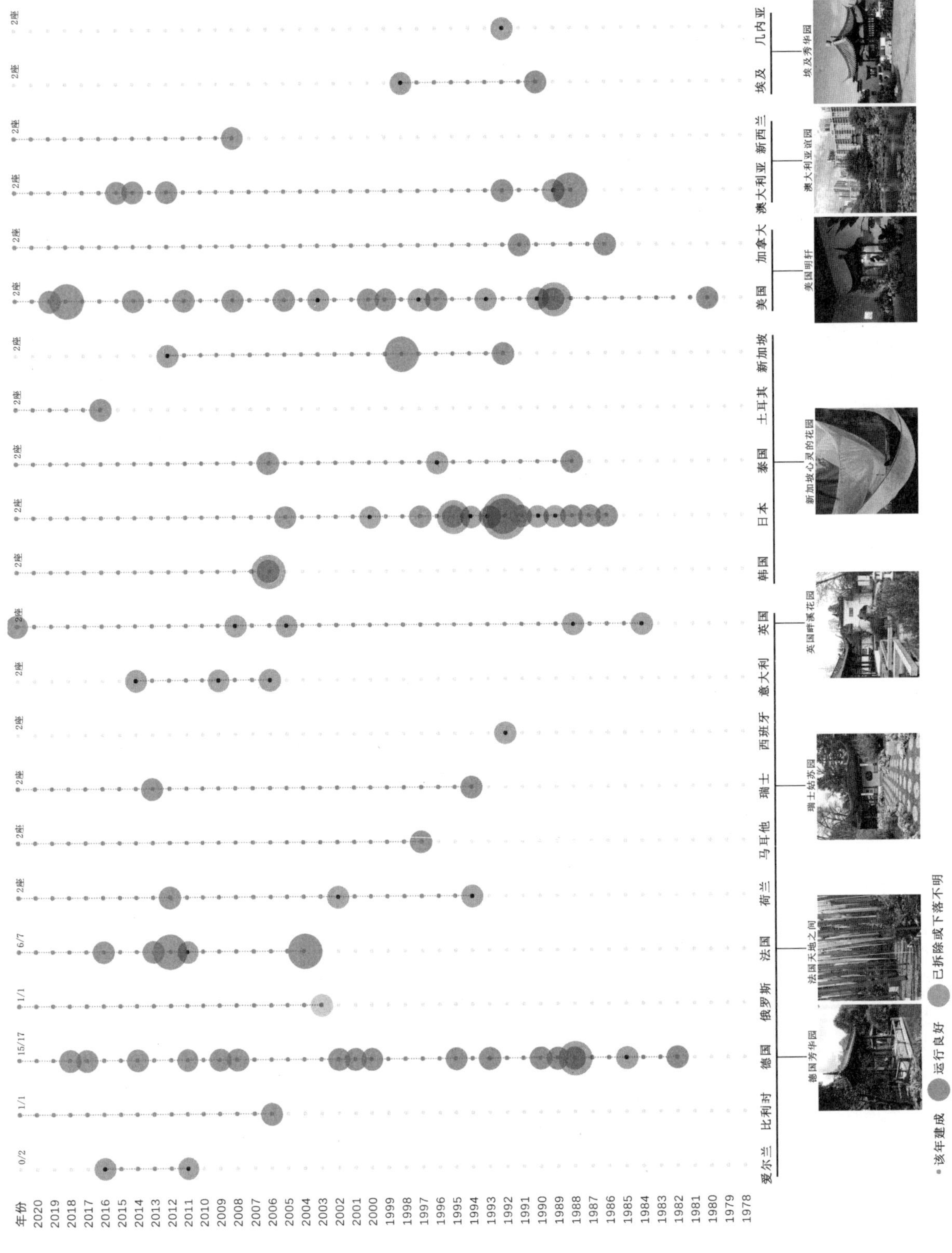

图1-1
1978—2020年海外中国园林全球分布情况

落成，需要经历漫长的时间，花费巨大的精力，我们需要关注的不仅是其造园意匠等表征，更要透过现象去拷问实质：其背后的来龙去脉、其落成后的运营模式、其建设的海外反响，都具有重要意义。因此，对于海外中国园林的研究，既要关注国际视野下的历史经纬，也要关注园林视野下的造园意匠和营建机制，甚至还需要具有跨学科的敏锐和洞察能力，借鉴管理学的运行模式，思考美学层面的审美认知，诸如此类。在跨越学科障壁的理论研究视野下，通过构建立体而翔实的结构框架，在兼具宏观视野与微观观照下，开展全面研究，力图对于未来海外中国园林发展及建设，提供重要的理论构建范式。

近年来，海外中国园林的数量呈现波动增长、稳步上升的整体态势。鉴于中外交流的日益频繁，其输出地区势必会更加广泛。而这些园林的建设和运营方式，也均在一定程度上影响并决定着其作为文化传播媒介所发挥的作用。与此同时，也会影响其海外受众的认知，更进一步地影响中国文化在海外的传播效果。就现有案例来看，部分园林不仅不会随着时间的推移而黯然失色，相反，园林的内在魅力因为时间积淀而愈发光华夺目、出彩出众，焕发中国园林文化的别样生机。这一类型的典型例子有美国的兰苏园（Lan Su Chinese Garden）和流芳园（The Garden of Flowing Fragrance）、新西兰的兰园（The Dunedin Chinese Garden）、德国的得月园（Garten des wiedergewonnenen Mondes），这些园林的共性在于，其管理和运营都相对比较完善。但与此同时，我们也要看到部分园林在海外的认可度不高，其承载的中国文化没有得到有效传播，也没有得到受众的理解；还有一部分园林因疏于管理已经逐渐呈现荒芜、破败之势，不复昔日荣华，更是失去了传播文化的效力，这不能不说是令人十分扼腕叹息的。如美国的锦绣中华公园苏州苑（Suzhou Garden，Splendid China），它曾为境外规模最大的中国园林，也被寄予了传播中国文化的重任，如今却因管理不善而被迫停止营业，已逾十余年。

因此，厘清海外中国园林的发展规律与建设全貌，对于海外中国园林的长足发展至关重要。一方面，我们尝试从区域社会、经济、人口情况和内在的社会文化差异，以及园林建设区位等方面，综合各个角度来探讨园林与地域文化、城市之间的复杂关系，希望可以为未来海外中国园林合宜的选址、有效融入海外环境提供建设思路和合理建议。另一方面，海外中国园林的意匠经营理念，也是一个随时代发展而不断发展、调整、完善的动态流动过程。因此，将其放置于历史长河之中，厘清其营建与运行机制的逻辑走向，为业已建成的不同类型的海外中国园林提供针对性的修缮及运营策略，对于提升海外中国园林的长足发展及有效传播，无疑具有迫切而深远的价值。

从更深层次的维度来看，海外中国园林发展与建设的背后，也是复杂的文化输出现象集成，涉及社会、文化、经济等多方面因素，因此从具体园林的长期修缮、运营角度来看，完善游览者基本的认知构建，是建构和谐人园相处模式，促进其持续发展的关键因素。

纵观近四十年的国际文化交流，海外中国园林的造园风格、设计手法、运营方式也都发生了翻天覆地的变化，给予我们全新的命题与挑战。这不仅体现在园林建造的因地制宜，呈现在丰富多彩的地域文明，也体现在园林的开发、营建、使用主体的逻辑链条之中。具体来说，一方面，在不同时期，中国元素在海外中国园林空间中的表现形式有着显著变化，而不同文化语境下游览者的主体反馈也有着天壤之别。另一方面，由于地域、文化的分野，国内设计者、国内外合作建设者、国外游赏者之间，也存在明显的审美差异性及主体认知偏差。因此，当我们考察海外中国园林的具体表达形式时，必须结合不同语境下的各异特征，具备历时性与共时性的跨文化视野。

探究海外中国园林的主体构建与受众认知情况，正是从文化输出的典型代表中，提炼经验并应用于具体实践的过程，也是一种从理论到实践的知行合一的尝试，具有多方面意义。其一，这一研究可以为海外中国园林的优化提升提供更具针对性的途径，有助于提升中国园林在海外语境中的认知力度与认同感。其二，以海外中国园林作为弘扬中华传统文化艺术的理想环境载体，将游赏者的沉浸式新奇体验与促进文化传播的内在驱动力有机结合。其三，我们也可将中国园林文化对外传播的优秀经验，应用于其他中国传统文化的对外传播中，从而助推中华优秀传统文化的国际传播，这一“走出去”的思路也高度契合当今我国文化输出的整体战略思路及宏观布局。

第二章　释义：海外中国园林的阐释与界定

人类智慧与文明的积淀创造了园林艺术。结合不同地域和各自历史文化背景，世界范围内的不同园林根据特性发展出了自身的优势与特色，并逐渐形成了东方园林、欧洲园林和西亚园林的主要造园体系。在世界园林的百花丛中，中国园林一枝独秀，数千年来，它在中华大地上遵循着自己的发展道路，形成了独特的艺术风格和系统的造园思想及手法，成为东方园林中无可争议的典型代表。

对于“中国园林”的概念阐释及界定，我国很多学者已经进行了多方面、多维度的具体阐述。现代语境下，“中国园林”既有古今流变之别，也有广狭视阈之分。

狭义的“中国园林”，主要指的是以江南私家园林和北方皇家园林为主的园林，包括部分地方性园林的中国传统园林，是“由建筑、山水、花木等组合而成的一个综合艺术品，富有诗情画意，讲究‘模山范水’，用局部之景打造山水关系”①。现代人的园林观念在传统园林内涵的基础上扩大而丰富了，它不仅是游憩之处，也兼有保护及改善自然环境，纾解人体身心疲劳的功效。因此，其含义除了包含古典园林外，也泛指公园、游园、花园、游憩绿化带及各种泛化意义上的城市绿地，如郊区游憩区、森林公园、风景名胜区、天然保护区及国家公园等，诸如此类的风景游览区及休养胜地，也都被列入园林的范畴之内②。因此，如今的“中国园林”不仅是指传统的园林，同样需要我们用更全面而与时俱进的眼光加以理解。东南大学潘谷西教授对“园林”的定义，即“园林是围入一定范围之内的、可独立使用的自然景观区域”，或许可以帮助我们更好地理解今日之园林。

由于社会历史等原因，历史上中外园林事业建造层面的交流活动事实上极为浅薄。虽然有过很多海外自发造园的经历，但是至少在20世纪80年代之前，海外确实还未曾出现过一座原真、完整的中国园林。值得一提的是，改革开放以后，随着中外交流的深入互通、友好城市的缔结以及华人地位的逐步上升，国外也再次掀起自发建造中式园林的风潮。许多友谊花园或者东方花园、亚洲花园相继落成。著名的如美国爱荷华州得梅因市（Des Moines，Iowa）的中国文化中心亚洲花园（Robert D. Ray Asian Gardens）、华盛顿州塔科马市（Tacoma，Washington）的华人和解公园（Chinese Reconciliation Park）等，这些园林多是由外国官方组织、当地设计师设计而成，或是民间中国文化爱好者自行建造。相较于18世纪“中国热”时期的中式构筑物和庭院，得益于现代媒介技术的日新月异，新时代的中式园林更加接近真实的中国园林风格。从建造风格来看，这些园林中的元素存在共同性，中国亭、月洞门、石桥等中国建筑元素颇为常见，但是在具体样式、颜色外观、细部结构等方面，却也与中国古典建筑存在着显著区别。从山、水、植物等其他造园要素来看，由于这些花园大多是国外当地人负责设计和施工落实的，对于中国园林传统的叠山理水手法，以及石材选用等方面，并不十分讲究，也没有完全继承。可以说，如今大部分外国人自发建造的中国园林，依然难以理解中国园林技艺的内涵与精髓，往往只是单纯地运用典型中国元素的机械叠加和简单模仿，因此并不能称为真正意义上的中国园林。

① 陈从周．说园［M］．同济大学出版社，1984.

② 曹林娣．中国园林文化［M］．中国建筑工业出版社，2005.

整体来说，“海外中国园林”是由中国设计师主导设计，并已在海外付诸建设，具有鲜明的中国园林风格或特征的园林。在现代化的语境观照之下，“海外中国园林”主要指的是，“围入一定范围之内，可独立使用的景观区域”，因此涵盖了传统园林形式和相关现代作品，但不包含极小型庭院及建筑单体。自1978年第一座海外中国园林——美国纽约大都会博物馆明轩（The Astor Court）启动建造、落地生根，海外中国园林的发展建设拉开了历史的新纪元。至今，前后跨越了四十多年的光阴，目前阶段，海外中国园林在全球范围内具有广泛的传播实践，分布在多个地区和国家。

图2-1
兰苏园（杨筠摄）

第三章　溯源：海外中国园林的嬗变历程

改革开放以来，中国园林文化以海外建园的方式在世界文化舞台上，在异域他国再次大放异彩。在短短四十多年间，逐渐形成蔚然大观、方兴未艾之大潮，其发展取得了不俗成就。这一时期所建园林的数量、质量都是过去“中园西传”无法望其项背的，园林实体形式的落地与真实可感的环境特征，相较于书籍、纪录片等数字媒介，又具有更强的场景沉浸感与文化传播可感性。正是在身临其境、步移景异的过程中，中国传统文明的精髓之处，通过园林外化的审美方式、生活方式、文化特征，就此传递给了世界各地的游览者。

毋庸置疑，海外中国园林因为建设时期较近、发展迅速、类型多样，相对于明清时期的传统园林以及中华人民共和国成立前的近代园林，更为突出集传统造园技艺与现代材料技术于一身的鲜明优势，对于传统中国园林的造园艺术传承、发展具有重要参考价值。与此同时，作为国际关系的“晴雨表”，海外中国园林的设计背后往往蕴含着新时期中国对外政治、经济、文化的价值理念与外交策略，它们的发展与建设历程，对当下和未来中国的文化输出战略均具有深远启示。

一、海外中国园林的发展历程

1. 时代背景

在海外建造一座中国花园的不俗规划蓝图，诞生于20世纪70年代后期，萌芽于美国纽约大都会艺术博物馆的一次展览计划。这一想法并非空穴来风，而是当时国际局势全新发展趋势的缩影及折射。从这一想法被提出到完美实现仅三年，这背后与国内园林专家、海外华人、国际友人的无私奉献密切相关。在此之后，众多中国园林漂洋过海，在国际舞台上再次绽放璀璨光芒，并在外事推动以及各界合力的盛情襄助下，取得了兼具数量和质量的累累硕果，在世界各地熠熠生辉。

（1）外部力量的“助燃剂”

1978年，中国开启了改革开放的新篇章，从此新时代的序幕徐徐拉起。这不仅体现在中国在国际政治格局上的日渐明朗，在社会经济方面，中国也开始迈入了持续健康发展的轨道。1979年中美建交这一跨时代的重要里程碑事件，为新时期东西方的国际政治交流奠定了基础，直接推动中国与世界各国交流日益频繁。自此之后，越来越多的西方国家开始以崭新的眼光看待中国，中国的国际地位与声誉也日益提升。

更重要的直接助推，来自我国对于园林事业所给予的政治与经济上的极大支持，也让海外中国园林项目得以顺利完成。自美国纽约大都会博物馆的明轩落成开始，中国园林在海外就陆续受到关注，以园林为媒介的外交活动与文化实践，也开始崭露头角。迄今为止，大部分在海外建设的中国园林都以外交赠予的形式，活跃在国家外事活动友好交流的过程之中。

（2）新一轮文化“中国热”

追溯中国的对外交流历史，由于社会历史等原因，中国园林事业主动“走出去”的探索一直较少。早期往往是西方人主动来华觐见、交流，向中国传入异域文化的同时，也将部分中国文明带回了西方，从而形成了一定限度内的国际园林文化交流。17—18世纪，随着航海贸易与交流的日益密切，西方传教士进入中国，与此同时，先前流入西方的中国园林艺术，也最先在法国传播开来。而后在英国真正发生巨大且深远的影响，之后散播至德国、俄国、瑞典等国，甚至在欧洲掀起了一股旷世持久的“中国热”。自此，中西方园林的交流互鉴之旅，在人类的文明长河中就未曾停歇过。从“中国热”时期的王致诚、蒲伯（Alexander Pope）、钱伯斯的书信文稿，到20世纪初朱启钤、梁思成、刘敦桢等学者创办“中国营造学社”研究传统园林，再到近现代瑞典人喜龙仁和美国人墨菲（H.K.Murphy）对中国的建筑、园林、雕塑、绘画等方面做出深刻的学术研究，以及李约瑟（Sir.J.Needham）编纂的《中国科学技术史》一书，将中国建筑的法式、风水、城市规划、造园艺术的智慧囊括在内。至此，海外学者对中国文化的研究越发深入。

时间长河奔腾不息，流至现代。以1978年12月召开的党的十一届三中全会为标志，中国进入改革开放时代。随着国家地位及国际声誉的日益提高，政治、社会、经济的稳固发展，中国人划时代地以发展与创新的眼光，来重新审视并探索外部世界。与此同时，西方也出现了新一轮“中国热”的风潮。迥异于17世纪“中国热”时期的简单复刻，也并非出于西方人对东方单纯由于猎奇心理，而引发的简单、粗糙乃至拙劣的模仿，此番新时代语境下的“中国热”，是以严谨的科学态度进行学习研究、深入探索。换言之，在这种良好氛围的双向流动语境之下，中国园林的建造与传播，在西方人眼中始终是一种健康、积极、平等且意义深刻的文化交流活动。

海外中国园林的国际传播背后，也是全球中国人难以割舍、血浓于水的文化基因纽带。在海外居住的中国人数量庞大，他们即使在异国定居多年仍有浓厚的中国情怀、华夏记忆，而中国园林恰好充当了一种寄托思乡之情、安置灵魂诗意栖居的理想媒介。目前，海外中国园林中的相当一部分，都是由当地华人、华侨及相关民间组织集资兴建的；至于家庭庭院、园林单体等建筑，更是不胜枚举、数不胜数。

除此之外，热爱中国文化的国际友人，在海外造园的实践中也起到了重要的枢纽作用。下表逐一列出了海外华人和国际友人在海外造园中所承担的角色，从中我们不难看出，在海外中国园林的发展、壮大过程中，都有他们不求回报、默默耕耘的身影，中国文化“走出去”，他们的力量不容小觑、功不可没（表3-1、表3-2）。

表3-1　海外华人在海外中国园林造园中的角色

华人的角色	角色身份	典型角色案例	典型园林案例
设计者	建筑师	康群威、石巧芳	法国巴黎“怡黎园” Yi Li Garden
出资者	商人及当地官员	新西兰当地华人	新西兰达尼丁“兰园” The Dunedin Chinese Garden
项目推动者	商人等	美国西雅图中国花园协会	美国西雅图“西华园” The Seattle Chinese Garden

表3-2　国际友人在海外中国园林造园中的角色

国际友人的角色	角色身份	典型角色案例	典型园林案例
设计者	当地设计师及事务所	阿克塞尔·赫梅宁 （Axel Hermening）	德国措伊藤“九曲十八弯” Neun Krümmungen und achtzehn Windungen
倡议者	学者	玛丽安娜·鲍榭蒂 （Marianne Beuchert）	德国慕尼黑“芳华园” Fang Hua Garden
出资者	大都会艺术博物馆理事、远东艺术部巡视委员会主席	阿斯特夫人 （Lady Astor）	美国纽约大都会博物馆“明轩” The Astor Court

2. 发展变迁

从1980年第一座海外中国园林“明轩”落地，迄今40多年间，在海外所建造的中国园林呈现星罗棋布、落地生根之姿，目前分布地域已经遍及五大洲，涵盖26个国家。

如果以园林每年的建成数目为参照系，对海外中国园林的发展阶段进行划分，大致可分为以下三个时期：第一阶段为1978—1987年的发展期，园林建成总数为9座；第二阶段为自1988年后迈入的高潮期，在此期间共有44座园林建成；在第三阶段中，经历了高潮期的繁荣发展后，自1998年起达到平稳期，海外中国园林的建设步调逐渐放缓，建设数目基本保持在平均每年1～3座（图3-1）。

（1）发展期（1978—1987年）

第一阶段发展期为1978—1987年，其间园林的建成总数为9座。发展期背后是国际关系、大国外交等客观历史原因的助推，具体来说，中美关系的缓和给中美之间的文化交流带来直接的推动作用。这不仅体现在广为人知的“熊猫外交”与“乒乓外交”，与此同时，还体现在1978年改革开放后，在海外建造中国园林的设想得以实现。

1980年，第一座海外中国园林明轩在美国纽约大都会博物馆建成。接下来数年间，中国接连收到来自国外举办的国际性园艺、园林博览会的盛情邀约，希望中国园林参加展览。其中，1983年慕尼黑国际园艺博览会上所建成的芳华园（Fanghua Garden）作为欧洲第一座中国园林，具有里程碑意义。与此同时，1984—1986年则是发展期内的一个小高潮，三年间共有6座园林落成，呈现出星火燎原之势。

自1980年起，短短几年，中国园林便在世界范围内大放异彩。从受邀参加国际园林园艺展览的小型展园搭建，到友好城市间的室外园林赠建，再到华人华侨、国际友人集资兴建中国园林，海外中国园林的发展得到了层次化的递进，其发展足迹也遍及美洲、欧洲和亚洲，形成蔚然大观之势。

图3-1
1978—2020年海外中国园林的发展阶段及情况

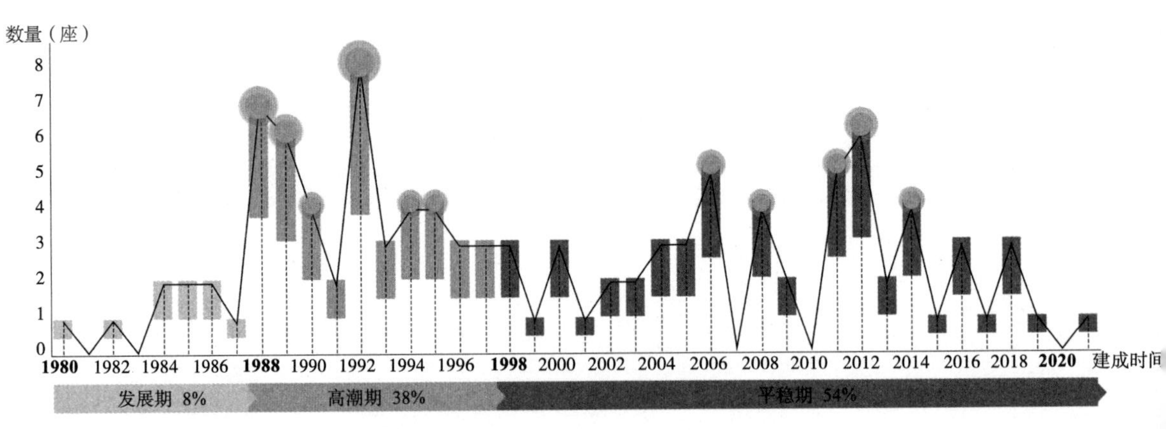

（2）高潮期（1988—1997年）

第二阶段为自1988年后迈入的高潮期，在此期间共有44座园林建成。1988—1989年，作为关键的里程碑年份，是中国海外建园的第一次高潮时期。在这一年的时间里，共有13座园林在亚洲、欧洲、美洲、大洋洲等四大洲落成，包括坐落于澳大利亚悉尼市达令港的第一座具有岭南私家园林风格的谊园（The Chinese Garden of Friendship）、海外私人出资建成的日本新潟县天寿园（Tian Shou Garden）、海外第一座荆楚园林风格的德国杜伊斯堡郢趣园（Garten des Kranichs），以及中泰两国友好的见证智乐园（Chinese Garden）——中国赠送给泰国第九世国王作为六十寿辰礼物的大型综合性园林等。

1992年，中国海外建园的第二次高潮来临，共建成了8座海外中国园林。作为20世纪60年代中国援建非洲项目的改造提升，坐落于非洲大陆的中国园林“十月二日公园”（The Garden of 2 October）在几内亚科纳克里市（Conakry，Konakry）完美落成。与此同时，我国在日本的园林建设也是硕果累累，共计建造了3座园林。同年，在新加坡裕华园内，还兴建了一座以盆景为主题的中国园林——蕴秀园（Chinese Garden），这座园林迄今为止仍是东南亚地区唯一保存完整并且具有代表性的苏州古典盆景园。

1994—1995年迎来了海外中国园林建造的第三次高潮。这两年间共有8座中国园林在海外建成，其中有4座园林的建造是出于缔结友好城市的旨归，另有2座属于私人商业邀建的范畴。在此之后，海外中国园林的建造就逐渐呈现平缓的发展趋势。

总之，在1988—1997年的十年间，中国园林在世界各地发展迅速，共建成海外园林40余座，遍布世界五大洲、数十个国家，发展形态呈现出星火燎原之势、百花齐放之态。

（3）平稳期（1998年至今）

在第三阶段中，经历了高潮期的繁荣生长后，自1998年起海外中国园林的建设步调逐渐放缓。经过1988—1989年、1992年和1994—1995年的三次造园高潮后，中国的海外建园数量开始下降，每年的建成数目基本维持在1～3座，偶有小高潮，稳步迈进平稳期。

其中较为知名的园林包括：1999年，在美国纽约市斯坦顿岛植物园建成的寄兴园（The New York Chinese Scholar's Garden），这座园林是“全美第一座完整且完全仿真的较大型苏州园林”；2000年，在美国俄勒冈州波特兰市建成的兰苏园，堪称是“世纪之交外建规模最大且为北美唯一完整的苏州风格古典园林”；2008年，在美国洛杉矶亨廷顿综合体内建成流芳园，这是迄今北美建成的规模最大的中国古典园林。

在这一阶段，还呈现出新型的园林作品——一定数目的转译类型现代风格园林作品开始进入国际视野。自此开始，不仅是单纯复制或仿建的中国古典名园在进行海外输出，而且在原有基础上生发了崭新的文化增长点。2005年，第一座转译型海外中国园林作品——美国波士顿市的中国城公园（Boston Chinatown Park）建成，在此之后，基本每年都有转译型园林建成，成为平稳期的发展新样态。

我们不难发现，虽然这一时期的中国海外园林在建成数目上有所减少，但无疑更加追求园林的传播效果与文化影响力。因此，有相当数目的中国园林在海外获得奖项，转译型园林也可以视作一种向世界传播中国园林文化的新媒介形式。

二、海外中国园林的建设概览

本节将从分布状况、建造缘由、建造风格及设计手法这四个维度，以改革开放以来近四十年间的时间发展为历史坐标，一览海外中国园林在全球的建设情况。

1. 分布状况：散作满天星

1978年至今，海外中国园林散落分布在各大洲。地域布局涵盖了美洲、亚洲、欧洲、大洋洲、非洲，主要分布在欧洲、亚洲和美洲。其中，欧洲的海外中国园林数量最多，达到43座；亚洲位居第二，共有27座；美洲17座，位居第三；大洋洲和非洲相对较少，分别有11座、3座（图3-2）。

从海外中国园林的分布地区和时间的关系来看，美洲作为最早出现海外中国园林建设的大洲，以1980年美国大都会博物馆明轩的横空出世为标志事件，具有深远意义。自此开始，其辐射范围开始扩展到欧洲的德国、亚洲的日本，并且分别于1983年、1986年建成欧洲、亚洲的第一座海外中国园林芳华园、沈芳园（Shen Fang Park in Sapporo）。20世纪80年代末，沿着中国外交的足迹，海外中国园林在非洲的埃及、大洋洲的澳大利亚落成，但在这两个洲的发展始终较为缓慢。

时至今日，欧洲的海外中国园林建设分布广泛，总共建成了43座园林，分布于12个国家。其中位于中欧版块的园林，有德国15座、瑞士2座、波兰1座；西欧版块的，则有法国7座、英国5座、荷兰3座、比利时1座、爱尔兰2座；东欧的俄罗斯1座；南欧的意大利3座，马耳他共和国、西班牙各1座。亚洲的海外中国园林，则主要分布于日本、新加坡、泰国、韩国、土耳其。在美洲，海外中国园林集中分布在北美洲，其中美国的海外中国园林在数量上占据绝对优势，几乎占美洲总数的九成，少数分布在加拿大和墨西哥。在大洋洲，海外中国园林则集中分布于澳大利亚的新南威尔士州、昆士兰州和堪培拉地区，在新西兰也建成了2座。

综合不同国家建设海外中国园林的具体情况和时间等因素，目前日本（17座）位居榜首，美国（15座）、德国（15座）紧随其后。日本的海外中国园林，其建设时间主要集中在2000年以前，2000年以后则陷入停滞，仅仅在2005年建成了福冈广州园（Guangzhou Garden）一座园林。中国在美国的造园于20世纪80年代末至2000年迎来高潮，在此期间共建成9座。2000年至今，虽然建设速度放缓，但数量从未停止，且质量逐步提升，并于2008年开始用时12年建成了流芳园。值得欣喜的是，目前海外规模最大的中国园林“美国国家中国园”也正在稳步筹建中。德国的海外中国园林建设整体频次较为平稳，且从未陷入停滞状态，2000年至今建成了8座园林，该数目摘得“同期建设最多园林”的桂冠。

图3-2
1978—2020年海外中国园林分布与数量、时间关系

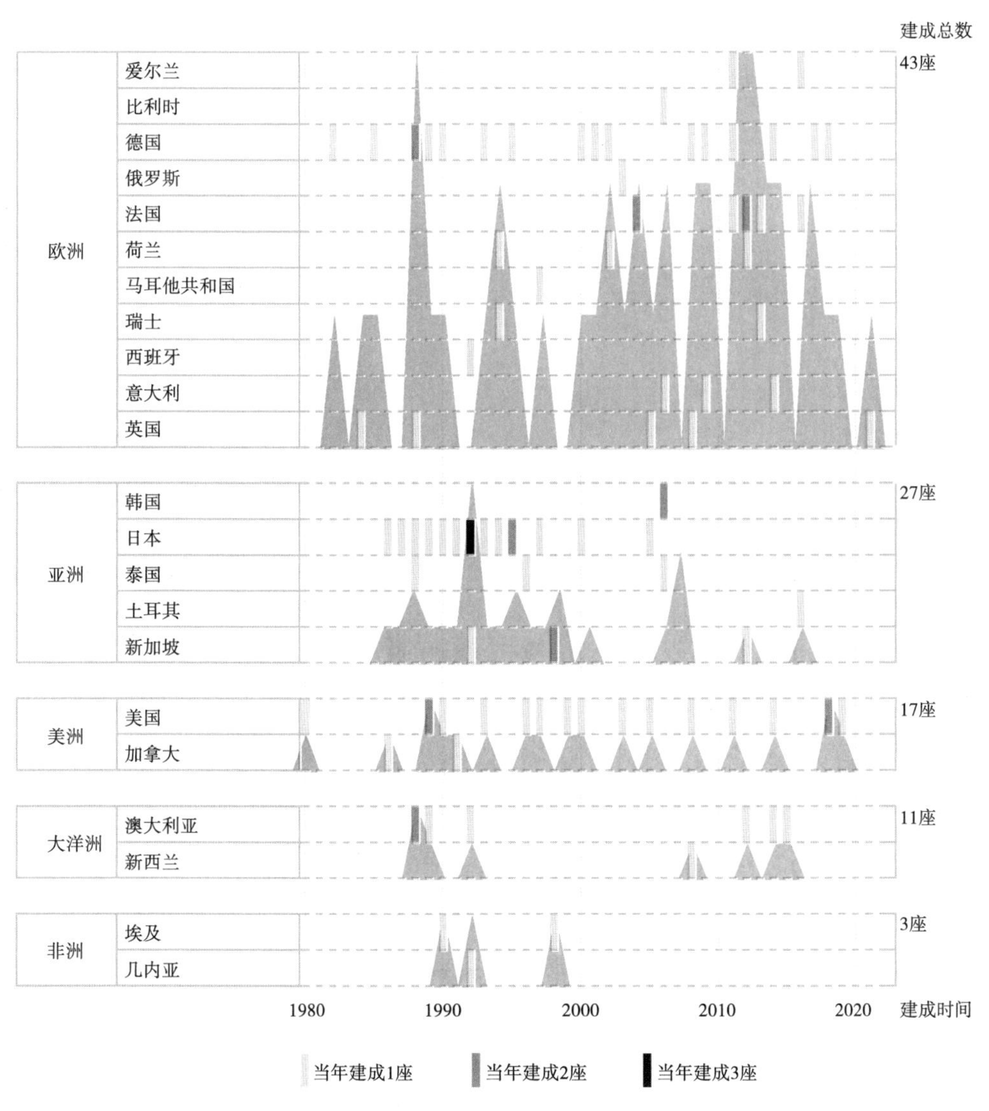

2. 建造缘由：因情缘际会

当我们追问每座海外中国园林的建造缘由时，就会发现它们均有其特殊性，但彼此之间仍然存在一定的共性。因而，我们在追溯其造园动机时，就可以将海外中国园林的建造缘由大致分为以下四类：外事活动建园、国际展会建园、城市更新建园、私人邀建或自行建园（图3-3、图3-4）。

我们可以看到，海外园林的建造缘由中，国际外事活动因素的影响成分占比较多。比如，首座海外中国园林明轩，即为国家城建总局应美方邀请后决定建园，进而委托苏州园林局设计建造的。然而，参展性质的园林作品如芳华园，则在1983年才首次出现，这是在慕尼黑国际园艺博览会上，由广州市园林建筑规划设计院承担设计和施工建成的园林。1993—1999年，出现了较长时段的空白期，直到2000年，才重新出现参展作品，此后也依然维持一定的活跃度。然而总体来说，城市更新与私人层面的造园活动，无论是总体数目上，还是各年份建造数目上，都是较为稀缺的。

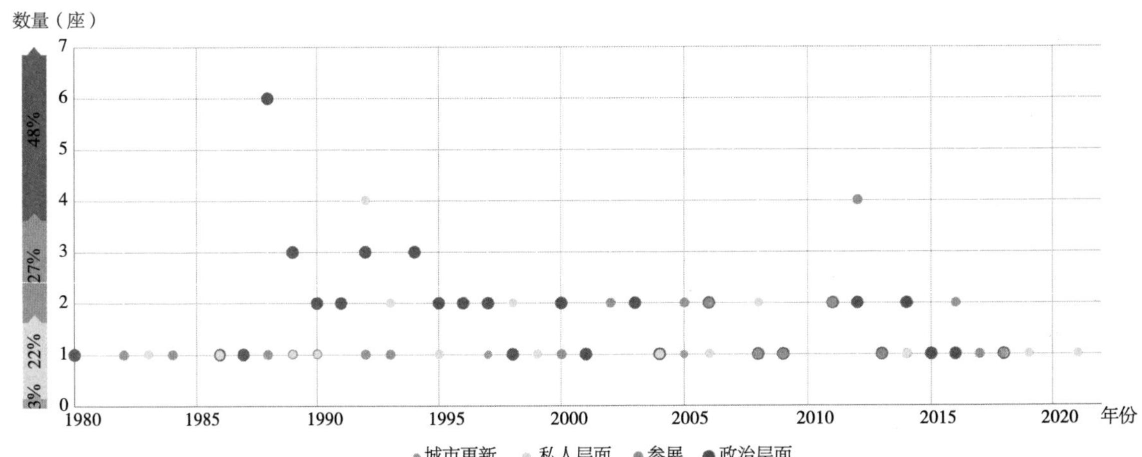

图3-3
1978—2020年海外中国园林的建造缘由与数量、时间关系

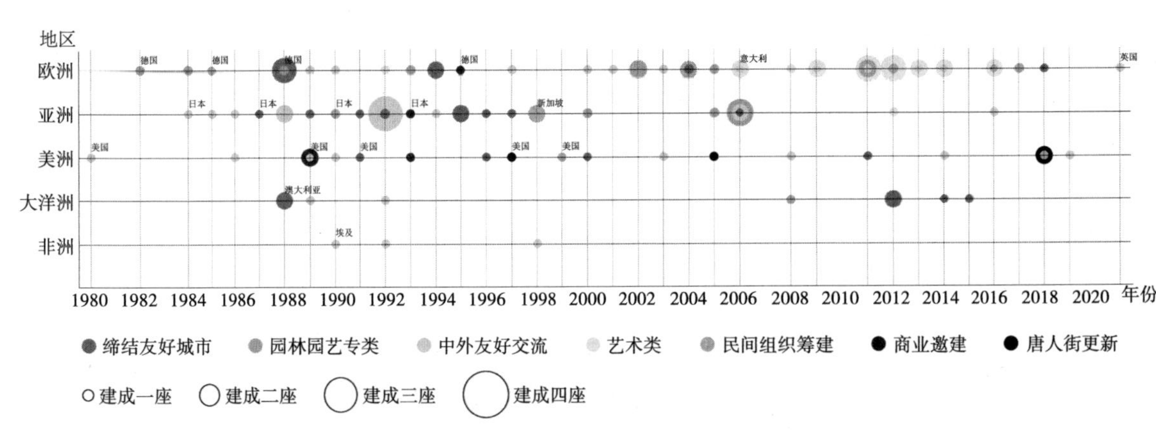

图3-4
1978—2020年海外中国园林的建造缘由与位置分布、时间关系

首先，园林建造数目最多的一类根植于外事活动的客观需要，也是出于国家、城市间为了达成建立友好外交的目的，而进行的园林建造活动。此类园林大部分是建造于中国地方政府与国外城市开展贸易合作或文化交流之际，为了纪念国家、城市之间的友谊或外交成就而建造的。举例来说，2003年上海市政府赠建的友谊园（The Garden of Friendship），就是为了祝贺俄罗斯圣彼得堡市建城300周年，表达中俄两国往来修好之意；2018年，长沙市政府建造的柳明园（St. Paul-Changsha China Friendship Garden），也是为了纪念圣保罗市和长沙市缔结友好城市30周年而建造。此外，还有一部分园林由国家驻外援建工程所建，如1990年建设的秀华园（Xiuhua Garden），源于中国为埃及开罗国际会议中心建设，诸如此类，不胜枚举。

第二类是用以参加国际园艺博览会的中国园林，主要分布在欧洲。自1983年中国园林参加德国慕尼黑国际园艺展并一举摘获大奖之后，中国园林的曼妙身姿，又屡次展现在多次国际园林展之中，如1987年参加英国格拉斯国际园艺节的亭园（The Pavilion Garden），1990年参加日本大阪国际花与绿博览会的同乐园（Tong Le Garden in Osaka），1990年参加西班牙塞维利亚世界博览会的探梦园（The Discovery Garden），1993年参加德国斯图加特国际园林博览会的清音园（Qingyin Garden）等，它们为中国的园林设计增光添彩，并给国际留下了东方神韵的不俗印象。进入21世纪，中国园林的参展活动变得更为频繁，且集中分布在欧洲各国。除了2005年参加英国汉普敦皇宫园林展的蝴蝶园（The Butterfly Lovers）、2012年参加荷兰芬洛世界园艺博览会（Floriade 2012 Venlo）的中国园仍保留了江南私家园林的风格，这一时期参展作品主要以转译手法的园林居多。举例来说，有业界闻名遐迩的法国肖蒙花园节的天地之间（Between Sky and Earth）、方圆（Square & Round）、和园，2017年德国柏林国际园林博览会（IGA Berlin 2017）的独乐园（Dule Garden）等。

除此之外，另有一小部分海外中国园林，是由私人邀建或自行建园的。具体包括国外植物园、城市公园、博物馆等机构，主要以展示和介绍世界园林体系为目的邀建，以及海外华人自行筹建的中国园林，或是国际友人因对中国怀有深厚情结而进行的邀建，以及国外企业以经营为目的的邀建等。2008年美国洛杉矶亨廷顿图书馆邀建的流芳园，1985年加拿大温哥华华人协会邀请苏州园林局建造的中山公园逸园（Dr. Sun Yat-Sen Classical Chinese Garden），以及2004年华人建筑师康群威、石巧芳于法国巴黎自行筹建的怡黎园（Yili Garden）等，都属于这一类型。

综合海外中国园林的建造地区、建造时间与建造缘由等三个维度来衡量，以缔结友好城市为由赠建以及受国外邀约建成的中国园林，在各大洲均有分布。上述每个国家海外中国园林的修建，都是以外事活动的赠建、邀建为开端，其发展又以欧洲、亚洲、美洲的国家为主。这类园林于1985—2000年，迎来了第一次建造高潮。这一时期园林的修建，有赖于中方的援建、赠建，分布国别包括了美国、日本、埃及、几内亚等14个国家。2000年以后，经由国外地方政府邀建的中国园林，数量呈现稳定增加趋势，且集中分布于欧洲、大洋洲。与此同时，参加国际园林园艺展览建造的中国园林也主要分布在欧洲。究其原因，这与欧洲长期以来作为国际园林园艺与艺术展览活动的承办者密切相关。2000年以来，中国园林主动“走出去”与各大国际展览邀约成为海外中国园林建造的关键内外驱力。

3. 建造风格：赏百花齐放

中国古典园林风格以江南私家园林、北方皇家园林、岭南园林为代表，其他地方风格兼而有之。海外中国园林的类型涵盖了古典名园和现代展园，因此建园风格类型丰富，所谓“一方水土养一方人”，这也正彰显了我国疆域辽阔、地大物博的特点，以及几千年来造园艺术的深厚积淀。其类型主要包含江南私家园林、北方皇家园林、北方私家园林、岭南私家园林、其他地域园林以及现代园林六类。值得一提的是，由于巴蜀园林、荆楚园林、徽州水口园林、云南特色园林等园林风格建造数目较少，因而将其统一归类于其他地域园林的范畴之内（见图3-5、图3-6）。

从不同类型的园林及其建设数量情况来看，江南私家园林风格在海外中国园林中有显著的数量优势，甚至占了海外造园总数的近五成，成为近四十年中国园林“走出去”的样式典范。综合建设缘由、建设国家和建设时间三个维度进行考察，我们可以发现自“明轩”开中国园

图3-5
1978—2020年海外中国园林的建造风格与数量、时间关系

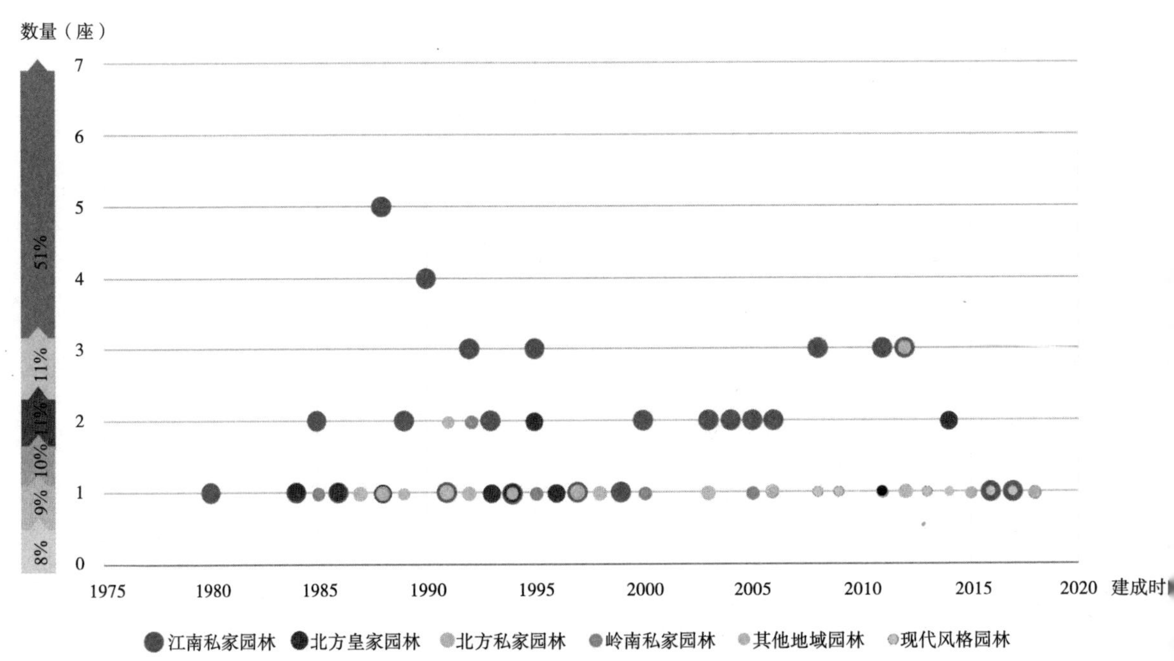

林“出口”之先河，并获得无数国际赞誉后，具有江南私家园林风格的“出口”作品，从此在世界范围内迎来建园热潮。直至1997年苏州古典园林被列入世界文化遗产，这一风潮得以延续，且在西方国家风靡一时，极具文化影响力。目前，美洲建成的海外中国园林中，江南园林风格占据超过七成的比重，而在欧洲建成的中国园林中，江南园林风格也同样占据半壁江山。甚而言之，长期以来江南风格的海外中国园林，也是中国对外赠建和援建园林的首选之项，著名的园林不胜枚举，如1989年建成的原中国驻澳使馆庭院（Garden Project of Chinese Embassy in Australia）、1990年建成的埃及开罗国际会议中心的秀华园、2013年建成的瑞士日内瓦世界贸易组织总部的姑苏园（Chinese GUSU Garden），诸如此类，不一而足。

除此以外，北方皇家园林、北方私家园林、岭南私家园林与其他地域园林风格，在建园数量上相近。北方园林风格的海外中国园林，在地理分布上集中在亚洲的日本、韩国，以及大洋洲的澳大利亚，少数分布在欧洲的俄罗斯、英国、德国、西班牙、荷兰和非洲的几内亚、埃及等国。其中，北方皇家园林风格和北方私家园林风格在建园数量上相当，其建造缘由大多是北京、沈阳、天津、石家庄、聊城等城市与国外缔结友好城市所建，它们主要是对北京颐和园、北海公园、恭王府等皇家园林的建筑小品（亭、榭等）进行不同程度的仿建再现。1997年之后，此类园林建设出现了较长时间的停滞与空白期，直至2014年波兰皇家瓦津基公园（Lazienki Park）的中国园（Chinese Garden）建成，才打破了长期以来的空寂。

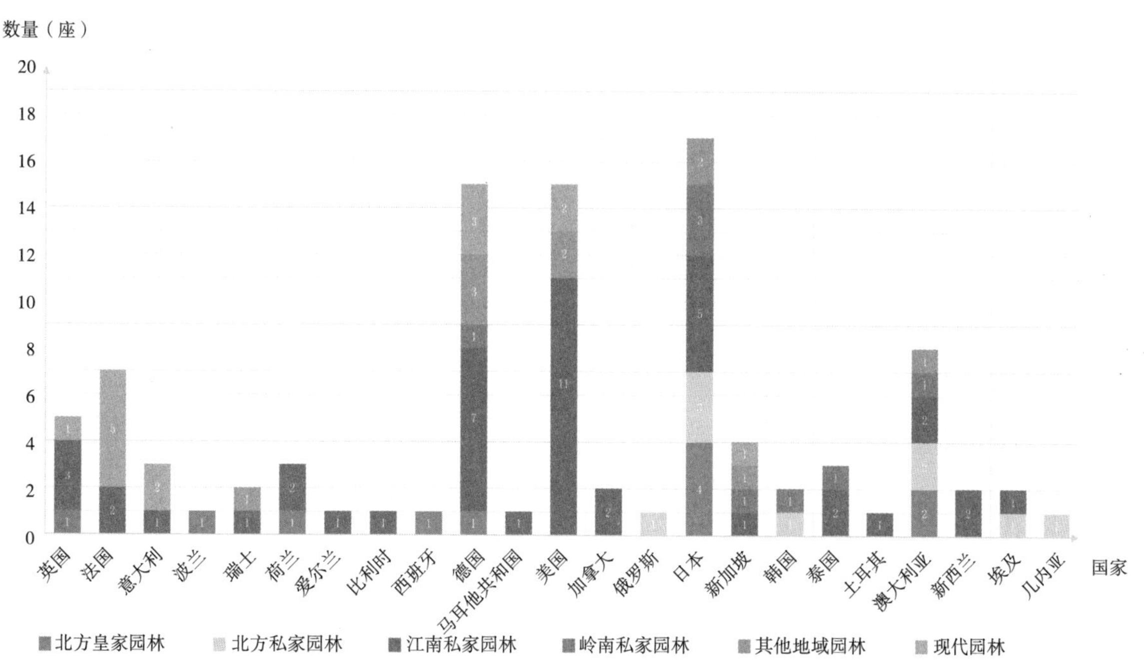

图3-6
1978—2020年海外中国园林的建造风格与数量、地区分布关系

四十多年来，岭南私家园林风格的海外中国园林与北方私家园林风格在总数上相当，共有9座。且在地域分布上，集中于亚洲，包括日本的广州园、粤秀园、福州园（Fukushuen Garden），韩国的粤华苑（Yue Hua Garden），泰国的孔敬中国园，以及新加坡的同济院（Tong Ji Yard in Singapore），亚洲以外地区只存在德国慕尼黑的芳华园和澳大利亚悉尼达令港的谊园两座规模较为完整的岭南风格园林。

其他地域风格的园林在总体数目上较少，总计仅有9座。其中最早建成的，是1988年武汉市赠建德国杜伊斯堡市的具有荆楚园林风格的郢趣园。这座园林的别具一格之处在于，全园孔雀蓝色的琉璃瓦，尽显楚风古韵，风格隽永。在此之后陆续建成的还有，徽州水口园林风格的德国法兰克福春华园（Chinesischer Garten）、巴蜀园林风格的日本广岛市渝华园（Yu Hua Park in Hiroshima）、云南园林风格的瑞士苏黎世中国园（Chinese Garden Zurich），以及荆楚园林风格的美国圣保罗市柳明园（St.Paul-Changsha Friendship Garden at Lake Phalen）。原本由于纪念重庆市与美国西雅图市结为友好城市，在1988年启动、堪称最早开始筹建的海外第一座巴蜀园林美国西雅图西华园（The Seattle Chinese Garden），却陷入政治、经济的双重困境，得益于中外社会各界的不懈坚持，直到2011年才完成第一期的建造。

现代园林风格所占比例最少，这类园林主要来自转译作品，出现时间较晚，2005年在美国波士顿市建成的中国城公园（Boston Chinatown Park），堪称第一座具有鲜明现代风格的海外中国园林，此后现代展园陆续出现在各大国际建筑、园林、园艺展中。

4. 设计手法：师古亦承今

海外中国园林的设计手法也丰富多样，不一而足。具体来说，包含复制类、仿建类、转译类。本书将转译类园林纳入讨论范畴之中，也可以视作对以往研究对象的合理拓展（图3-7、图3-8）。

图3-7
1978—2020年海外中国园林的设计手法与数量、时间关系

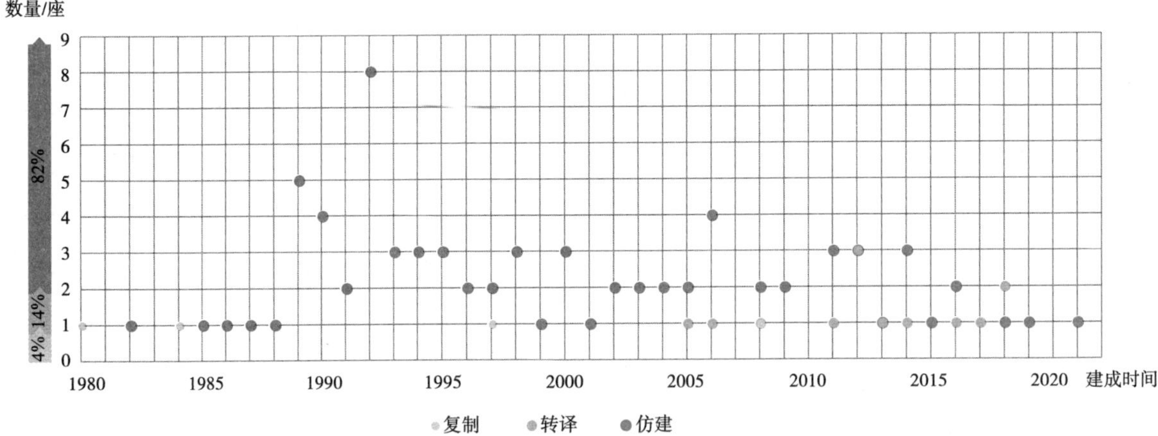

图3-8
1978—2020年海外中国园林的设计手法与数量、地区分布关系

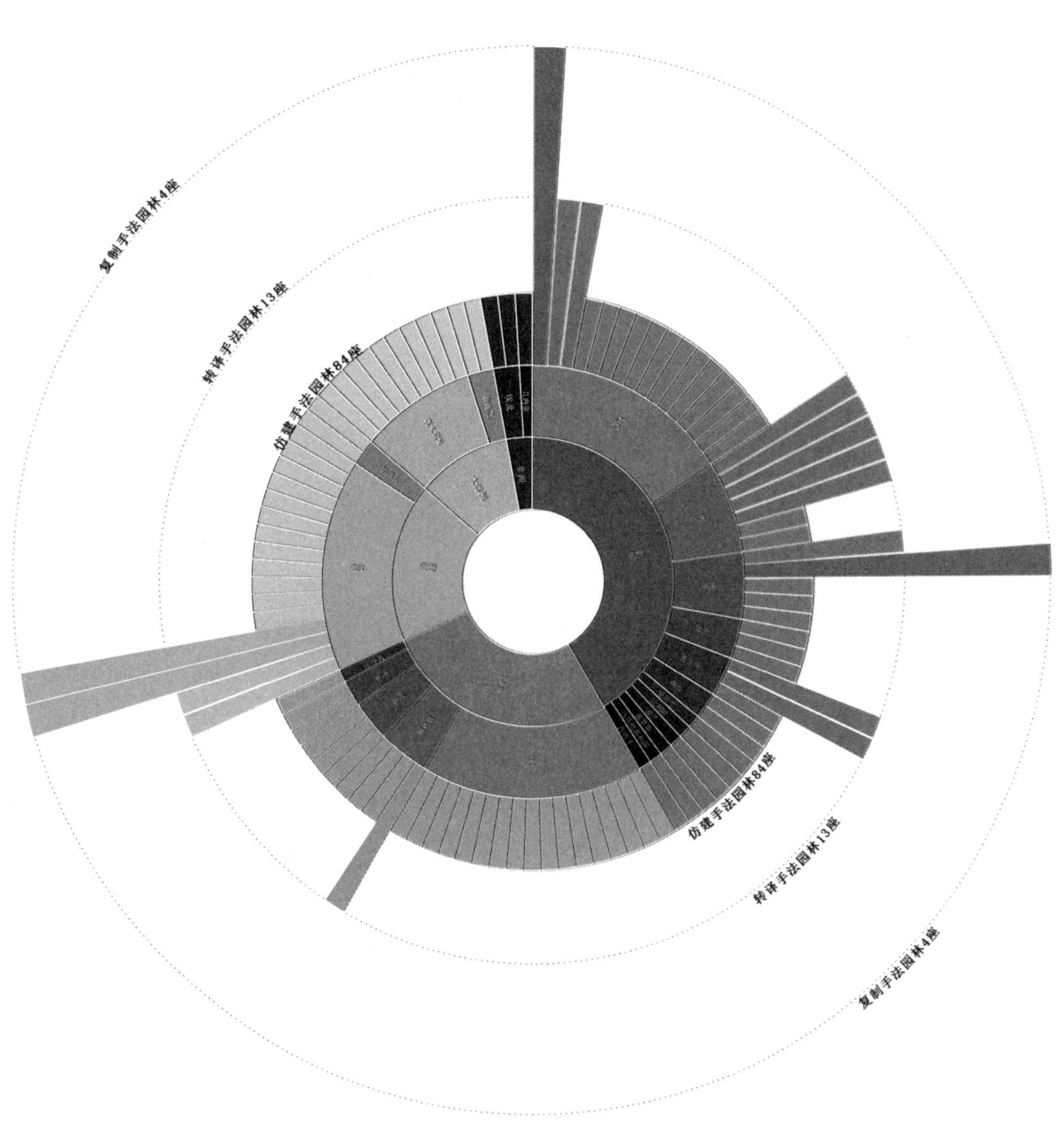

通过整理前人造园技法，我们可以得知，纯粹复制意义上的海外中国园林数目较少，目前仅有4座。复制类型的海外中国园林以中国古典名园的庭院、景点为范本仿照其建造，几乎完全继承了原型的园林风格、空间布局以及各造园要素的搭配组合，在植物选用和建筑样式上会因地制宜，有所改动。

1980年美国纽约大都会博物馆中的明轩，可以视作完全对网师园“殿春簃”与前庭精心复制的作品；而1984年英国利物浦市国际园林节上的参展作品燕秀园（Yan Xiu Garden），同样可以视作对北海静心斋中沁泉廊、枕峦亭的效仿与复制之作；同年，在日本池田市建成的齐芳亭（Qi Fang Pavilion），复制效法的则是拙政园的“荷风四面亭”；1997年，在美国建成的凤凰城中粮中国文化中心（Cofco Chinese Culture Center）的中国花园“和园”（Chinese Garden），则堪称转译多师、糅合众多风格，具体来说，是对南京（棂星门、天下文枢）、镇江（碑廊、第一泉碑刻）、杭州（三潭印月、小瀛洲）、苏州（拙政园“笠亭”、沧浪亭）、无锡（第二亭、方亭、曲廊）等五座城市名胜古迹的再现，极为匠心独运；2008年德国汉堡市的豫园（Yu Garden），其中的九曲桥、湖心亭茶楼则有上海豫园的风姿绰约、流风余韵，其中园中景观以1∶0.8的比例复建上海豫园。上述这些园林复制及效法的对象，大多为江南私家园林，我们不难看出，相较于其他几类园林风格，江南私家园林风格显然具有更高的认可度与国际传播风格。

仿建类型的园林不仅占比最大，且仿建内容也呈现出共性色彩。具体来说，仿建内容往往以单个甚至多个中国古典名园为范本，多集中于建筑小品、空间布局、植物配置、造景手法的提炼与模仿等维度。举例来说，1989年日本横滨市建造的友谊园（Friendship Garden），在空间布局上仿照“一池三山”进行园林整体的空间布局；在师法中国园林的造景手法层面上，例如框景、欲扬先抑、借景等手法，也被广泛应用，1988年澳大利亚悉尼达令港谊园的建造风格与内蕴则是极佳注脚。

我们可以看到，仿建的艺术并不等同于纯粹的复制，而是对原型风格的另一种创造性呈现。近四十年海外中国园林仿建原型的园林风格，主要以江南私家园林为原型，其中具体包括苏州园林、扬州园林、上海园林、杭州园林、南京园林、无锡园林，其中又以苏州园林和扬州园林最多。从建设地区和国家来看，仿建园林的建造往往具有强烈的风格偏好与地域抉择色彩。美国的仿建类海外中国园林具有建造历史悠久的特征，呈现出强烈的江南园林风格偏好，大多以苏州、扬州、南京的古典名园为原型，建造技术成熟且大多具有完整规模。相比之下，在德国的仿建类海外中国园林中，虽然江南园林风格依然占据较大规模，然而也有对北方皇家园林、徽州水口园林、荆楚风格园林、宋代园林的重组再现，呈百花齐放之势。然而，分布于亚洲的日本、韩国的海外中国园林，则以对北方园林风格的模仿和师法为最，效仿岭南私家园林风格次之，在这背后也折射出中国与日、韩两国友好城市的分布格局。而新加坡、泰国两国，则主要以苏州园林为主的江南园林作为仿建原型。

转译类型的园林作品近年来不断涌现，是现当代设计师在海外参加国际展会，运用新材料、新技术对传统中国古典园林的外在形态与内在含义进行转化，设计出的现代风格园林。这些园林以中为本，西为中用，虽然在一定程度上弱化了传统中国文化符号的烙印，但是将中国园林转化为让不同文化背景的人都可以得到愉悦的切实环境氛围，收获了国际的认同与赞赏，也表明了未来现代风格中国园林的探索实践具有跨越文化差异、进一步传播的潜力。

第四章 掠影：海外中国园林的营建与运行

伴随遗产经济学的兴起，如何有效维系中国本土古典名园的保护与经营这两者间的有机平衡，成为时下必须面对的重要议题。目前，这些园林作为世界文化遗产的文化价值和表征内涵正在不断丰富——它们不再是单纯的观赏性园林，也开始尝试通过周边商品、纪念品售卖，以及现场沉浸式体验等方式打造属于自己的文化名片，在宣传中国文化的同时，也提高了自身知名度和文化竞争力。

与此同时，地处异国他乡的海外中国园林，往往会陷入客流量小、政府缺少资金资助等生存困境。由于经济上的匮乏，其持续修缮问题成为阻碍进一步发展及传播的难题。因此，海外中国园林的长远发展，远不能局限于给海外民众带来短暂的视觉美感体验，更需要依靠园林建设前后的意匠经营，可持续地发挥其“常驻文化使者”的文化推介作用。

2020年，恰逢第一座海外中国园林“明轩”建成四十周年。明轩之所以能够在风云变幻的国际形势下，持续展现中华文化的别样魅力，这不仅归功于中国匠人的巧思营建，与大都会博物馆的潜心经营也密不可分。近四十年，海外中国园林的营建与运行作为一个连贯性的文化建构有机体，与政治、经济、社会等外在要素存在着复杂的关联。海外中国园林的营建机制，包括完整的营建体系，也涵盖了营建主体之间相互作用的规律；而运行机制则包含了管理体系、经营模式与运营方式。通过剖析海外中国园林的营建与运行机制，诠释其建设体系和运作原理，进一步有效地探索海外中国园林得以葆有源源不竭的生命力的生存样态。毫无疑问，这也必将有助于更好地发挥海外中国园林的文化媒介作用，进一步助推作为物质实体环境的璀璨中华文化，大迈步“走出去”。

一、海外中国园林的营建机制

1. 开发筹划

沧海桑田，风云变幻，时代的更迭日新月异，未曾停歇。近四十年来，海外中国园林的发展也呈现出鲜明的动态发展趋势。鉴于营建动机、营建区位、营建方式和服务对象等因素的不同，也由于具体建设影响因素的差异，各海外中国园林也在共性特征中表现出明显的特殊性。其开发模式一方面主要通过营建动机和功能用途分类，另一方面也需要综合考虑服务对象、开发者等因素。当然，以弘扬中国传统、促进文化传播为最终宏旨，并经由复制、仿建和现代转译等不同设计手法，海外中国园林的风貌最终呈现出三种典型开发模式，分别为：文化展示模式、文化旅游模式与文化场所模式（表4-1）。

文化展示模式的园林具有历史久远的建造年代，并且具有占地面积小、游线简单的鲜明特征，侧重中国园林的实物静态展示而非动态的游览体验。这一类作品呈现如美国纽约大都会艺术博物馆的明轩、德国慕尼黑的芳华园，以及埃及开罗会议中心的秀华园。这些园林或作为世界各国的园林园艺展览上的“常驻嘉宾”，或作为博物馆、植物园等文化机构中的小型展园，通过湖石假山、亭廊古建以及匾额题刻等景观形式，承载着中国园林的传统典型要素，也彰显出中国园林文化的魅力。

文化旅游模式的园林作为一种兼具文化价值与经济效益的园林开发模式，是中国在海外拓展旅游项目的崭新尝试。这一类型的园林往往具有占地面积大、结构完整、游线设计精巧的鲜明特征。这类园林不仅注重游客实体空间的感受，也注重内在文化氛围的营造。换而言之，这些园林的营建不仅立足于提取、重组并仿建中国古典园林的传统核心要素，也创造性地结合了旅游产业的新需求。最终，形成了以轩、阁、亭、廊、桥等代表性建筑，以及糅合诗词、戏曲、风俗等传统文化为核心，堪称兼顾文化传播与商业营利的全新开发模式。典型的文化旅游模式园林，主要分布在美国、德国和日本，这也是目前海外中国园林建设中最繁荣的国家，它们分别是奥兰多的锦绣中华公园苏州苑、北海道登

表4-1 1978—2020年海外中国园林典型开发模式

开发模式	营建动机	营建区位	设计手法	主要建造年代	主要服务对象	典型案例
文化展示模式	外事交往	文化机构内	经典园林的复制与原型仿建	发展期（1978—1987年）	政要、当地居民、游客	明轩、芳华园、秀华园
文化旅游模式	商业建造、文化交往	主题公园内、专类公园内	经典园林的要素重组式仿建	高潮期（1988—1997年）	当地居民、游客	锦绣中华公园、天华园、得月园
文化场所模式	文化交往	唐人街内、城市公园内	经典园林的要素仿建、现代转译	稳定期（1998年至今）	华人华侨、各国设计师	流芳园、庆喜公园、独乐园

别的天华园（Tian Hua Park in Doto），以及柏林的世界公园得月园。然而，即使官方重金打造了综合性中国文化主题乐园，并集观赏、休息、娱乐、集会、展览、购物、餐饮等诸多功能于一体，但由于未充分考虑海外游客的喜好、东西方客观存在的审美差异，以及鉴于自身经营不善等情况，目前三座园林仅有得月园尚存。

文化场所模式的园林，往往占地面积适中，建设区位常分布于唐人街及其附近，园内景观一方面富有中国文化的鲜明特点，另一方面亦兼具时代特色，因此华人华侨在这里能够感受到强烈的文化归属气息。举例来说，位于美国波士顿、西雅图、凤凰城等城市的唐人街，作为华人移民美国的主要原点，唐人街堪称城市多元文化融合交织的代表性区域之一，也承载着华人华侨重要的精神附着物，同时也是城市极为重要的文化景观，但上述情感内容在过去却并未得到应有的重视。近年来，城市的发展越来越聚焦于集体意识的熔铸和文化场所的构建，因此邻里社区和历史景观的营建与更新，逐渐成为着力改造的重点。在此发展语境下，部分海外城市的建设也开始回应华人的精神需求，对唐人街地区进行全新的规划改造，融入了文化与精神价值。这类园林主要集中在美国，包括美国华盛顿世界技术中心大厦的翠园和云园（Chinese Garden in Techworld Plaza）、波士顿中国城公园（Boston Chinatown Park）、西雅图庆喜公园（Hing Hay Park），还有新加坡的莲山双林寺（Siong Lim Temple）、澳大利亚的墨尔本中国城天津花园（Tianjin Garden）。由此看来，文化场所模式的现代风格园林，由于能够发挥巨大的情感寄托价值，因此具有广阔的发展前景。

纵观海外中国园林开发模式曲折的发展进程，其实背后也折射出中国文化在海外的接受历史，从逐渐被接受到最终被认可的复杂嬗变历程。从20世纪80年代发展初期的小型展园初露头角，到20世纪90年代各类文化旅游类型的海外中国园林如雨后春笋般涌现，直至21世纪初迈入平稳期，各类型园林得以稳步营建，再到如今相关主体对文化场所的高度重视。海外中国园林的前景开朗，栉风沐雨走来的一路也值得欣喜，它们不再束缚于博物馆等固定类型的官方场所中，也大踏步走向了社区与城市等更为开阔的平台，甚至逐渐成为国外多元文化社会的重要组成部分。

2. 资金筹集

毋庸置疑，无论采用何种开发模式，客观的资金问题都是影响海外园林营建机制的最重要因素之一。只有拥有持续且稳定的资金来源，才能够保证各个项目的顺利实施。作为复杂的“出口”项目，仅凭中方或者他国一方投资，海外中国园林的建设都是难以为继的，因此往往需要双方甚至多方合资出力，共同支持其稳定发展。概括来说，出资主体类型多样，具体可以分为政府出资、企业出资、个人出资以及社会募捐等四种投资方式（表4-2）。

除了少数由中美企业主导的海外中国园林采取自发筹措建设的自下而上投资模式，大多数海外中国园林项目依然主要依靠自上而下的官方出资启动。但自上而下的筹资模式，因为受国际关系、文化差异等社会环境因素的影响，容易遭受较大变动起伏，极易陷入停滞。因此，个人或组织的民间支持就显得尤为重要。一方面，全球华人华侨数量庞大，而海外中国园林的出现，恰能作为他们强烈思乡之情的合宜寄托之所；另一方面，对于热爱中国文化的外国人来说，海外中国园林也提供了近距离接触实体中国文化的优良契机。四十多年来，我们看到正是华人华侨、外国友人及各民间组织的慷慨解囊、纷纷筹资，才给中国园林的海外营建工作带来了健康而长足的发展，他们的支持是海外中国园林前进的重要驱动力。

表4-2 1978年—2020年海外中国园林建设投资性质与资金来源

投资性质	投资方式	典型园林	具体资金来源
中方或外方投资	政府出资	德国法兰克福“春华园”	德国政府出资
	社会募捐	加拿大温哥华“逸园”	加拿大温哥华当地华人
	企业出资	美国世界技术中心大厦“翠园”“云园”	世界技术中心大厦开发商朱塞佩·塞奇（Giuseppe Cecchi）出资
	个人出资	比利时布鲁塞尔市天堂动物园“中国园”	比利时人光董博（Eric Domb）夫妇
	企业出资	美国锦绣中华公园“苏州苑”	香港中国旅行社集团投资1亿美元
	政府出资	瑞士苏黎世“中国花园”	昆明市人民政府捐赠
	政府出资、社会募捐	美国国家中国园	中国政府出资为主；美国国家中国园基金会民间筹资2500万美金
中外合资	政府出资、个人出资	美国纽约大都会博物馆“明轩”	大都会博物馆董事会阿斯特夫人（Brooke Astor）出资；中国政府出资
	政府出资、企业出资、社会募捐	美国纽约斯坦顿岛植物园“寄兴园”	美国政府、中国政府、当地华人募捐各承担1/3，共计400万美元
	政府出资	日本横滨市“友谊园”	中方负责建筑，外方政府负责基础场地以及人工费

3. 营建主体

毫无疑问，一座海外中国园林的成功营建是社会多方合作的成果：不仅需要当地公共部门负责安排与协调统筹工作，更关键的是中国设计师和工匠主导设计与建造，而社区提供微小但切实的建议也必不可少。总而言之，各个营建主体扮演着不同的角色，但是相互之间又有紧密联系，合力推动项目的实施和落成。

当地公共部门的组成，包括政府及其下属职能部门、调节性的非营利机构，他们利用规划体系和其他控制方法，提供基础设施与服务，在宏观调控层面规范海外中国园林的开发和使用。我们必须承认，无论是文化展示园，还是友好城市捐赠园，抑或是现代文化场所，其营建都有各国政府、各市政公共部门以及海外基金会的通力协助。而当地社区和公众不仅是园林的使用者、诉求者、游览者，同时也是海外中国园林营建过程中的积极参与者、想法表达者，扮演着不可忽视的民声民意角色。现阶段，海外公众特别是华人群体的不同声音，愈发引起各方的高度重视，上述多方主体也愈发成为海外中国园林管理运行中举足轻重、不可或缺的力量。

四十多年来，海外中国园林项目主要由中国的大型园林设计院承接，兼有部分独立设计师和高校专业团队。实际营建的主体工程中，有赖于中国工匠与海外当地的施工人员协作完成，通常双方分工明确、各司其职，譬如，中方通常负责建筑、湖石的搭建工作，外方则主要负责粉刷、油漆等任务。20世纪80年代，随着国家对园林外交的高度重视，传统建筑市场得到进一步复兴，美国纽约大都会博物馆明轩即可以视作推动文化复兴的典型案例：在国家建委城建总局的直接领导下，苏州市园林管理处成立了以“香山帮”匠人为主要成员的工程班子，后改组为苏州古典园林建筑公司，到今天已经颇具规模并发展成了苏州园林发展股份有限公司。2000年之后，景观设计事务所、院校和一些独立设计师更多地参与到海外园林的设计建造工作之中，例如北京林业大学王向荣、林箐教授于法国肖蒙城堡国际花园艺术节设计建造的“天地之间”（Between the Sky and Earth），清华大学朱育帆教授在德国柏林国际园博会的作品“独乐园”（Dule Garden）等作品，各具特色，都收获了国际赞誉。

4. 营建过程

营建海外中国园林的关键之处在于，在保证园林艺术原真性的同时，也要符合当地建筑安全的规范。因此，为了保证园林的原真性并兼顾安全性要求，中方在营建材料的挑选、运输和现场施工方面，做了大量前期工作。

在材料挑选方面，无论园林规模大小，从湖石假山到建筑木材的选择，无一不是经过精心挑选后方能运至海外。在材料运输方面，园林植物的运输是其中最为困难也是最具挑战的一环。不同于山石材料从国内采购海运至国外的过程，或是建筑部件通过在国内的预制拼装可以保证完美还原，园林植物的移植则具有复杂性与特殊性——即必须要遵守国际规则中关于植物移植的管理办法，因此往往难以直接从中国引入，只能选用当地品种作为替代。为了尽可能还原并展现中国园林的原汁原味，从一座园林的建造初期开始，就需要耗费大量时间寻找植物品种，比如兰苏园在前期植物选种时，其选择范围甚至遍历了美国西海岸的数家苗圃。

在现场施工方面，参与海外中国园林营建的中国工匠们，首先往往会按照工种（泥瓦匠、大小木作、砖瓦匠、彩绘、雕刻、假山工）分成多个小队，然后在翻译的帮助下与外方团队合作制订计划表，具体协商建材、人事等注意事项，然而，在施工中他们还是遭遇了有别于传统营建技艺和经验的巨大挑战：受限于当地的建筑安全规范，园林内的掇山与建筑营造项目面临着复杂的施工问题，必须结合当地实际情况统筹，因此工匠们必须因地制宜结合现代工艺进行施工。如在建造美国亨廷顿图书馆流芳园的大型湖石假山时，就采用了钢筋衔接、混凝土浇灌的方式，石舫等建筑就采用了钢木结构组合的形式，虽采用了钢结构为主框架，但外部则采用外包木板，用来维系中国园林外形的美感，尽可能呈现东方韵味的园林精髓。

二、海外中国园林的运行机制

1. 自上而下的管理体系

无论是古典名园还是主题公园、城市公园，建成后无疑都需要建立完善的上层管理体系，来维持后续健康持续的运行。在这方面，苏州古典名园就做出了典范性的示例：自其实行国有化改革以来，就设立了隶属于市政府的园林主管部门“苏州园林和绿化管理局”，用以负责园林整体的规划保护，以及设置各园林的基层管理机构，用以负责园林的日常管理和运营工作。

在当地政府的鼎力支持下，海外中国园林迈入了健康有序运行的轨道，并且依托各级管理机构的严密部署，逐步形成了成熟的“自上而下”分布的管理体系——即首先由当地政府部门审批方案并与中方沟通，进而由上级机构主持修建园林事宜并制定运营方案，最后基层机构落实方案并维持日常工作的有序运转。

与此同时，园林按照营建机制的不同，也需要由不同的机构分派管理。比如，按照文化展示模式和文化场所模式等建置的园林，就隶属于当地的博物馆、植物园等文化机构及城市公园，由机构成立的相关部门自行管理，例如美国亨廷顿图书馆流芳园则由其植物园部门管理，德国曼海姆的多景园（Chinesischer Garten，Luisenpark）由其所在的路易森公园（Luisenpark）管理处进行统一管理，而多景园自行成立的“曼海姆中国花园协会”则增加辅助管理。除此之外，以文化旅游模式单独建置的园林，或由中方商业机构成立的相关协会管理，如美国的锦绣中华公园苏州苑，就是由中国粮油出口公司设立的佛罗里达中华管理分公司直接管理；或由政府直接调控，如美国波特兰兰苏园则由波特兰市政府公园与游憩部（Portland Parks and Recreation）成立的“波特兰古典中国花园协会”（Lan Su’s Business Scholar Society）负责管理维护。

2. 多元化的经营模式

多年来，海外中国园林的经营模式在中外文化的交流互动中不断探索进步，并且能够依据自身不同的开发模式，形成多元化的经营模式。目前，主要分为非营利与营利两大经营类型。前者，以近年来国外城市更新或华人自发建设的文化场所模式园林为主，相比之下，后者则更多依托文化机构，形成了两类模态，分别为：文化展示模式园林和中国企业自主开发的文化旅游模式园林（表4-3）。

非营利性质的海外中国园林最初雏形多以国际展园的面目呈现，然而在展览结束后往往是被拆除或就地保留。该类园林多由当地政府全权负责日常管理与财政拨款工作，仅有少数通过建立非营利机构来筹集园林的日常维护资金。非营利性质的园林往往不会面临严峻的生存问题，但其管理运营依然存在一些问题。作为非营利性质的园林的代表，其中保存较好的德国慕尼黑的芳华园，近年来却也面临资金不足的困境。甚至，管理者不得不采用冬季闭园、延长修缮时间等方式来降低运营成本，但在此枝节缩减过程中，园林发展与园林文化传播势必受限。

对于营利性质的海外中国园林来说，地域偏好、建造风格的抉择以及运转消费模式，对其日后的运营情况起着决定性作用，甚至会影响后续的运行发展格局。该类园林的运行资金来源，主要依赖博物馆、植物园等文化机构的门票所得收入以及部分社会募捐，然而，显然凭借单纯的门票收入已经无法满足长期运营、修缮、维护所需的高昂管理费用，此种经营模式亟待转型。近几年，美国的兰苏园和流芳园学习现代苏州园林“以园养园”的经营理念，采用开设茶室、增设苏式蒸点品尝、书法绘画体验等园内活动，提升了游客的体验感，人与园林之间的黏性得到了增强。因此，围绕中国文化服务项目，“园林经济”的内涵进一步得到了诠释，这也有利于园林长期经营。美国洛杉矶亨廷顿图书馆东亚园林艺术所所长卜向荣（Phillip E. Bloom）曾谈及，在2010—

表4-3 1978—2020年海外中国园林经营类型

经营类型	运行资金主要来源	主要开发模式	经营状态	典型案例
非营利类型	当地政府拨款	文化场所模式	存续时间长但维护各有差异	德国慕尼黑“芳华园”
营利类型	门票收入+社会募捐	文化展示模式	难以长期维护	美国纽约斯坦顿岛“寄兴园”
	混合收入+社会募捐	文化旅游模式	各有差异	美国锦绣中华公园“苏州苑”

2019年，亨廷顿流芳园每年接待约30万游客，其中约40%的游客已至少访问过一次流芳园。我们不难看到，近乎半数的游客愿意再次访园，足可见海外游客与中国园林之间的支架黏性，是维系海外中国园林长期营运的理想模态之一。

3. 文化传播运营方式

20世纪末，海外中国园林的文化传播方式较为传统，主要依靠当地媒体报道或者更为传统的口耳相传、人际传播，除了较为著名的官方外交、国际展览，大量园林的传播范围受限。因此，海外中国园林的知名度、影响力并未得到有效传播。如今互联网的发展，极大弥补了时空国界带来的认知局限，因此也促进了中西文化的交流互鉴。部分园林管理机构采取良好的文化传播运营方式，在围绕信息宣传和文化活动等方面开展具体工作，在传播并弘扬中国文化的同时，也获得了一定的服务性收入与来自社会捐赠的支持，这部分资金也能够维持园林较长时期的良好运行。

（1）线上方式为主的信息宣传

海外中国园林的宣传渠道，按照媒介的不同，主要可分为线上、线下两种方式。目前，大部分园林仍旧以线上宣传为主，主要途径包括在官方网站、旅游网站以及社交网站进行信息展示，并进行有效的交流互动。不过，目前阶段完整体系的海外中国园林官网筹措还非常匮乏，仅有极少数园林建立了官方网站。如美国兰苏园的官网，在这一方面无疑走在前列：能够为游客提供从前期购票服务，以及提供实际的参观游线、活动策展，乃至生成一份完整的出行安排。

目前阶段，游客对绝大部分园林的了解渠道主要是通过Yelp、TripAdvisor等大型旅游评论网站，获取有效信息。旅客们通过查看园林的历史评分、热度排名、游客评价等相关信息，大致对于园林概貌做出宏观感知、信息掌握。

此外，也有部分园林采取在社交软件建立官方账号的方式，譬如在Facebook、Instagram、YouTube等社交平台，创建属于自己的名片。这类园林主要有美国的流芳园、英国的畔溪花园，它们通过平台上传园内景致照片、公布活动日程预告；与此同时，也会有游客在游览结束后，自发并自愿分享相关的园林影像与游记。毋庸置疑，这些方式都可以极大发挥互联网平台的优势，在吸引大量平台用户的同时，也提升了园林的曝光度。由此可见，持续、深入、广泛、良好的社交媒体互动，已经成为当前阶段中国园林文化在海外传播的有效助力形式。

相比之下，线下宣传则较为模式化及传统化，主要通过中外论著、现场游览手册以及旅游杂志的介绍，与大多园林旅游导游业务较为类似。此外，有的园林还推出了人性化的导游服务，如游客若前往德国的得月园，就可以预约导游参观讲解服务，在此过程中游客也加深了对园林设计、东方文化内涵的理解。

通过对比线上、线下两种方式的主要特征，我们不难发现：线上宣传的传播性更强、传播范围更广、输出成本较低，游客获取信息的方式更为便捷且清晰，能够极大缩短时空局限，获得更好的宣传效果。然而，目前海外中国园林管理机构，主要还是依赖线下宣传的传统运营模式，能够自主拓展线上宣传渠道的园林，也多集中于21世纪以来新建的园林，遑论大量中小型展园的线上宣传，则由于场地与规模等因素更为受限。

（2）彰显文化特色的社会活动

四十多年来，随着海外中国园林知名度、曝光度持续攀升，对于世界各地的影响不断深入，园林自身的功能及内涵也在逐渐丰富、充盈。

具体来说，海外中国园林因其特殊性，无须像中国古典名园般遵循严格的建筑保护规范，因此随着旅游业需要，如今部分不再局限于仅供游人参观游赏的工具价值，而更为注重文化价值的开垦、精神内涵的诠释。很多园林陆续开展了一系列丰富多样的社会文化活动。

譬如，春节、中秋节等深受华人、华侨喜爱的传统中国节日，承载了文化纽带、精神血缘的重要作用。对于中国佳节的庆祝活动，除了在历史悠久的唐人街举办，如今各地兴造的海外中国园林，也逐步成为节日庆祝活动的理想场所。举例来说，自2005年起，坐落于美国洛杉矶的亨廷顿图书馆，每年都会举办盛大的节日活动庆祝中国佳节，其节目种类丰富纷繁、老少咸宜，令人目不暇接，具有极具沉浸感的节日感染力。其中，不仅有舞狮、舞龙等大型民俗表演，还会举办写春联、学剪纸、赏花灯等民俗手工艺活动。无论是专家学者或普通游客，都能在欢天喜地的节日氛围中，鲜明生动地感受到中国文化艺术的热闹丰富、美妙绝伦。

与此同时，各园林管理机构也开始尝试通过海外中国园林的环境和氛围传播中国文化。举例来说，上述园林管理机构通过举办传统文化演出展览、开展传统园林活动等形式，以实情实景重现的方式，沉浸式的文化体验活动，来展现中国文化的别样魅力。2012年，在明轩上演的昆曲《牡丹亭》就可以视为这一文化传播的绝好诠释，悦耳昆曲与古典园林交相辉映、相映成趣，一场漂洋过海、视听融合的感官盛宴，不仅完美融合了中国物质遗产和非物质文化遗产的精粹，更是向西方观众诠释了中国艺术的当代生命力（图4-1）。

2018年，赖声川执导的《游园·流芳》（*Night Walk in the Chinese Garden*）在美国亨廷顿流芳园圆满上演，不同于《牡丹亭》采取中国方言演出的方式，这是首次以英语戏剧形式在海外中国园林上演的创造性节目。《游园·流芳》的故事根植于流芳园的美妙景致和深厚的历史底蕴，巧妙融合了中国的戏曲表演艺术和西方色彩的爱情故事，带给观众一场别具匠心、身临其境的诗情画意盛筵，这一场演出也被誉为“跨越东西方的瑰丽梦境”，获得了无数鲜花与溢美之词（图4-2）。

图4-1
2012年明轩《牡丹亭》演出
图片来源：http://tandun.com/composition/peony-pavilion-2010/

图4-2
2018年流芳园《游园·流芳》演出
图片来源：https://www.yuanyuanliang.com/nightwalk-in-the-chinese-garden/8nofddtfuyljqv379dw33n976jy2k0

目前，大部分文化旅游模式和文化场所模式营建下的海外中国园林，在社会活动组织与管理方面都较为完善。相比之下，文化展示模式的园林则由于面积较小而难以开展进一步活动。对于这类园林，兰苏园的运营模式也许能给我们带来不俗启发，自成为美国波特兰市的热门景区以来，在与当地文化的交融互动过程中被赋予了全新的功能：兰苏园逐渐成为不少新人举办“中国园林婚礼”的场所，彰显了浓烈的东方地域特色。

四十多年来，海外中国园林搭建了传播中国文化的实体平台，美轮美奂的中国园林，不仅成为身在异乡的海外华人华侨的精神归属、感情寄托，也成功地吸引了众多异域民众参与其中，这无疑促进了中华传统文化的广泛传播，增强了华夏文明的国际影响力。

第五章 寻踪：海外中国园林在美国的发展

文化，作为一种主观的、灵活的、解释性的无形之力，既可以防止冲突的恶化，也可以强化合作的纽带。四十多年前，中美两国老一辈领导人用“跨越太平洋的握手”开启了中美关系的大门。长期以来，文化交流成为中美双边关系中的重要基础和源源动力。现如今，伴随多样的对话形式，两国文化交流的广度和深度已经远远超越我们的想象。

文化与传播实为一体之两面，彼此依存，息息相关。文化为体，传播为用，体用相依，互为表里。缺乏传播行为，文化就无法得以延续，传播行为是文化的真实写照。若无文化维系，传播就如无源之水，纵然形式繁多也是走马观花。四十多年来，从华盛顿国家动物园的大熊猫“玲玲”和“兴兴”，到纽约时代广场的中国广告，中国文化传播在方式和辐射力方面已经取得了长足发展。然而，从网络媒体的大量报道和两国的交往格局变迁中，我们不难看到，中国文化“走出去”尚未跨越文化差异的鸿沟，任重而道远。

因此，如果我们深入探析海外中国园林在美国的传播实践，就会发现背后中美文化交流的相对固态与动态发展，并驾齐驱、辩证统一。

① 雷蒙德·弗思.《人文类型》. 费孝通译. 北京：华夏出版社，2002年版，第33页。

这一方面能够帮助我们追溯并探析中美文化的本源差异。正如客观地域给予我们的深刻印迹，自然地理环境之于塑造文化的影响力不言而喻——诚然，环境与自然，给人类生活圈定了疆域，但也在无形中，赋予了不同地域、不同国别至为深刻的影响，“任何一种环境在一定程度上总要追使人们接受一种生活方式”①。

另一方面，文化也是一个动态的发展过程，不同的历史环境下其表征往往是与时俱进、螺旋式发展的。“明镜所以照形，古事所以知今”，在全球化语境下，以海外中国园林在美国这一西方重要国家的发展为典型案例，开展细致入微的全面探讨，审视园林的嬗变与东西方大国间政治、经济、文化交往的内在联系，对于中国园林乃至中国文化未来的海外传播，无疑具有重要的启迪意义。

自新中国成立以来，中美关系的道路可谓跌宕起伏，在曲折坎坷中崎岖前行。纵观中美关系70多年的发展经验，我们不难发现，国际格局的整体气象正决定着中美关系的发展方向，政治制度的宏观形势左右着中美关系的行驶航向，而文化差异则影响着中美关系的摆动幅度。

在此宏观历史情境下，海外中国园林作为联系中美两国的重要纽带，同时也会受文化差异的影响而被扣上“文化入侵”的帽子，或者是遭到东西方文化的误读。因此，为了保证未来海外中国园林建设的顺利发展，就需要从政治、经济、文化角度，综合两国关系展开分析，加深把握海外中国园林的发展踪迹及未来航向。

探源中美两国的文化交流滥觞，起源于公元16世纪的欧洲航海时代。彼时，随着航海事业的发展与中西贸易的交流开端，丝绸、陶瓷、茶叶等具有鲜明中国风格的商品开始陆续流入西方，欧洲人对神秘东方韵味的兴趣与日俱增。在这样的社会背景下，一批批传教士抵达中国，他们成为中国与欧洲文化交流、文明互往的桥梁。17世纪末至18世纪，随着贵族阶层中“中国风”（Chinoiserie）的兴起，欧洲兴建了数座“中国式”园林，它们连同中国的瓷器、丝绸等工艺品，一道影响了当时欧洲的艺术和园林风格。在欧洲范围内掀起的这股“中国热”，也成为早期美国认识中国的重要来源。

早在美国建国前，记载欧洲对中国艺术理解和欣赏的书籍，包括《东方造园论》（*A Dissertation on Oriental Gardening*）、《邱园设计图集》等，以及“中国热”的实物（主要是瓷器、墙纸、家具等装饰品），就都随着殖民者的流徙，传到了遥远的美洲大陆，激发了美国人对遥远东方文化的极大兴趣。1784年，挂有美国国旗的“中国皇后”号（The Empress of China）从纽约出海驶向彼岸的中国，这就标志了中美之间的贸易和交流序幕的正式开启，从此以后，愈来愈多的东方设计元素频繁涌入美洲大陆。在此后的一个世纪内，无论是在美国的私家庭院，还是公园、广场、动物园等城市开放空间，都可以看到中国建筑和中国园林的身影，远东的典型元素屹立在美利坚的街头。另一方面，我们也可以看到文化塑造的双向性：由于工业革命之后的材料和技术更新，中国元素的外在样态在不知不觉中遭到当时的施工风格和工艺记忆的重塑，在东西混杂的风格中，渲染出别具一格的“美国风味”（Americana）。但是以19世纪中期鸦片战争为分野，在此后的一百多年里，中国一直深陷内外战争的泥潭之中，甚至在动荡的社会里，中国各项事业一度陷入停滞状态。在这一时期内，美国人主要通过书籍和照片的形式，对于中国艺术、建筑以及园林形象有了浮光掠影的了解。

1949年新中国成立后，中国园林翻开了历史发展时期的崭新篇章，但也同样经历着坎坷与波折，未能得到世界范围内的广泛关注。更为严峻的考验是，中国大陆和美国的联系也在第二次世界大战后命悬一线，几乎断交，直到20世纪70年代，世界形势的转变才给国际格局带来了新生与机遇，也开启了中美关系的新阶段。随着中美建交和中国在联合国合法席位的恢复，众多第三世界国家以及西方国家纷纷与中国建立良好的外交关系，中国于是迎来第三次建交高潮。与此同时，正因一大批园林行业人才的不懈努力，中国园林才得以在世界舞台上再次大放异彩。1978年，自从纽约大都会博物馆明轩开中国园林“出口”之先河，截至2020年，四十多年的苦心经营已经初见成效，目前在美国已有15座海外中国园林陆续建成，并呈星罗棋布之势散落在各州市，在全球的分布中位居数量第二，仅次于日本。这些园林以实形实景的形式、可触可感的体验，将中国园林文化呈现给美国人民。这无疑增进了中外园林界的交流合作，密切了两国人民的友谊，也促进了我国园林事业的蓬勃发展，在社会效益与经济效益方面都取得了显著成效。

一、发展历程

自20世纪70年代开始，“熊猫外交”“杂技外交”等文化外交方式逐渐兴起，这也使得中国文化再一次播撒到遥远的大洋彼岸，得到了美国人民由衷的喜爱与尊敬。自1980年明轩建成算起，首开中国园林“出口”之先河，甚至于在过去的四十多年内，海外中国造园活动在美国蓬勃发展。这种良好的发展态势不仅得益于世界形势的变化，更是中美两国在政治、经济、文化等诸多层面及多元因素共同作用的成果。

1. 发展背景

改革开放四十多年来，中国致力于着力营造合作共赢的国际环境。因此，中美关系是重中之重，虽然两国关系经历了不少风雨、摩擦、颠簸、起伏的崎岖坎坷之路，但总体说来，两国关系是螺旋式向前发展的。这种稳步发展的国际格局及关系，可谓实实在在地造福了两国人民，并促进了地区稳定、世界和平与持续繁荣。

（1）政治因素

自从1978年党的十一届三中全会顺利召开后，我国开启了改革开放和社会主义现代化建设的崭新历史时期。此后，国内政治局面为之焕然一新，局势趋于稳定，社会经济开始持续快速增长。与此同时，为了维持国内政治局面长期的稳定发展，推动现代化建设的进程，中国采取了积极主动的外交策略，对外交往的频次也日益增加。

1979年中美正式建交，自此两国开展了经济、贸易、科技、文化等各个维度、不同方面的深入交流，同时也极大地增加了中国与外部世界交往、交融的深度，在此趋势下，中国的国际地位日益提高，得到了国内外的瞩目。

然而在中美建交初期，国内环境和国际形势并不稳定。中国对美文化外交主要以官方交流为主体，在“熊猫外交”“杂技外交”“乒乓外交”等软性外交活动助推下，在中美外交取得了良好的社会反响的基础上，中国政府对“园林走出国门”的蓝图设计也大力支持。因此，明轩这一海外工程便是由国家官方出面，建设部统一调度所完成的。

从明轩落地生根以来，中国园林开始陆续受到海内外国家的热切关注。很多国家、协会、组织，都来华联系并筹措建园事宜，海外园林建设逐渐推进高潮期。此时，在各级政府部门的大力支持下，苏州、北京、上海、重庆、南京等地方园林局、园林古建设计研究院、园林规划设计所等，都不约而同先后参加了海外园林的建设项目。在中美建交初期，得益于这股海外园林建设浪潮的大力助推，从而涌现了一批优秀的建筑园林施工企业。例如，建设部直属的中国建筑工程总公司园林公司（现中外园林建设有限公司）、苏州香山古建园林工程有限公司等，无疑都大大提高了海外园林项目的数量和质量。

纵观四十年多来海外中国园林的发展历程，我们可以发现，它是随着中外政治关系解冻而冒头诞生的。换而言之，中国在政治上已经逐渐把援建园林作为一种有效的外交手段。如今大部分海外中国园林，往往兼具政治和文化的双重意义，这也是它主要区别于国内传统园林的一大特点。正是得益于政治环境的有力推动，经济援助上的直接支持，使得海外中国园林项目得以在美国广泛开展。

（2）经济因素

四十多年来，中国的社会、经济发展无疑发生了翻天覆地的变化。与此同时，中国力量也对世界经济产生了举足轻重的影响，然而国外仍有部分学者、主流媒体认为中国经济崛起的背后将伴随着“中国霸权”的崛起，甚至提出了“中国威胁论”等荒唐论调。由此可见，在复杂严峻的国际形势下，中国的经济发展仍然面临国际范围内的巨大挑战。当今中国是最大的发展中国家，以及世界范围内最强大的经济体之一，因此在中美两国的交往互动中，经济无疑是一个难以忽视的重要内容，这一特性对于次中央政府层面的友好城市交往，也同样适用。

因此，友好城市关系作为一种关系型契约，可以在一定程度内减少交往双方的不信任度，增强中国城市与美国友城的良好交往、互动。从更为经济的角度出发，也能够以较低的交易成本促进中美地方贸易，从而吸引美国的外来投资，最终推动我国的地方经济能够较为快速地发展。

自20世纪90年代开始，中国地方政府向友好城市捐建中国园林的形式就琳琅满目、络绎不绝。文化艺术活动的开展，不仅加深了友城之间的深刻友谊，还促进了地方之间的经济合作。举例来说，世界著名植物园密苏里植物园（Missouri Botanical Garden）中的中国园——友宁园（The Margaret，Grigg Nanjing Friendship Garden at the Missouri Botanical Garden）就是为了纪念中国南京市和美国圣路易斯市（City of Saint Louis）缔结为“姐妹城市”15周年而建，至今仍是当地居民和华人华侨喜闻乐见的景点之一。建交以来，南京市与圣路易斯市的友好合作关系始终稳步推进、长足发展。圣路易斯市在南京建立了合资企业，并以友城为基地与许多著名企业建立了良好的交流关系，这无疑对于南京的外向型经济发展起到了重大的推动作用。

总体来说，纵览四十多年来海外中国园林在美国的发展历程，不仅是一种单一向度的政治手段，也是经济发展的必要需求。中国地方政府在国家的大力支持下，出资捐赠了中国园林，在增进友好城市交往的同时，也吸引了大量外来资本进入，无疑大力推动了我国地方企业和对外贸易的长足发展，从更深远的意义上推动了经济的全面发展。

（3）文化因素

冷战后，世界形势在宏观格局上逐步走向缓和。经济、军事等影响国际关系的外部因素减弱，因此，各国政府在传统观念中重视经济交往和军事交往等因素之外开始“转向”，更为重视文化外交在国际交往中的无形且深远的作用。在党和政府的密切关注下，中国文化外交在这一阶段得到了空前发展，文化外交甚至成为中国外交的三大支柱之一，也是目前阶段中国总体外交战略的一个重要有机组成部分。

毋庸置疑，文化的交流需要双方共同的不懈努力。这一方面需要中国主动且积极地对外交流，另一方面也需要世界各国对中国文化研究向纵深推进。四十多年来，中国社会无疑经历了焕然一新的巨大转变，不仅经济稳步发展，国家政治及社会地位与日俱增。从更为深远的意义上来说，中国人放眼世界的姿态更为鲜明，能够以一种更为动态发展的眼光来重新审视世界的日新月异，其文化交流的心态也变得越来越开放及包容，能够以积极主动的姿态与世界在同一语际层面，展开深入交流。

从19世纪到20世纪中叶，这是中国逐渐落后于世界的历史逆行，中国形象的一落千丈，也直接导致了西方从“中国热”时期对中国的好奇心理、对中国风格的追捧与模仿，猝然转变为后来对中国文化的误读不解，甚至沦为鄙夷、偏见。这种情绪的巨大落差，无疑也阻碍了世界真正认识中国园林的精髓所在。

然而值得欣喜的是，在过去的四十多年间，世界不仅见证了中国经济、政治的稳定繁荣，中国文化也以其悠久历史、博大精深，在历史的嬗变过程中，焕发了新的生机。如今，越来越多的西方人对中国文化产生了真挚兴趣，其受众范围也颇为广泛，从普通群众到国际著名景观设计大师，甚至到各国政要，无论社会身份的高低之别，他们都为园林的魅力深深折服。换而言之，中国园林作为中国文化的典型代表之一，在国内和国外都逐渐找到了良好且适宜自身的发展环境，走向海外的步伐也愈发从容，愈加笃定。

在中国园林主动输出、向外迈步的同时，海外也有众多园林的精深研究者和由衷爱好者，慷慨解囊、主动出资修建带有鲜明中国元素的风景园林建筑——小到私家庭院，大到一座整体园林，不一而足，各显其趣。这些受中国元素影响而建造的美国园林和建筑，无疑为中国园林文化的输出，提供了多样化的表现途径（表5-1）。

四十多年来，美国友人也自发建造了很多具有东方、亚洲风格的花园。其中中国建筑元素无疑最为多见，如中国亭、月洞门、石桥等，都彰显着鲜明的东方元素。另一方面，由于这些花园大多是美国当地人负责主要的设计和施工，因此并没有运用中国园林传统理念中的“叠山理水”等经典手法，故而园林建筑在样式、细部结构等方面，也与中国古典建筑有着外观上的明显差别。从这一点看，在中国园林建造方面，具有创造性适应的“入乡随俗”之转变，美国人常采用的方式是将典型中国元素进行叠加、组合、模仿，也不考究选用材料和颜色，并非是基于理解高度的创作（图5-1）。

表5-1 1978—2020年受中国元素影响的美国园林或建筑

园林／庭院名称	所在州市	建成时间	使用的中国元素
迪士尼未来世界"中国馆" China Pavilion，EPCOT	佛罗里达州奥兰多市	1982年	建筑（天坛）、植物（竹林）
克利夫兰文化公园"中国文化园林" Chinese Cultural Garden	俄亥俄州克利夫兰市	1985年	建筑小品（孔子雕塑、石狮子、汉白玉栏杆）
东方花园 Pagoda and Oriental Garden	弗吉尼亚州诺福克市	1989年	建筑、植物（竹、梅、松）
中国杯花园 Chinese Cup Garden	俄亥俄州甘比尔镇	1996年	建筑（中国亭）、建筑小品（佛像雕塑）
滨江国际友谊花园"中国园" Riverside International Friendship Gardens	威斯康星州拉克罗斯市	1996年	建筑小品（月洞门、石桥）
谭继平纪念公园 Ping Tom Memorial Park	伊利诺伊州芝加哥市	1999年	建筑（中式廊亭）
麦克沃伊农庄"中国风茶屋" McEvoy Ranch Chinese Pavilion	加利福尼亚州佩塔卢马	2000年	建筑（中国风茶屋）
塔科马"华人和解公园" Chinese Reconciliation Park	华盛顿州塔科马市	2008年	建筑（福州亭）
美国中国文化中心"亚洲花园" Robert D.Ray Asian Gardens	爱德华州得梅因市	2009年	建筑（舫）、造景（瀑、置石）
威奇托花园植物园"中国友谊花园" Chinese Garden of Friendship	堪萨斯州威奇托市	2015年	建筑小品（月洞门、石桥、回廊、龙形雕塑）、瓦墙（清明上河图）、植物（梅、竹、牡丹）

图5-1
威奇托中国友谊花园的回廊
图片来源：http://simpsonconst.com/award-winners/chinese-garden-of-friendship-at-botanica

2. 发展阶段

相比其他国家的海外中国园林建设，海外中国园林在美国的发展具有的最突出特点就是建造时间漫长。

1978—1988年，中美关系在波折中逐渐进入“蜜月期”，然而在此期间只有2座中国园林在美艰难落地。虽然，早在1985年和1988年，海外造园的设想与蓝图就早早提出，但在历时十余年的漫长蹉跎后，最初的纸上山水才得以完工。这一阶段也可以视作中国在美造园的起步阶段。

1989—1999年，共有6座园林在美陆续建成。虽然这十年间中美关系呈现出波澜起伏、大起大落的趋势，但整体而言并没有对海外造园带来破坏性的巨大冲击，因此中国园林在美国整体而言得到了蓬勃发展。

2000年以来，中国园林在美国的发展建设逐渐趋于稳定，项目也得到了有效落实和长足推进，与此同时，园林的规模更为庞大、建设质量更高（表5-2）。

表5-2 1978—2020年美国的海外中国园林建设情况

园林名称	建造州市	筹建时间	建成时间	状态
大都会博物馆“明轩” The Astor Court	纽约州纽约市	1978年	1980年	现存
斯坦顿岛植物园“寄兴园” The New York Chinese Scholar's Garden	纽约州纽约市	1985年	1999年	现存
纽约花卉展“惜春园” Xichun Garden	纽约州纽约市	1988年	1989年	现存
美国国家植物园“半园”	华盛顿特区	不详	1990年	拆除
西雅图南社区学院“西华园” Seattle Chinese Garden	华盛顿州西雅图市	1988年	2011年	现存
世界技术中心大厦“翠园”“云园” Chinese Garden in Techworld Plaza	华盛顿特区	1989年	1989年	现存
中国文化中心“和园” Chinese Garden	亚利桑那州菲尼克斯市	1990年	1997年	拆除
锦绣中华公园“苏州苑” Splendid China	佛罗里达州奥兰多市	1992年	1993年	拆除
密苏里植物园“友宁园” The Margaret，Grigg Nanjing Friendship Garden at the Missouri Botanical Garden	密苏里州圣路易斯市	1994年	1996年	现存
波特兰唐人街“兰苏园” Lan Su Chinese Garden	俄勒冈州波特兰市	1995年	2000年	现存
波士顿唐人街“中国城公园” Boston Chinatown Park	马萨诸塞州波士顿市	2003年	2005年	现存
洛杉矶亨廷顿综合体“流芳园” The Garden of Flowing Fragrance	加利福尼亚州洛杉矶市	2003年	2008年、2014年、2019年	现存
美国国家中国园 National China Garden	华盛顿特区	2003年	尚未建成	尚未建成
西雅图国际街区“庆喜公园” Hing Hay Park	华盛顿州西雅图市	2007年	2018年	现存
圣保罗费伦公园“柳明园” St.Paul-Changsha Friendship Garden at Lake Phalen	明尼苏达州圣保罗市	2015年	2018年	现存

（1）起步阶段（1978—1989年）

国际形势的变化以及中国综合国力的整体提升，无疑推动了中美关系逐步坚定地迈入正常化阶段，中美之间的文化交流与彼此互动也有赖于外交形式的稳定日益增多。除了闻名遐迩的“熊猫外交”和“杂技外交”之外，在两国政府和行业人士的共同努力之下，海外建造中国园林的初步设想也在这一时期得以最终实现，并成功开启了中国外交的新形式——“园林外交”。

在1949年新中国成立后的二十年间，中美两国国际关系一直处于彼此对抗的状态。然而，在20世纪60年代，随着中苏关系的持续恶化，与此同时，美国也由于在越南问题上面临困境、深陷“越战”泥潭，以及由于在亚洲收缩力量的客观要求，时任美国总统的尼克松希望通过改善对华关系的软性方式，来解决上述坚硬的政治问题，并屡次提出与中国展开对话的希望。

在1969年3月中苏发生“珍宝岛冲突”之后，中国政府开始把中美苏战略关系的重大课题，正式提上了战略布局的日程。与此同时，这也加快了美方对华政策的调整步伐，无疑给中美关系带来了战略性的深远影响。自1969年12月开始，中美在双边关系上真正跳起了双人的“外交小步舞”，两国领导人频繁发出和解信号。1971年3月，中国乒乓球代表团启程前往日本参加第31届世界乒乓球锦标赛。比赛期间，在名古屋世乒赛的赛场内外，中美两国人员通过友谊赛的形式，接触日益增多。1971年4月6日，毛泽东主席做出了重要决定，决意邀请美国乒乓球队访华。这一消息刚发布，就在全世界引起了强烈的反响。美国乒乓球队对中国这一历史性的访问，无疑打开了两国友好往来的大门，周恩来总理戏称这次“乒乓外交”为“小球推动大球”，以小推大，成就突出。周总理寓意深刻地指出：“中美两国人民过去往来是很频繁的，之后中断了很长时间。你们这次应邀来访，打开了两国人民友好往来的大门。我们相信中美两国人民的友好往来将会得到两国人民大多数的赞成和支持。”经过为期三年的外交努力、不懈推进，美国总统尼克松在1972年2月正式访问中国，并与中方共同发表了中美《上海公报》。于是，中美关系的坚冰终于打破、逐渐消融，中美关系正常化的进程也由此稳步展开。此后，两国之间在各方面的交往与沟通都迅速升温，并且数量显著增加。

但是鉴于两国长期无法在台湾问题上达成一致，中美关系的正常化进展实际是异常缓慢的，艰难程度可想而知。侵越战争失败、“水门事件”、美苏争霸等迭起，也给美国政治及整体社会范围带来了巨大波动，再加之国会的强烈反对声音，中美关系的僵持局面一直持续到了1978年。直到1978年12月16日，两国发布《中美建交联合公报》，美国终于承认“一个中国”原则，中美两国在1979年1月1日正式建立了官方认可的外交关系。与此同时，中国的国内政策也发生了巨大转变，在党的十一届三中全会上，党的工作重心也实现了从“以阶级斗争为纲”到“以经济建设为中心”的战略性转移，从而开启了改革开放的历史新阶段。

纽约大都会博物馆是目前世界范围内呈现亚洲艺术最全面、最深入、最精美的博物馆之一。然而在20世纪70年代以前，亚洲艺术却是该馆最薄弱、最不受重视的部门。究其原因，就必须要追溯到1970年，在彼时大都会博物馆的百年庆典上，博物馆董事会主席道格拉斯·狄龙（Clarence Douglas Dillon）和馆长托马斯·霍温（Thomas Field Pearsall Hoving）从宏观战略层面，重新调整了博物馆的发展方向，致力于回归到创立者所倡导的“广泛收藏”这一初衷。亚洲艺术作为博物馆中艺术部门最薄弱的一环，引起了狄龙的高度重视，他决定振兴这个他认为至为关键的领域，充分发掘其潜力。最后，霍温决定由他在普林斯顿大学的校友方闻来全权主持并承担此事。

为了使得博物馆的亚洲艺术收藏能够快速起步，方闻历经坎坷，最终说服博物馆承接1971年费城美术馆主办的书法展览（图5-2）。与此同时，方闻还提议博物馆收购著名艺术家和收藏家王己迁的中国绘画，现实证明这一提议具有历史前瞻性——该组作品迄今仍是博物馆在中国绘画领域中最具影响力的作品之一。

在此后不久，博物馆向在古董界被誉为“东方艺术教父”的收藏家安思远（Robert H. Ellsworth），集中收购了一批中国明代的硬木家具。经过实地考察，方闻与他当时的助手、现任博物馆东方艺术部主席何慕文（Maxwell K. Hearn），最终认为博物馆一层为埃及展厅提供光源的天井北侧的小展厅，非常适合被选定为展出这批家具的空间。与此同时，如果在埃及展厅上加盖一个二层楼板，那么天井将是一个建造花园的理想场所（图5-3）。在那一刻，建造一座中国庭院的想法逐渐萌发，这一庭院被寄予了为邻近区域展出所有艺术品的美好希冀，并希望此空间能够营造一个相对独立的文化氛围和理想环境。但是馆长霍温却因为博物馆的资金问题，否决了他们的提议。幸运的是，出资购买这批明代家具的布鲁克·阿斯特夫人（Brooke Russell Astor）与中国有着

图5-2
1980年，方闻（左）和道格拉斯·狄龙（右）
图片来源：https://www.nytimes.com/2018/10/22/obituaries/wen-c-fong-dead.html

深厚的情感渊源，她非常欣赏并支持这个想法，表示愿意出资援助中国庭院的建造活动。

时任博物馆董事、远东艺术部顾问委员会主席的布鲁克·阿斯特夫人，对于中国的人文历史有着别样的缘分和深厚的感情。她幼年居住在北京，四合院、明式家具还有秀丽的花园，就给阿斯特夫人留下了深刻印象。布鲁克·阿斯特夫人曾在自传中写道："我将这一切归功于我在北京居住的4年，从7岁开始，我几乎一夜就会说出流利的中文。这为我打开了一个完全不同的新天地。人们曾经说过一个西方人很难在中国生活，也不容易被中国的事物改变。当然，对于小孩而言，这样的事物也许会改变他的一生。我真的觉得中国的生活改变了我，也改变了我的生活。"中国园林给予她静谧的东方空间，一份远离城市喧嚣的心灵愉悦，让她在后来的岁月中记忆沉淀，难以忘怀。阿斯特夫人相信在博物馆建造一座中国庭院，不仅能给参观者提供一个可供休憩身心的安静之处，也能让展厅内的艺术品与庭院彼此呼应、互相衬托，构成一个沉浸式欣赏的整体空间，从而搭起一座跨越东西文化与国别鸿沟的桥梁，更好地帮助参观者了解遥远的东方艺术文化，从而促进中西文化的交流。

有了外部资金的保障，中国庭院的项目如期启动。博物馆方面，先是委托当时纽约著名的舞台艺术专家、美籍华人李明觉担任了设计工作。他最初设计了一个舞台布景式的方案，但资方认为未能充分体现中华文化的内在气韵，因此未予采纳。

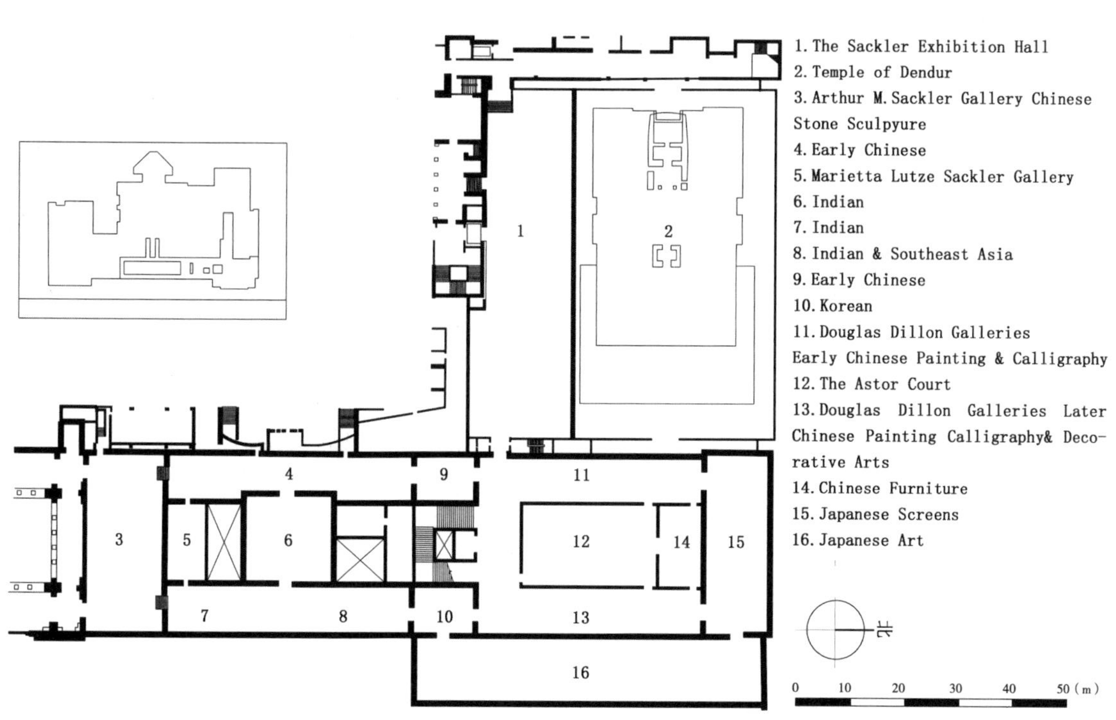

图5-3
明轩在大都会博物馆方位
底图摹自：Murck A，Fong W C. A Chinese Garden Court：The Astor Court at The Metropolitan Museum of Art. [M]. Metropolitan Museum of Art，2012.

1977年冬，方闻随美国文博界组织的“中国古代绘画考察团”来华访问，此时国内园林艺术堪称百废待兴、前景广阔。同济大学园林专家陈从周教授接待了方闻教授，并进一步提出“明式家具一定要配明式园林，而目前保存下来的明式园林主要集中在苏州”的观点，方闻教授对此完全赞成。

在深入考察了多座园林后，陈从周提议复制网师园中的“殿春簃”，理由有二：一方面，陈先生的老师张大千曾寓居于网师园，殿春簃原为张大千及其兄弟张善孖的画室“大风堂”；另一方面，陈先生认为“编新不如述古”，如果凭空设计，无异于空中楼阁，国内的设计施工流程通常耗费时间过长。而网师园是公认的小园极品，“殿春簃”更是小巧玲珑、规模精巧，在有限的空间内积淀了深厚的文化内涵，无疑是理想且合宜的蓝本，以此蓝图展开设计建造，较容易得到各方面的接受与认可。

1978年春，方闻返美后向我国国家文物事业管理局提出了“要求我国协助建造一所中国庭园”的请示。1978年5月，经国务院研究同意后，国家建委下发（78）建发城字275号文件，“经国务院批准，我国将为美国纽约大都会博物馆仿苏州网师园‘殿春簃’建造一座中国庭院”。随后，在国家建委的安排部署下，作为大都会博物馆的代表，方闻、阿斯特夫人，与苏州市园林处的代表张慰人，在北京洽谈会面，并开展了为期三天的友好协商会议。

1978年9月，国家建委城建总局在网师园正式组建了“苏州园林管理处援外殿春簃”工程团队。具体的图纸设计工作，继而分别转交给苏州园林处、南京工学院（今东南大学）承担，两组设计师各绘制了一套方案。潘古西先生在《一隅之耕》一书中，详细记述了当时的设计过程：“苏州通过北京有关方面找了我们帮他们做设计……记得当时参加的有杜顺宝、乐卫忠、叶菊华和刘叙杰，就我们五个人过去的，在网师园的楼上辟了一个房间绘画。花了一周时间，把图纸画出来。园子大体是仿照网师园殿春簃这个院子设计的……平面图画得很细，铺地、水池、假山都画出来了……从图签上看，这套图纸完成于1978年10月5日”（图5-4、图5-5）。当时两套方案报到北京后，国家建委认为南京

图5-4
南京工学院团队完成的明轩设计透视
（原潘谷西绘）
底图摹自：潘谷西. 江南理景艺术［M］. 南京：东南大学出版社，2001.

工学院的方案，假山仍然略高，荷载超出了大都会博物馆在建的二层楼板的承受能力，因此最终还是采纳了苏州园林处的方案。同年10月，陈从周以技术顾问的身份，从苏州园林处携带着融汇各方智慧的图纸和模型一同前往了遥远的美国。设计稿漂洋过海，却无一例外地得到了博物馆、古董商以及美国舆论界的一致肯定，就此签下了建造明轩的意向性协议。同年12月，中国驻美使馆文化参赞与大都会博物馆正式签下建造合同，并且按照合同规定在国内制作实样得到美方肯定后，再制作第二套运往美国。

1979年10月，193箱明轩的预制构件顺利完工，并从上海启程运往美国。来自苏州的19位工匠和技术干部，与美国当地的20余位施工人员之间相互配合并协作，仅用四个半月的时间，便顺利完成了明轩的建造工程。施工过程中并没有出现大麻烦，尽管中美两国的工匠存在语言不通的尴尬，且没有专门安排翻译，但是中美两国彼此之间分工明确、配合默契：中方负责建筑、湖石的搭建工作（图5-6），而美方负责粉刷、油漆及顶棚的搭建工作，最终在中美两方的通力合作下，项目顺利取得了成功。

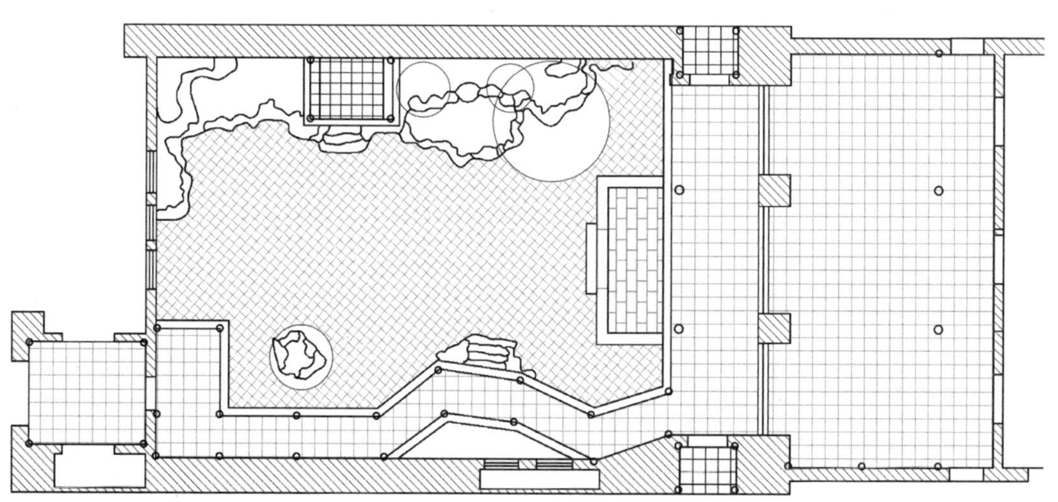

图5-5
南京工学院团队完成的明轩设计总平面示意
（原杜顺宝绘）
底图摹自：潘谷西．江南理景艺术［M］．南京：东南大学出版社，2001.

图5-6
中国工人在纽约大都会博物馆搭建
图片来源：Murck A，Fong W C. A Chinese Garden Court：The Astor Court at The Metropolitan Museum of Art.［M］. Metropolitan Museum of Art，2012.

在施工期间，明轩也备受瞩目。甚至，时任纽约市市长的考奇、前美国总统尼克松、前国务卿基辛格、美籍华人著名建筑师贝聿铭，以及阿斯特夫人等社会名流、业界专家，都多次莅临博物馆施工现场，进行观摩探访活动（图5-7）。大都会博物馆还特地将施工全程录制成了一部纪录片，以飨观者。

此外，中国对明轩工程高度重视，在建造用材方面十分讲究。在明轩的装修选材方面，主要选用的木材为银杏木、香樟木。而柱子的用材，则是更为珍贵的楠木，这是国家特批从四川运过来的，只为精心打造园林的最好样貌。楠木的采伐过程非常困难，需要耗费大量精力：从成都郊区山林中采伐后，先要就近寻找水道，扎成木筏，再顺流直下漂入长江，再通过长江航道运往遥远的苏州（图5-8）。明轩的水平横梁和椽子由冷杉木制成，曲线形椽子、栏杆和美人靠往往用香樟木雕成，木花格窗用的材质则全部必须是银杏木。全部木构件都采用中国传统技艺的榫接方式，即用木榫和木销加固，整个建筑过程都很少使用铁钉。与此同时，明轩中所用的砖瓦主要由苏州陆慕镇“御窑”烧制。陆慕御窑厂，建于清乾隆年间，北京故宫乾隆花园中的砖、瓦，均为此窑烧制、供给。为了满足方砖的材料需求和正常制作，苏州市政府专门批调了数万公斤砻糠，不计成本。“那段时间，苏州米厂里的砻糠全部批给了陆慕御窑厂。”甚至，明轩的每块方砖背面都印有“戊午苏州陆慕御窑新造”字样。

明轩被业界公认为“中国园林出口的开山之作”，其背后的渊源不仅在于因为它是第一座规模完整的海外中国园林，更因为它初步奠定了中国园林出口的规模样式和风格基调。在400多平方米的明轩之中，有

图5-7
阿斯特夫人探访施工现场
图片来源：苏州园林发展股份有限公司. 海外苏州园林［M］. 北京：中国建筑工业出版社，2017.

山、水、屋、廊和亭台的精巧布局，几乎在咫尺之间具备了中国园林的各种要素。我们可以透过明轩“麻雀虽小，五脏俱全”的意匠营构背后，看到海外造园对于满足中国园林的造园要素的要求。与此同时，对江南私家园林的复制与仿建，成为随后很长一段时间内海外造园的主要特点。

在明轩建成后的几年间，中国陆续收到了来自诸多国家园艺博览会的盛情邀请。例如，1980年的蒙特利尔国际展，以及1981年的卡塞尔联邦展，1982年的阿姆斯特丹国际展等，不胜枚举。1983年慕尼黑国际园艺博览会的芳华园，作为中国第一座建造于室外的展园，别具一格。这些中小型的展览类中国庭院，无疑让各国游客充分见证了中国古典园林的艺术魅力，也逐渐奠定形成了海外中国园林的基本模式——园中园。此后，随着经济的快速发展和各方资金的慷慨注入，海外中国园林的规模也逐渐扩大，数量也在逐渐增加。

从1985年开始，随着中美民间文化交流频次的增加，越来越多的海外人士了解到中国园林，并对此产生了强烈兴趣与极大热爱。自此，海外中国园林迈入了新的发展阶段——逐渐从官方走向民间，并且主要是以海外私人、企业邀建的形式开展。这一时期政府层面建成的海外中国园林，主要有1989年3月纽约花卉展的惜春园（Xichun Garden），民间建成的园林包括同年12月建成的华盛顿世界技术中心大厦（Techworld Plaza）的云园、翠园，以及华盛顿美国国家植物园的“半园”中国庭院，也有受两国关系影响，虽然早早筹划但建设进展极为缓慢的园林，如1985年纽约的寄兴园（The New York Chinese Scholar’s Garden）。

图5-8
工人在四川成都附近的峡谷中采伐楠木（左），将木材带到就近的长江支流（中），在苏州陆慕镇“御窑”烧制（右）
图片来源：Murck A，Fong W C. A Chinese Garden Court：The Astor Court at The Metropolitan Museum of Art.［M］. Metropolitan Museum of Art，2012.

从1981年到1983年，里根政府上台的数年间，中美之间的关系因美国售台武器等问题发生一连串的矛盾纠纷，这也是中美关系正常化后的第一次幅度较大的波动事件。中美两国在美国售台武器问题上进行了激烈的争论。1982年8月17日，经过数月的艰难谈判，中美《八一七公报》最终发表，美国保证对台军售会逐渐削减，逐次缓解，直至“最后的解决”。公报的达成虽然未能彻底解决台湾问题，但使紧张的中美关系还是得到了一定程度上的缓解，这对于20世纪80年代中美关系得以全面发展，无疑起到了积极的推动作用。我们可以看到，政治关系的波动摩擦，对两国经贸关系产生了一系列负面影响。1983年1月，美国甚至发动对中国纺织品的单方面限制，这是中美建交以来第一次贸易纠纷，两国由此爆发了一场贸易战，经济纠纷的结果以中美贸易出现下滑为结局潦草收场。

从1984年到1989年上半年，中美两国高层之间互访频繁，中美关系在整个20世纪80年代得到了较为平稳的发展。这段时间，中美经贸也巧妙借着“蜜月”期的政治关系这股东风，柳暗花明、扶摇直上，得到了风暴后的长足发展，这也为在20世纪90年代大起大落的两国关系中经济能够平稳过渡，打下了坚实基础。

1984年4月，里根总统访华，双方签署了中美文化协定，并商定分别拟在1984年和1985年执行计划。这个执行计划回望并总结了前两个计划的既有经验，坚持了对于官方项目必需的少而精、高质量的原则，因而在总体上减少数量，但必须是兼具了小规模、多样性和高水平的标准。并且，在计划所列条目上，多为意向性项目，从而避免立项过于具体带来的可能性限制，防止为后续行动带来束缚。对于民间的交流往来，双方都给予积极的鼓励、扶持、引导。随着民间交流的载体骤增，中美文化交流更是呈现出多形式、多品种、宽领域、持续开展的全新局面，堪称百花齐放、百家争鸣，交流质量也在此间不断提高。

20世纪80年代初期，中美文化交流主要以官方交流为主体，民间往来的手段仅作为点缀或补充。不过，值得庆幸的是，两国政府签署文化协定并最终确认了民间文化交流不可替代的重要地位，这也为两国的民间文化往来，开辟了广阔的发展空间，打开了别样的视野前景。20世纪80年代中期以后，多形式、多渠道的民间交往蓬勃展开，逐渐占据主导地位。这种扎根于人民大众的文化交往，显示出强大的生命力。

1989年，在美国首都华盛顿特区的中心区新建了一座世界技术中心大厦。早在20世纪60年代作为大厦的开发商，也是华盛顿特区最大地产商的朱塞佩·塞奇先生，便开发了华府的标志性建筑之一的水门大厦。他确信世界技术中心大厦的诞生，也将同样代表着一个具有超前风格的作品类型。当时包括中国城在内的华盛顿中心区，正在经历一个前所未见的发展进程，塞奇先生决定立足原有建筑环境并提升文化氛围，“很明显，从一开始我们就希望将中国的文化和艺术主题综合融汇在世界技术中心大厦之中”。

华盛顿AEPA建筑专业工程公司董事长、美籍华人刘熙先生，受邀设计了世界技术中心大厦连接处的两座中国花园——云园和翠园。两座园林由来自中国扬州古典园林建设公司的吴肇钊等技术人员负责实施工程建设工作，工程共耗时3个月，并于1989年12月完工。这两座中国园林在前期的筹措工作中，精选了历经数千年侵蚀而形成的奇特太湖石，并加以叠石、堆山的传统技法，巧妙配以苍松、翠柏、青竹等古雅元素。园林充分借鉴了中国传统造景手法，因此呈现出具有鲜明扬州园林韵味的独特魅力（图5-9）。

翠园借鉴并运用了扬州个园“旱山水意”的造景手法，在“棋亭”的正面则端正篆刻着苏东坡题扬州瘦西湖船厅的对联，“万松时洒翠，一涧自流云”。云园则参照扬州个园的夏山“叠石停云”的叠山手法，“曲廊”的“竹石图”中心大书“有节无心”四个大字于粉底墙上，文字就取自“扬州八怪”之一郑板桥的佳句“未出土时先有节，纵凌云处也无心”。诗句强调营求具有自然之趣、意境深远和柔性美的中国园林，这对于世界技术中心大厦坚挺新颖的现代建筑来说，无疑是一种巧妙的美学平衡。塞奇先生这样总结道：“中国花园与周围闪闪发光的钢玻璃建筑形成戏剧性的对比，它象征着东西方文化的融汇沟通。它的价值远远超过其固有价值。”

图5-9
世界技术中心大厦翠园
图片来源：https://thesecretgardenatlas.wordpress.com/2014/07/10/chinatowns-fortune-cookie-washington-dc-usa/

塞奇先生对不同文化的强烈兴趣，以及对中西文化融汇的诚挚追求，正与刘熙先生对中国文化艺术的研究实践不谋而合，二者合力促成了中国花园在美国的又一次巨大成功，这也是美国第一座由民间邀建并落成的中国园林项目，意义非凡。自从中国园林文化被介绍到新时代的西方商业建筑之中，无疑给大厦职工和来访者提供了一处幽静的休憩空间，以及理想的审美场所，也让他们感受到了中国文化的别样魅力。

这一时期，海外中国园林在美国的发展呈现出以下特点：

首先，园林文化交流是政治外交的附加产物。这一时期得益于美苏争霸和中苏关系恶化等国际形势，直接导致了中美关系的改变，并促进了两国关系的缓和。伴随着两国政治互动的是文化间频繁的互动往来，这也间接影响到国际范围内封闭关系的松动，包括美国在内的西方各国逐渐在文化层面，开始重新认识和接纳中国文化、中国园林文化，从而掀起中国海外造园的新一轮热潮。

在园林“出口”的初始阶段，我国仍扮演着比较被动的角色。这是由于当时西方民众对东方园林艺术的印象，主要来自于日本园林的“先入为主”，因此他们对中国园林的了解，更多是来源于博物馆内展出的中国字画和明式家具，而对中国园林的认识更只是冰山一隅。

自明轩滥觞之后，中国作为受邀方在各大国际展览频繁亮相，造园兴起，海外中国园林慢慢地从室内发展开拓出更广阔的疆域，转而在室外展出。由此，我们可以看出中国园林在西方世界的追捧热度和受欢迎度的逐步攀升，但大多仍是在官方正式邀约后再进行的海外造园活动。

其次，海外华人与外国友人无疑是海外造园的重要推动者。在中美建交初期，双方的官方来往都寥寥甚少。因此依靠方闻、王己迁等美籍华人的帮助，就显得至关重要，中国文化在艰难时刻得以传播，正是由于他们的默默奉献与无私付出，因此他们也是中国园林能走出国门的最大贡献者之一。另一方面，那些对中国文化和中国园林充满真挚热爱的外国友人，也是我们值得记住的名字。例如，阿斯特夫人、塞奇先生等对早期海外造园资金的慷慨援助，无异于雪中送炭之恩情，因此也是中国园林能够顺利“出口”的坚实保障。

（2）繁荣发展阶段（1990—2000年）

20世纪90年代初发生了一些严重危害中美间政治关系的事件，但没能使中美经贸停滞不前，相反，中美经贸在这政治风雨的空隙中稳健地向前发展着。布什政府一方面对中国施加经济制裁，另一方面也为维护中美关系作了很大努力；加上经过20世纪80年代的大发展，中美经贸羽毛已丰，经受住了政治风浪的吹打，且对政治关系的恢复起到了一定的促进作用。

经过4年的磨合，中美两国关系在1996年下半年开始明显改善，逐渐恢复了健康发展。克林顿政府连任后也终于改变了对华政策，决意改善中美关系，延长中国最惠国待遇。1997年10月江泽民主席访美，并在会谈后发表了《中美联合声明》，两国元首确定了建立建设性战略伙伴关系的目标。建立这种关系也符合冷战结束后大国关系调整的潮流，这种关系是平等的、相互尊重的，而不是排他的。不过这并不意味着两国之间不存在分歧，而是表明两国都有意愿不让这些分歧妨碍中美关系的发展，并且采取适当的方式来处理这些分歧。这次访问是稳定两国关系的一个重要步骤，为处理中美关系中的种种问题营造了一个不同以往的大背景。1998年6月11日，克林顿总统在美国全国地理学会发表题为“21世纪的美中关系”的讲话，这是他执政6年来第二次专门就两国关系发表讲话，“美中关系将在很大程度上帮助决定，新的世纪对美国人民来说是否是安全的、和平的和繁荣的世纪……一个稳定、开放和繁荣的中国，承担起建设更和平的世界的责任的中国，显然是符合我们的长远利益的。所有美国人都同意这一点”。6月25日，克林顿总统克服国内反对势力的重重阻挠，开始了对中国为期9天的国事访问，也是美国总统自1989年以后对中国的第一次访问。1997年和1998年中美两国首脑互访推动了中美关系的改善，是20世纪90年代中美关系中的大事件。

然而1999年对于中美关系是极不平凡的一年。这一年中美关系上演了令人大悲大喜的活剧。1999年5月8日，在以美国为首的北约对南联盟的轰炸中，美国导弹击中了中国驻南联盟大使馆，中美关系顿时跌入低谷，中方宣布推迟两国之间除贸易外大部分领域的交往。但这场危机没有持续多久，台湾的李登辉本想乘中美关系恶化之机，企图提出“两国论”的分裂言论来操纵台湾的政治局势，却招致国际社会的一致谴责，意外促进了中美关系的恢复。年底，两国达成了关于中国入世的双边协议，结束了长达13年的马拉松式谈判，这对中美关系又是一个大的促进。

经过20世纪90年代的反反复复，人们对中美关系的复杂性也有了更进一步的认识——发展中美关系要有长远的眼光，两国不论在双边关系上，还是在共同关心的国际问题上，都有广泛而重大的共同利益；另一方面，两国要妥善处理分歧，求同存异。

虽然这一时期中美两国在政治上摩擦不断，但对外经贸往来并没有停滞，一些中国大型公司也把眼光看向了海外市场，在中国政府的支持下，开发海外中国文化产业项目，包括建造中国主题公园和中国文化中心，在当时备受国内外重视。

1993年12月18日，由香港中国旅行社集团投资近1亿美元，在佛罗里达州的奥兰多迪士尼世界附近建成的锦绣中华公园，是“中国境外第一座大规模集中介绍中华文化的主题景区”，苏州苑是其中最重要也是最成功的景点（图5-10）。全园80多个景点，重现了中华大地大江南北的锦绣河山。开幕之际在当地引起了轰动，一时间引起一阵“中国热”，我国国家领导人分别题词祝贺。美国前总统尼克松，著名美籍华人杨振宁、李政道、陈香梅以及佛罗里达的地方政要等两千余位嘉宾出席了开幕盛典。

图5-10
破败后的锦绣中华公园“苏州苑”鸟瞰
图片来源：https://www.thethemeparkguy.com/park/splendid-china-florida/photos

苏州苑位于主题公园的入口，是苏州园林设计院为锦绣中华公园规划设计的一组景区。它由若干组小庭园构成，在其间可购买各种正宗的中国工艺美术作品、旅游用品，也可品尝美味的中国菜肴，还能观看中国电影、各种展览等。鉴于一般主题性公园在观光游览上的多功能性要求，苏州苑与单纯的苏州古典庭园还是存在着微妙的区别，同时，它也无法成为传统的商业性街坊。对此，设计师张慰人总工程师总结道：苏州苑是将园林和街坊相融合而成的综合性空间，园中有街，街上是园，在动观的游览线上串起一个个可静观的小景点，使游人在“动中寓静”中游览。“动”有流畅和导向性很强的交通；“静”可流连驻足，细细揣摩欣赏。苏州苑占地面积约4公顷，总体布局呈“6”字形（图5-11）。其中，建筑面积为5000平方米，其规模在当时是“中国园林出口工程之冠”。

然而斥资过亿的锦绣中华公园建成后并没有取得预期的效果。运营第一年营业额达到900万美元左右，随后由于政治问题、游客稀少、缺乏维护和公司管理不当等多种因素，于2003年年底正式关门。但不可否认的是，锦绣中华公园对于奥兰多当地中国文化的传播起到了一定促进作用。营业的十年间，锦绣中华成了当地亚洲人社区的文化中心，还充当了向当地华人后代传授中国文化的教育基地。

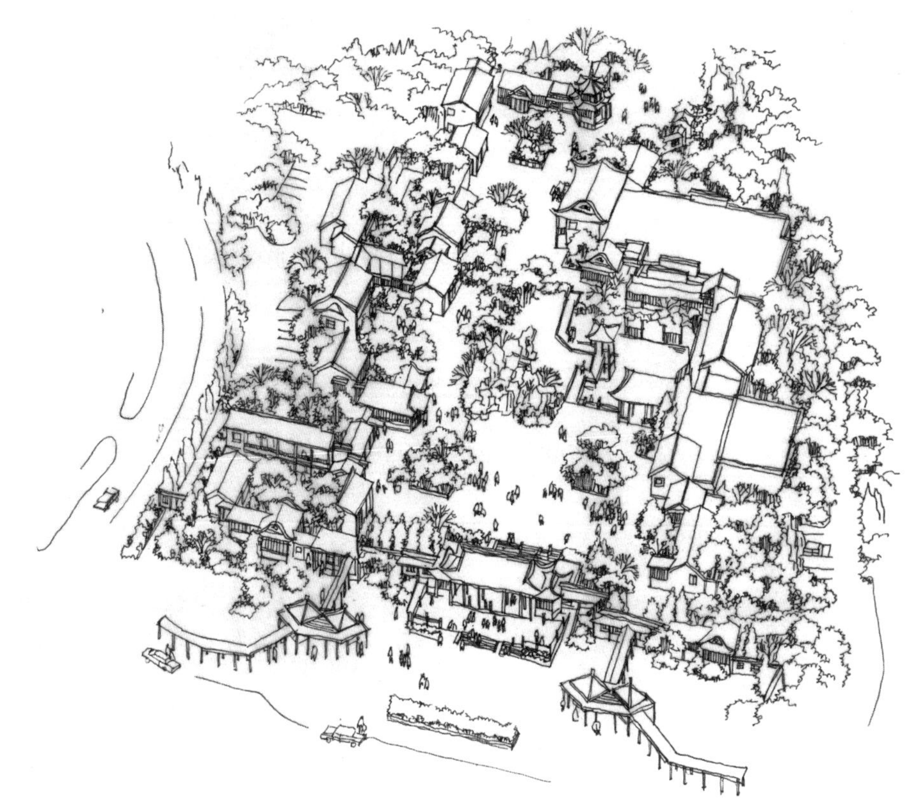

图5-11
苏州苑设计鸟瞰（原张慰人绘）
底图摹自：苏州园林发展股份有限公司．海外苏州园林［M］．北京：中国建筑工业出版社，2017．

与此同时，为了弘扬中国悠久的历史和灿烂的文化，促进中美之间的经济和文化交流，20世纪90年代早期，中粮集团直属BNU公司在美国菲尼克斯市（凤凰城）筹建中粮凤凰城中国文化中心（Phoenix Chinese Cultural Centre，又称“中国城”）。菲尼克斯市是美国西南部的一座绿洲城市，第二次世界大战后迅速崛起，是当时美国西部再开发的典型，占地共470平方英里（约1217平方千米），是美国第六大城市，到1998年城市人口达到了122万人。快速发展的经济、独特的自然风光，再加上高度注重城市管理和建设，菲尼克斯市吸引了大量外来人口在此地就业、定居。1997年，城内华裔人口约5万人，亚裔人口约10万人。中国文化中心于1997年建成，地处市中心，是集商业、贸易、旅游于一体的综合性商业文化中心，占地达10.5万平方米，包括写字楼、酒店、餐饮等商业设施以及一座占地3000平方米的中国江南风格园林“和园”。建成后的中国文化中心成为当时菲尼克斯市华人聚集和进行各种商贸、文化及娱乐活动的中心（图5-12）。

中国文化中心“和园”由南京市著名设计师叶菊华设计，与锦绣中华公园“苏州苑”类似的是，和园也没有采用传统样式的空间布局。全园的规划设计按城市分为5个景区，云集了中国南京、镇江、苏州、无锡和杭州等5座历史文化名城的名胜古迹，景区内设若干景点，皆为对原型的复制，由园林植物、小径和水体串联成整体，构成一座带状花园（图5-13）。可以说，中国文化中心和园的设计布局对展现中国文化内涵起到了良好的效果，落成后受到美方各界人士关注，被认为是“当时美国最正宗的中国花园之一”。

自1997年建成后的10余年，在和园内举办的“中国周”活动大受欢迎，到中国城饮茶、买菜成了菲尼克斯市人民例行的合家欢活动，本地小学也组织学生前往郊游学习。可以说，虽然中国文化中心和园没有传统中国园林般富有意境，也不像明轩一般享誉全球，但是在异域的沙漠上，“三潭印月”“别有洞天”等景观，不仅给当地华人带去了故乡的慰藉，也为菲尼克斯市热心中华文化的外国友人了解中国开启了一扇窗。在2018年，中国文化中心及和园皆因为商业原因而被拆毁，成为当地的一大遗憾。

图5-12
菲尼克斯市中国文化中心入口
图片来源：https://www.bizjournals.com/phoenix/news/2017/10/04/chinese-cultural-center-fight-show-me-the-money.html

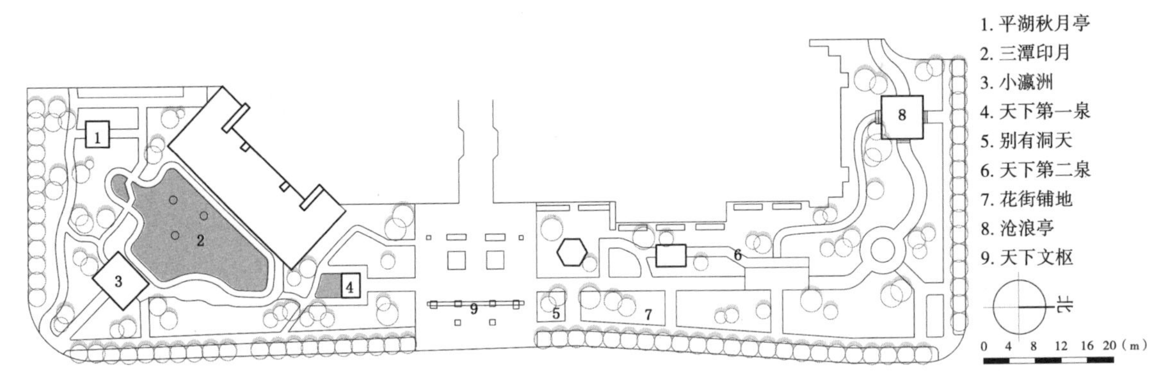

图5-13
中国文化中心“和园”平面
底图摹自：刘少宗．中国园林设计优秀作品集锦-海外篇［M］．北京：中国建筑工业出版社，1999.

从20世纪80年代中期开始，民间文化交流逐渐占据中美往来的主导地位。20世纪90年代以来，中美关系起伏动荡，官方交流陷入停滞状态，但民间交流仍保持发展势头，发挥着主渠道的作用。这一时期海外中国园林的建设也完全由民间主导，友好城市捐建园林是主流形式之一，江南园林风格盛行，建成的此风格园林有位于圣路易斯的友宁园（The Margaret Grigg Nanjing Friendship Garden）和位于波特兰的兰苏园。

1994年，为庆祝南京市与圣路易斯市缔结友好城市15周年，双方拟互赠纪念物作为友谊的象征。美方友好人士希望能在圣路易斯市建立一个中国园，于是在南京市政府的调动下，由南京市园林局承办该工程实施，总工程师李蕾主持中国园的设计。1996年7月，在密苏里植物园建成的友宁园是“中美第一座友好城市园林”（图5-14）。友宁园内的建筑及小品，均以明清时期江南古典园林为范本，灰瓦、白墙、红柱，风格清新典雅（图5-15）。

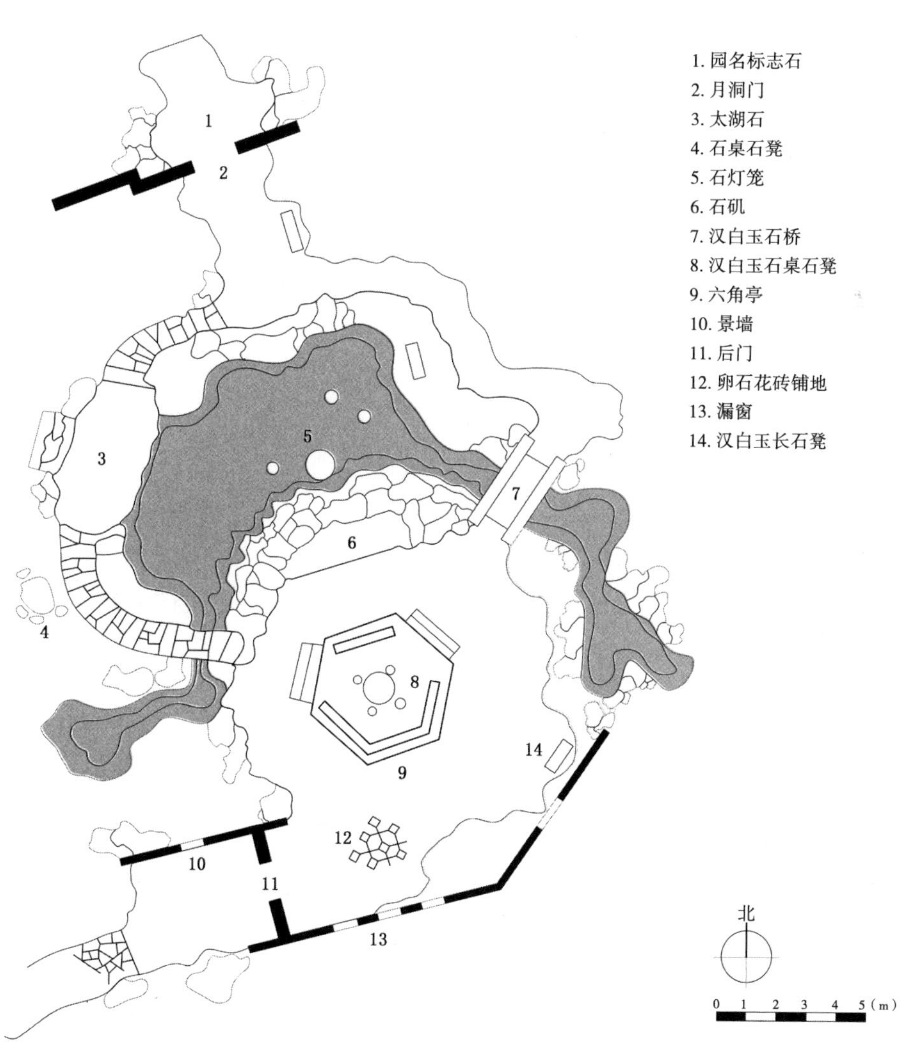

图5-14
友宁园平面
底图摹自：刘少宗. 中国园林设计优秀作品集锦-海外篇［M］. 北京：中国建筑工业出版社，1999.

2019年正值两市结好四十周年，南京市又专门定制了一对明式铜椅和茶几作为城市礼物赠予圣路易斯市，摆放在友宁园内。南京市政府提出，“南京是明朝的建都地，明式椅子具有鲜明的中国特色和广泛的国际影响，能充分体现中国文化特色，欢迎圣路易斯市民经常到友宁园走一走，到铜椅上坐一坐，共叙友谊，共话发展”①。

1985年，波特兰市政专员迈克·林德伯格（Mike Lindberg）访华，被苏州园林之美深深吸引，梦想在波特兰建造一座中国古典花园。3年后，苏州市与波特兰市正式缔结友好城市关系，此后两座城市在经济、文化等领域开展了频繁的交流合作，也为这一梦想的实现创造了机会。1989年，波特兰市政府组织创立了非营利组织“古典中国花园协会”来负责兰苏园的筹建。1993年，在波特兰新任市长韦拉·卡茨（Vera Katz）的推动下，波特兰市政府和美国西北天然气公司（Northwest Natural Holding Company）签约，以具有象征意味的“99美分100年租期”，得到了位于西雅图唐人街中心的停车场用地，并将其投入中国园林的建设，目的是“让生活在21世纪的美国人，和有1000多年历史的中国江南园林的审美传统对接”。

① 南京市政府对外办事处：http://www.nanjing.gov.cn/zdgk/201910/t20191016_1678354.html

图5-15
友宁园景色
刘睿卿摄

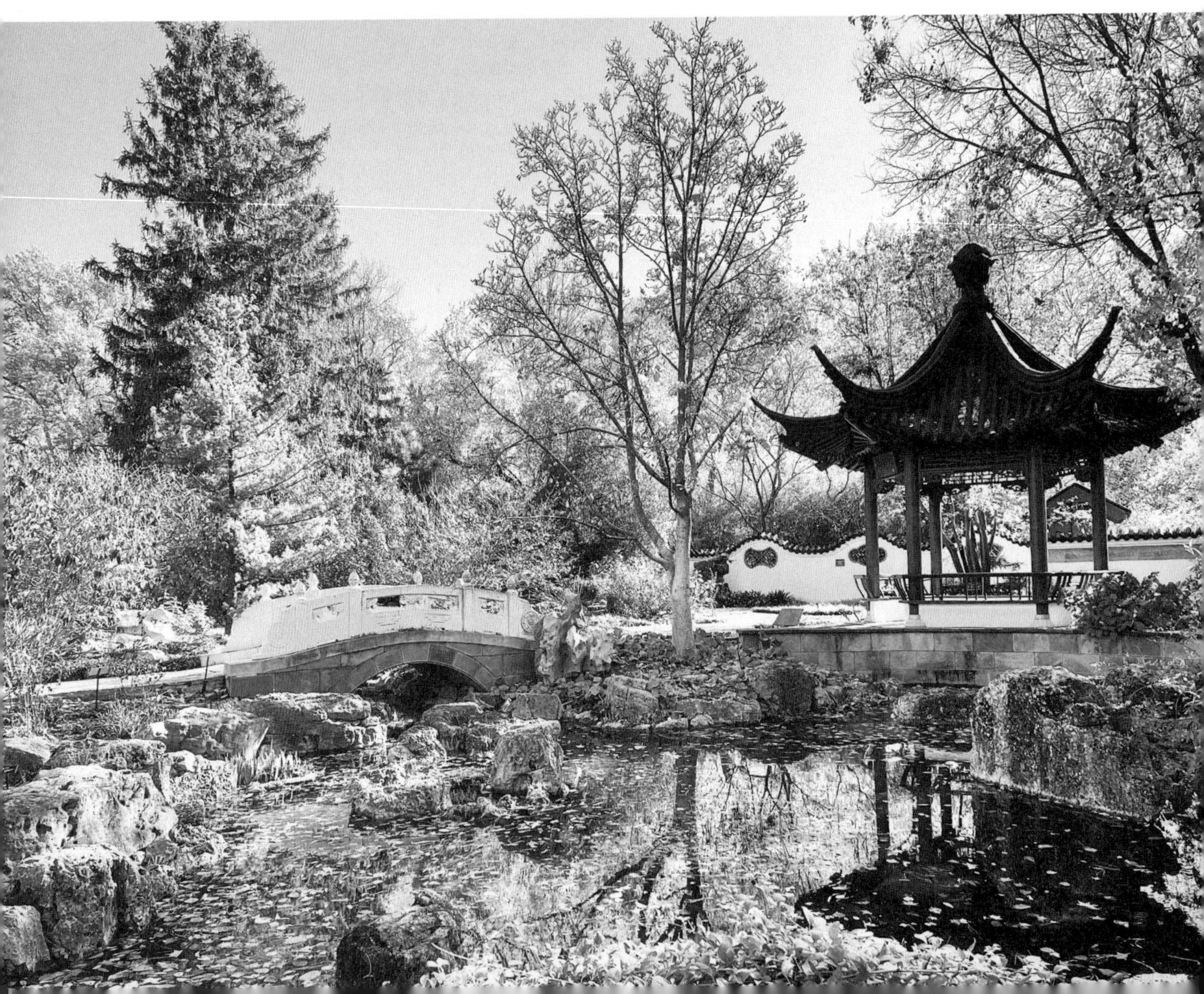

1995年，苏州园林设计院正式开始进行兰苏园的规划设计，匡振鹍先生与贺风春女士担任主要设计者和现场监理。项目进展十分顺利，1998年苏州开始准备建筑材料和石木部件的设计雕刻，其中包括重达500吨的太湖石，1999年11月开始现场装配施工。来自苏州的65名工匠，按照美国现代建筑规范，工作了一年之久，兰苏园终于在2000年8月建成（图5-16、图5-17）。无论从设计品位还是从施工质量上看，兰苏园都是海外中国园林的精品，在当时还获得了包括“建筑部优秀工程设计一等奖”“江苏省优秀工程设计一等奖”，以及美国俄勒冈州政府授予的“人居环境奖”在内的多个奖项，是“世纪之交外建规模最大且为北美唯一完整”的苏州风格古典园林。自开园至今，兰苏园一直是波特兰市最受欢迎的景点之一，这进一步扩大了苏州园林在美国的影响力。

20世纪80年代末开始，中美关系遇到严重危机，其间一系列政治和经济的波动直接影响到了中国在美国的造园活动。诸多园林的建设因资金缺乏、政治形势变动等原因一再拖延，纽约斯坦顿岛的寄兴园（The Chinese Scholar’s Garden）便是一个典型案例。

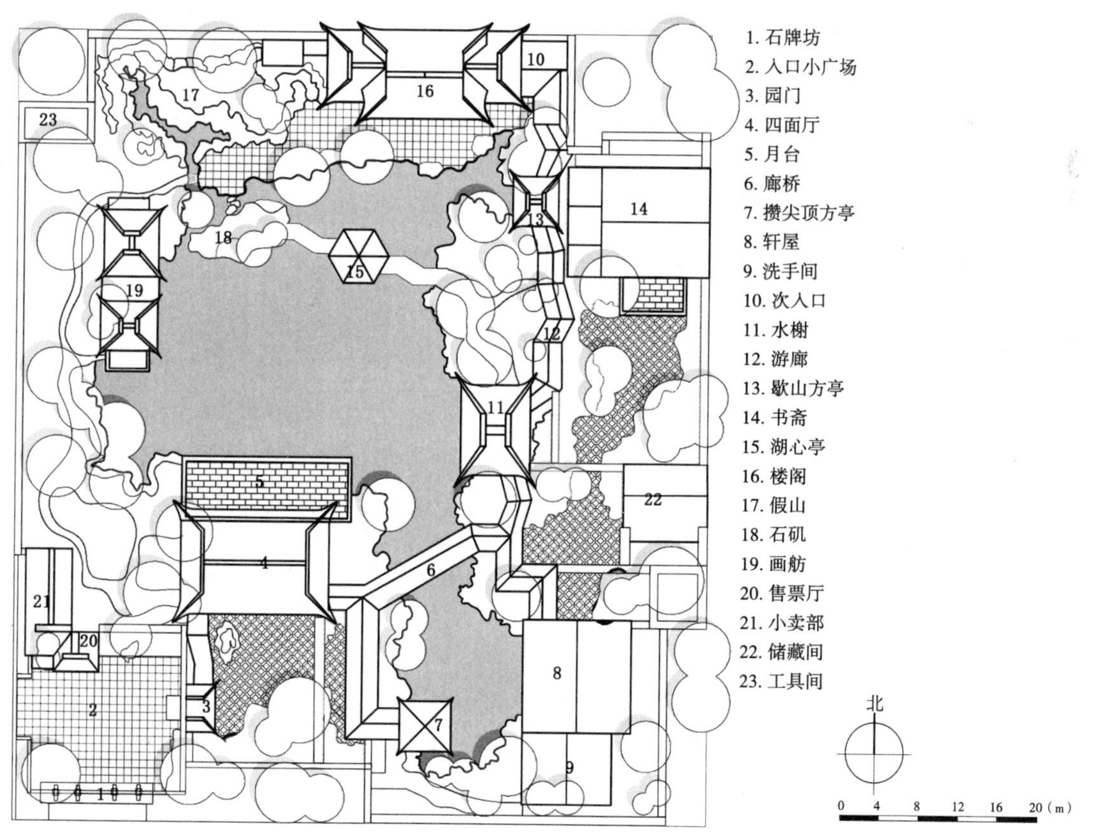

图5-16
兰苏园平面
底图摹自：苏州园林发展股份有限公司. 海外苏州园林［M］. 北京：中国建筑工业出版社，2017.

纽约市斯坦顿岛的“温港文化中心和植物园”（Snug Harbor Cultural Center & Botanical Garden）自19世纪初开始便是退休船员之家，后来转型成一个多元文化中心，其中包括当代艺术博物馆、儿童博物馆、纽约最古老的音乐厅和多座园林。1985年，植物园的总裁为当时居住的水手们规划了这座园林，用来当作他们退休后安享晚年的社区。

寄兴园自1985年开始筹划至1999年建成，历时14年之久。在此期间，中外园林建设总公司派人赴美洽谈十余次。1986年，纽约斯坦顿岛植物园园长率领美方建筑师访问了北京、上海、苏州、杭州等地后选定了江南苏州园林风格。同年，中国园林设计院邀请园林设计建筑专家邹宫伍先生担任主要设计师，他仿照苏州的“耦园”进行了方案设计并制成模型，由中外园林公司经理王泽民带队赴美进行宣传介绍，宣介会上邀请了纽约的文化局、园林局、基金会、美中友好团体等各界人士。邹宫伍先生对江南园林历史和风格的介绍得到了纽约各界的广泛称赞，会后他还协助美方选定了建园位置。

20世纪80年代后期，由于中美的政治纠纷和经济的不景气，资金筹措发生困难，建园进程延缓，只能依靠民间筹款。十几年间纽约市更换了数届市长和文化局长，中国园林公司不断派人进行联系跟进，讲解意图，保持沟通，加强认识。最后，为促成此事，中方提出捐赠部分设计费，拿出建园中中方所承包的人工费及材料款的三分之一，以示诚意；与此同时，纽约华人也积极参与筹款。终于，中美双方于1994年初签订了寄兴园的设计合同，并于1996年完成了全部设计工作。之

图5-17
兰苏园鸟瞰（原朱江松绘）
底图摹自：苏州园林发展股份有限公司. 海外苏州园林［M］. 北京：中国建筑工业出版社，2017.

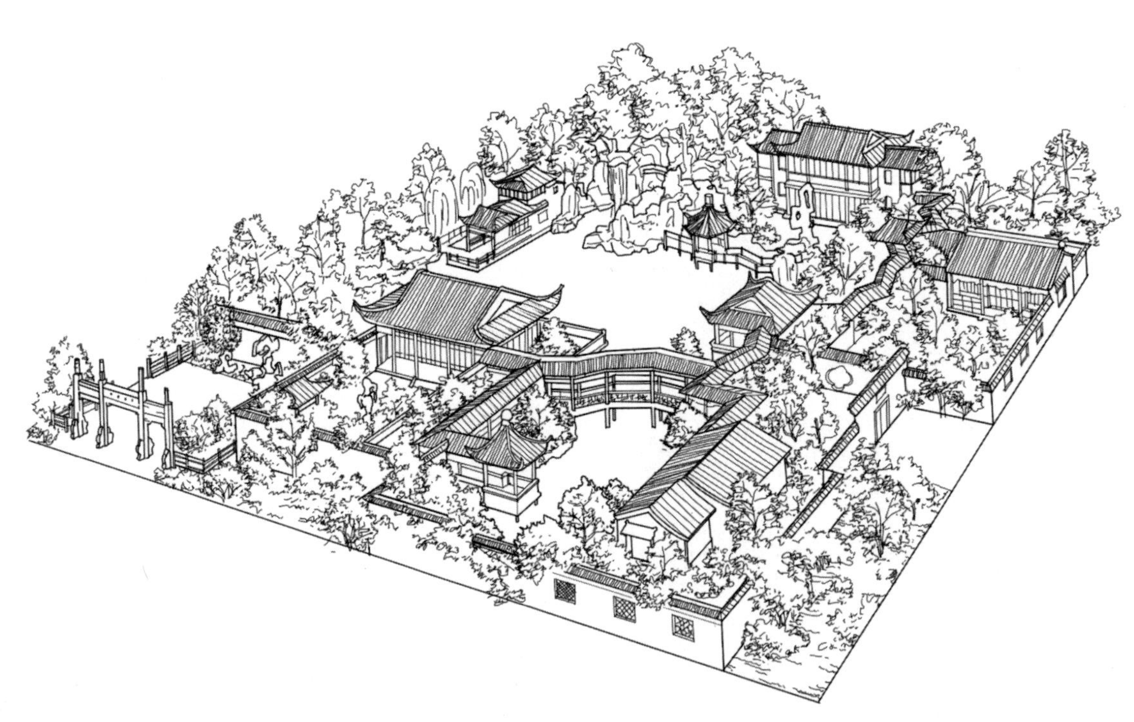

后的一年里，园林的工程款项再次面临短缺的难题，直到1997年，在地产大亨特朗普（Donald Trump）的资金支持下，寄兴园才得以复工。1998年，几十箱园林建材漂洋过海，通过船舶运到了斯坦顿岛的植物园。经过30名来自苏州的能工巧匠和十余名美方工人半年多的共同努力，寄兴园终于在1999年建成，这也是“全美第一座完整的完全仿真的较大型苏州园林”（图5-18、图5-19）。建成后的20余年来，寄兴园逐渐成为纽约的夏季热门景点之一，在纽约市旅游会展局的大力宣传下，成为当地人民夏日避暑、了解中国古代文人生活环境的不二选择。

海外中国园林在美国蓬勃发展阶段的特点总结如下：

民间造园代替官方项目成为中国园林出口美国的主要方式。20世纪90年代，中美官方交流陷入停滞，而蓬勃发展的民间交流为海外造园的推进提供了契机。这也导致了造园动机逐渐多样化，广泛开展的中美城市外交，各大博物馆、植物园的邀建，以及中国企业的海外商业项目成为这一时期造园的主要方式。

江南园林在美国大受欢迎，成为造园模板。20世纪80年代，明轩的影响力不断扩大，向美国和世界展示了苏州古典园林的魅力；与此同时，苏州园林局与苏州园林发展股份有限公司在海外市场上十分活跃，承建了这一时期世界上的多个海外中国园林项目。因此，以苏州园林为代表的江南园林风格在美国受到了推崇，这一时期的海外造园都以中国明清时期古典园林为模板。

图5-18
寄兴园平面
底图摹自：http://www.szlad.com/overseas/America/2018-07-16/5.html

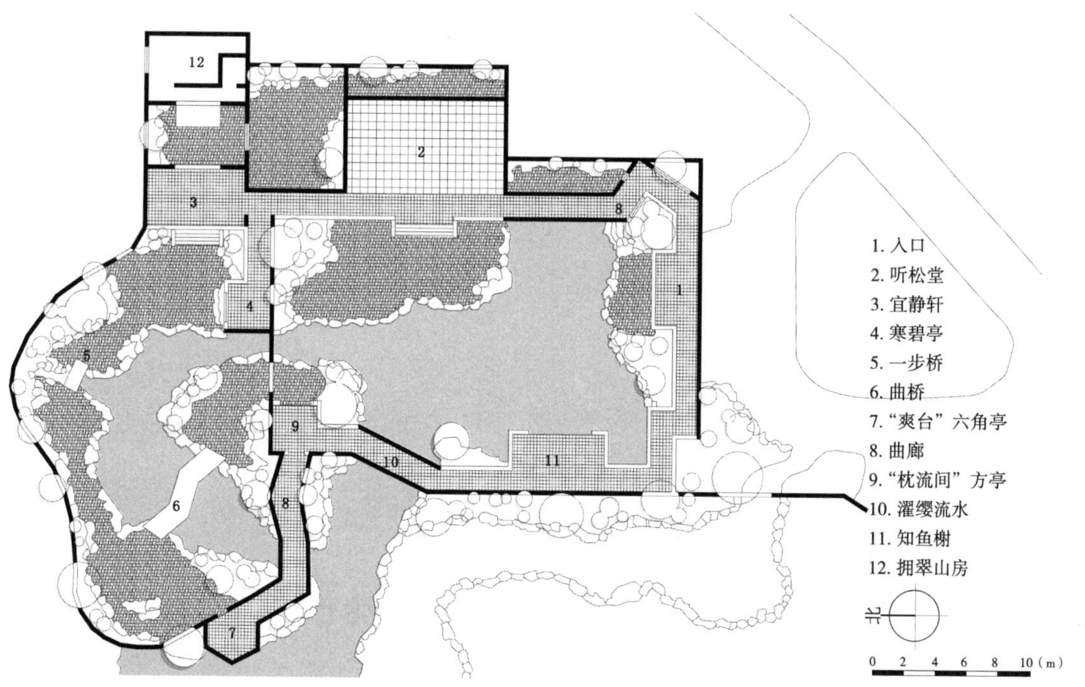

海外中国园林的规模扩大，质量提高。这一时期建成的中国园林仍以“园中园”为主，但同时也出现了如波特兰“兰苏园”这样独立完整的中国园林。园林规模也从小型展园扩大为较大的展览花园，甚至也有像锦绣中华公园苏州苑一样的大规模园林景区。这一时期海外造园热情甚高，园林建设以私人出资和社会募资为主，由于资金足够充裕，其质量也有所提高。

（3）稳定阶段（2001年至今）

2000年以后，中美两国关系更加成熟稳定，开始加深多方面合作。2001年的“9·11”事件使美国摆脱了冷战后对中国的战略模糊，打击恐怖主义成为美国新的国际战略纲领。对于美国伸出的橄榄枝，中国予以积极回应，与美方一起推动国际反恐合作，组织“六方会谈”，妥善解决朝核问题，维护亚太地区的稳定。在反恐框架下，美国认为中国不再是“战略竞争对手”，而是合作伙伴。

然而自2011年开始，美国政府采取的“战略东移”计划以及随后的“再平衡”和“巧实力”系列政策，使中美关系进入了新的调整与适应期。与20世纪90年代的调适期类似，中国超高速的发展，特别是GDP超越日本成为全球第二的事实，使美国再次对中国产生了战略模糊。在这种战略模糊下，美对华政策的不连贯性又开始出现，时而合作维护共同利益，时而阻碍中国发展，南海问题、钓鱼岛问题背后都有美国的阻挠，双边关系一度滑向紧张。中美只是在新的利益边界中相互适应，双边关系并没有本质上的倒退或失去发展基础。

图5-19
寄兴园鸟瞰
底图摹自：http://www.szlad.com/overseas/America/2018-07-16/5.html

随着逐渐加深的合作往来，海外中国园林得到了两国各界的政策和资金支持，园林的规模和质量再次提高，影响力也更大，且又有了大型的官方园林外交项目。

2001年开始，随着中国国力和世界影响力的不断提升，中美关系也趋于稳定，中国官方开始推动规模更加庞大的海外中国园林项目——2003年，中方提出在美国首都华盛顿的国家植物园（U.S. Botanic Garden）修建一座占地约73亩的清代园林，这座国家中国园（National China Garden）将作为中美两国友谊的象征。清代中期扬州园林最盛时，曾经超越苏杭而闻名于世，代表了中国园林的最高水平。因此，“中国园”定位在以扬州园林为主的中国江南园林，同时也吸取苏州园林和杭州园林的精华，成为中美两国的共识。美国国家中国园建成后将是美国最大的中国园林项目，由美国的专业园林设计公司佩奇公司（PAGE）负责设计，来自中国的工匠负责建筑工程，引入扬州“个园”“片石山房”等主体设计，同时兼具了苏州的“拙政园”、杭州的“柳浪闻莺”“花港观鱼”等著名江南园林景观的特征（图5-20）。

建造中国园的想法一直备受两国政府重视，但美国的反应一直是“彬彬有礼，然后是拖拖拉拉”。与此同时，因联邦农业部华裔副部长任筑山卸任导致华人在美国政府相关岗位上声音缺失，中国园项目一度被搁置。2014年《环球时报》曾对该项目写了这样一份报道：“修建园林的第一封意向书于2003年签署，但会谈开始11年了，在华盛顿市郊的园林地址只有一块没动过的草地，数棵挺拔的亚洲树，以及两只吃草的鹿。”[①]

① 来源：环球时报（2014.6.30）

图5-20
美国国家中国园平面示意
底图摹自：https://wcmi.us/chinagarden/

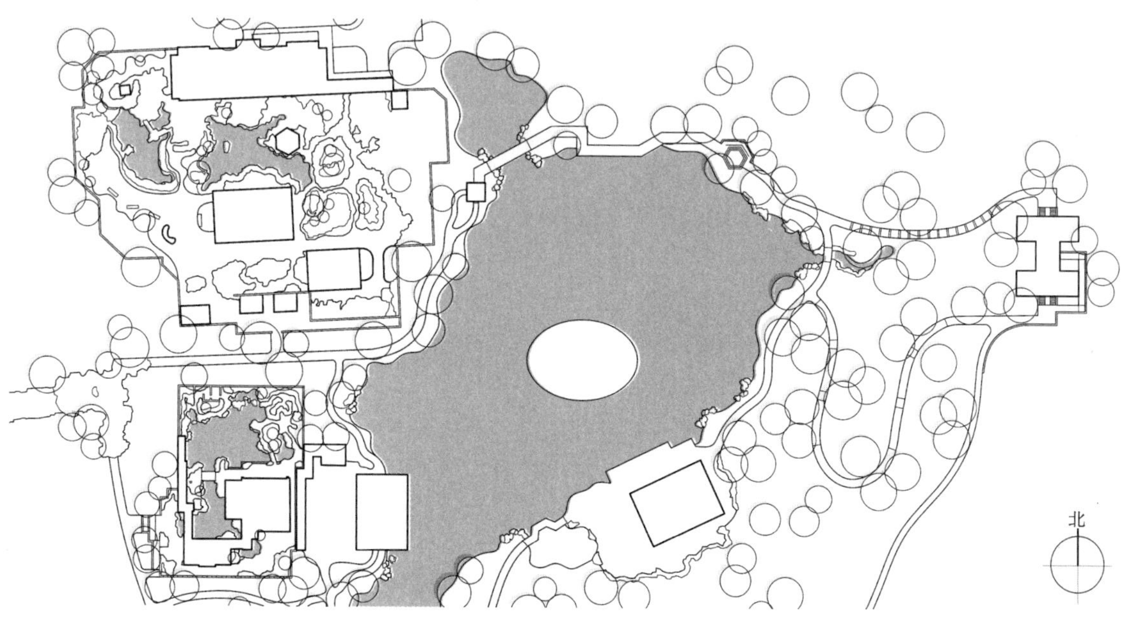

国家中国园项目陷入停滞，除了缺少美国政府相关人士的支持，还有就是资金筹集的问题。一方面，中国园项目无法得到美国政府的财政支持——2008年美国参议院通过一项修正案，禁止将联邦资金用于中国园。尽管中国同意捐赠所有地上建筑，并派人员组装，但地基和水景需要美国农业部来准备，这预计将耗资3500万美元。另一方面，虽然美国政府建立了中国园基金会管理机构，但是该基金会截至2016年所拥有的资金只有2010年上海世博会修建美国馆剩下的170万美元。另外，基金会还需向民间筹资2500万美元用于后期维护，这也成为棘手的问题。2016年1月，美国国家中国园基金董事会年会一致通过美国劳工部前副部长、美籍华裔莫天成担任新一届的基金董事会主席及首席执行官，负责推动项目发展。目前中国园基金会仍在官网上进行募捐。

美国国家中国园项目受阻是新时期中国园林外交遇到的一大难题，也是近二十年中美关系变化的缩影。两国之间新的调整与适应期，无疑会影响到包括园林外交在内的众多交流项目。国家中国园的落成也会为中美文化交流提供新的重要媒介，促进中美民间友谊的发展。

经过了20世纪90年代的造园高潮后，中国在美国的建园频率降低，进入了平稳期。新建的大型海外园林仍以江南园林风格为主，如上文提到美国国家中国园采用的就是扬州园林风格。2008年在美国建成的流芳园，同样以江南古典园林风格为主，是“迄今美国最大的中国古典园林”。

以苏州园林为蓝本建设的流芳园坐落于美国洛杉矶圣玛利诺市（San Marino）的“亨廷顿艺术博物馆、图书馆及植物园”（The Huntington Library，Art Collections，and Botanical Gardens）内。园内共有不同国度和风格的花园15座，流芳园是其中面积最大的一座。早在20世纪50年代，亨廷顿图书馆内就已经建成了一座比较正宗的“日本园”，成为游客了解东方文化的窗口。在很长一段时间内，建造一座中国园林不仅是创始人亨利·亨廷顿（Hurry Edwards Huntington）的夙愿，也成为亨廷顿上上下下乃至当地民众和华人社区翘首以盼的一项工程。20世纪90年代，亨廷顿机构组建了一个“花园监管委员会”，专门负责中国园的筹建工作。委员会邀请了原同济大学建筑系教授朱雅新女士与当地建筑师合作开展规划设计，大致形成了对中国园的基本设计构思。2000年2月，正在负责波特兰“兰苏园”的中国品种植物选择的陈劲先生走访了亨廷顿的植物园主任詹姆斯·富尔森（James Folsom），并受邀参与亨廷顿中国园的项目。2000年10月起，陈劲作为总设计师，开始进行流芳园的总体规划设计。2003年，得益于兰苏园的精细设计与良好反响，曾负责设计工程的苏州园林设计院与苏州园林发展股份有限公司受博物馆方委托对这座中国园进行深化设计与施工工作。

流芳园作为一个前所未有的大型民间园林外交项目，面临着诸多困难。从2000年项目启动到设计施工细节的谈判、募集资金共耗费了

6年时间。在这期间，来自苏州的工匠们用实物举证、草图勾勒等通俗易懂的交流形式，多次通过电视直播讲解、记者采访等活动参与美方组织的募资活动，吸引了众多洛杉矶当地外国友人与华侨，他们纷纷解囊相助。亨廷顿中国园的工程进展情况通过洛杉矶报刊、电视台的全程报道，在美国掀起了一股“中国园林热”。2006年，流芳园一期工程正式开工，2008年建成开园，耗资高达1800万美元，园林的整个建设过程都得到了我国的高度重视。第二、三期工程随后于2013年和2018年开展，最终在2019年年底建设完成（图5-21）。三十年的规划建设历程中，亨廷顿图书馆与流芳园也慢慢成为洛杉矶当地中国园林艺术及文化的传承者和传播者，园内经常邀请海外华人艺术家在图书馆举办展览演出，更多的人由此认识和了解了中国园林。

图5-21
流芳园平面
底图摹自：陈劲. 美国流芳园设计［M］. 上海：上海人民出版社，2015：6-271.

当然并不是所有的海外中国园林都会采用江南园林风格。早在20世纪90年代的亚洲、欧洲等国就有中国其他地域园林的建造，例如1991年日本广岛建成的具有巴渝园林特色的渝华园（Yu Hua Park），1988年澳大利亚悉尼以岭南园林为蓝本的谊园，以及1994年表达云南特色的瑞士苏黎世市中国园（China Garden）。与这些国家相比，其他地域风格的中国园林在美国的兴起是近二十年才发生的事情。

2011年在南西雅图社区学院后山植物园内建成的西华园（The Seattle Chinese Garden）是美国首个巴渝园林风格的中国园林。西雅图花园协会在引进中国园林时放弃了中国园林的代表和主流风格——北方皇家园林和江南私家园林，而是定位在巴渝传统园林风格。这是一次冒险，有不被市民接受的可能，若是那样，园林的建造就难以得到公众捐助。然而西雅图非常坚定，通过各种渠道和方式大力宣传巴渝传统园林风格，并拟开展对巴渝传统园林的长期研究。西华园的建造历程并不顺利，该项目自1988年提出，由于资金问题一直搁置，在20世纪90年代通过一系列审核、定稿、选址和人员调配，经过重庆和西雅图两地政府、人民十余年的共同努力，才于2008年破土动工。然而2008—2009年的全球金融危机又使建园资金成为难题，包括波音公司在内的大型财团以及当地的华人华侨共捐助了500万美元，在这样的支持下，第一期工程才得以推进。2010年年底，西华园首期工程竣工，并正式向市民开放，如今该园已与西雅图当地的孔子学院和各基金会举办了多届中国文化节，成为当地市民感受中国文化的重要场所之一（图5-22、图5-23）。

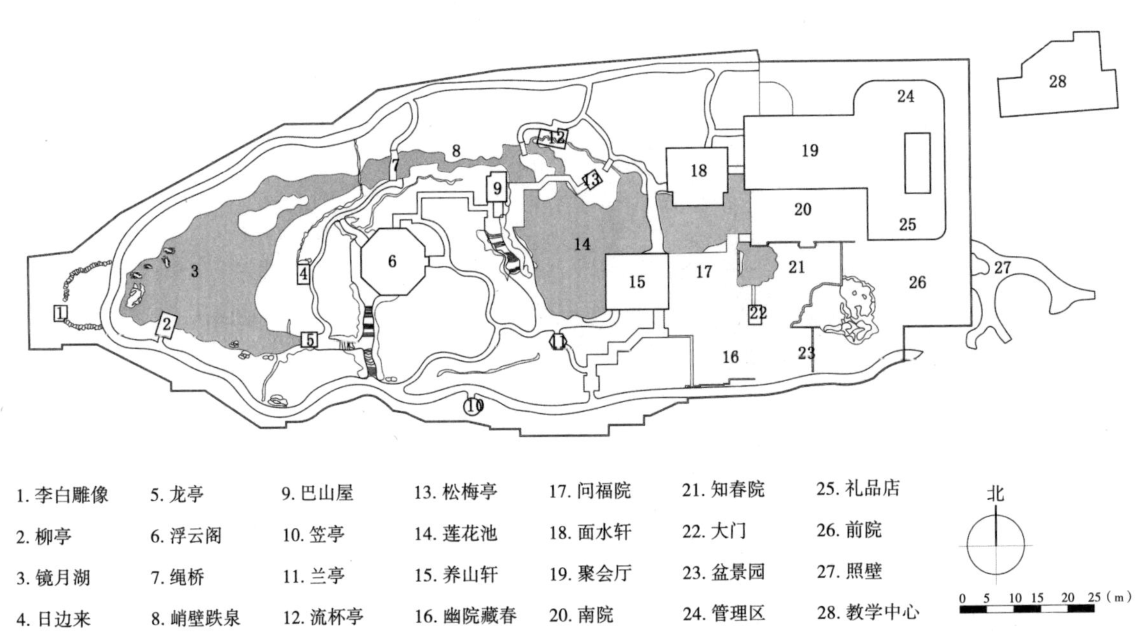

图5-22
西华园平面示意
底图摹自：http://seattlechinesegarden.org/visit/courtyard

2019年完工的圣保罗市“柳明园”（St.Paul-Changsha Friendship Garden at Lake Phalen）一期工程，标志着美国第一座中国荆楚风格园林的建成。不同于西雅图西华园由两地政府发起，柳明园源于一位外国友人的中国梦。1988年，湖南省长沙市与明尼苏达州圣保罗市结为友好城市，并建立“中美友好协会明尼苏达州分会”，作为促进双方人员往来、宣传中国文化的桥梁。与此同时，明尼苏达州本地的一位公益活动家苗丽莲女士（Linda Mealey-Lohmann）正在明尼苏达大学学习中文，她被中华传统文化深深吸引。20世纪90年代，她通过中美友好协会结识了怀着“中国花园梦”的明尼苏达大学航空工程系教授萧之携（C. C. Hsiao）及其夫人袁昭颖（Joyce Hsiao），并于2005年共同创立了“明尼苏达州中国友好花园协会”以推动中国花园建设。12年来，苗丽莲在中美两国之间往返20余次，探访各个城市，拍摄了数千张照片，她仔细研究艺术品和建筑实例，并且一直在为建设明尼苏达州中国花园奔走呼吁。

2011年，圣保罗市议会批准并通过了在费伦公园（Phalen Regional Park）内建设一座中国园林的提议，但该提议遭到一些当地居民的反对，他们认为这是一种“浪费资源”的做法。在当地苗族社区的协助下，花园最终还是成功得到了社会各界及圣保罗市政府的支持，争取到了政府拨款；同时，在华人、美国社区也筹集到约140万美元用于花园建设。2015年10月，圣保罗市市长代表团与中国友好花园协会一同访问长沙进行园林建筑调研，进一步了解长沙苗族文化。同年11

图5-23
西华园入口
靳晴摄

月，湖南建科园林有限公司文友华董事长和范俊芳女士，作为特邀园林设计师和建筑设计师前往明尼苏达州进行考察，开展方案构想和交流，并于2016年1月完成了中国园林的方案设计，方案得到当地政府和市民的肯定和支持。2018年，作为“圣保罗—长沙建立姊妹城市30周年”的纪念礼物，柳明园正式破土动工。友好花园内的两大主要景点“湘江亭”和“苗族文化广场”是两市友谊的重要标志，前者作为全园主体建筑仿照长沙著名的爱晚亭而建，其建筑材料全部由长沙市政府赠送并远涉重洋从中国运来（图5-24、图5-25）；后者则给予了当地数万苗族同胞强烈的文化认同和归属感。柳明园因此成为当地传播中华文化、开展相关文化活动的重要场所。

这些多样化的园林风格，给异国带去了多姿多彩的中国园林特色和风貌，也对中国城市的形象宣传、中国传统文化的输出起到了积极意义。

在这一时期，不仅是仿建类型的中国园林技术更加成熟且大量输出海外，一定数目的转译类型园林作品也开始在海外各大园林展览上崭露头角。著名的中国设计师们以新的方式向世界展示中国的传统园林文化，包括2005年威尼斯双年展建筑展的瓦园（Wayuan）、2011年法国肖蒙城堡国际花园艺术节的天地之间（Between Sky and Earth）（图5-26、图5-27）、2017年柏林国际园林博览会的独乐园等。不同于上述的展园，建于美国的转译型中国园林都是独立完整的城市开放空间。美国第一座转译型中国园林是建成于2007年的波士顿中国城公园，随后2018年建成的西雅图庆喜公园（Hing Hay Park）也是转译类型的园林。

图5-24
柳明园平面
底图摹自：https://www.stpaul.gov/facilities/phalen-regional-park

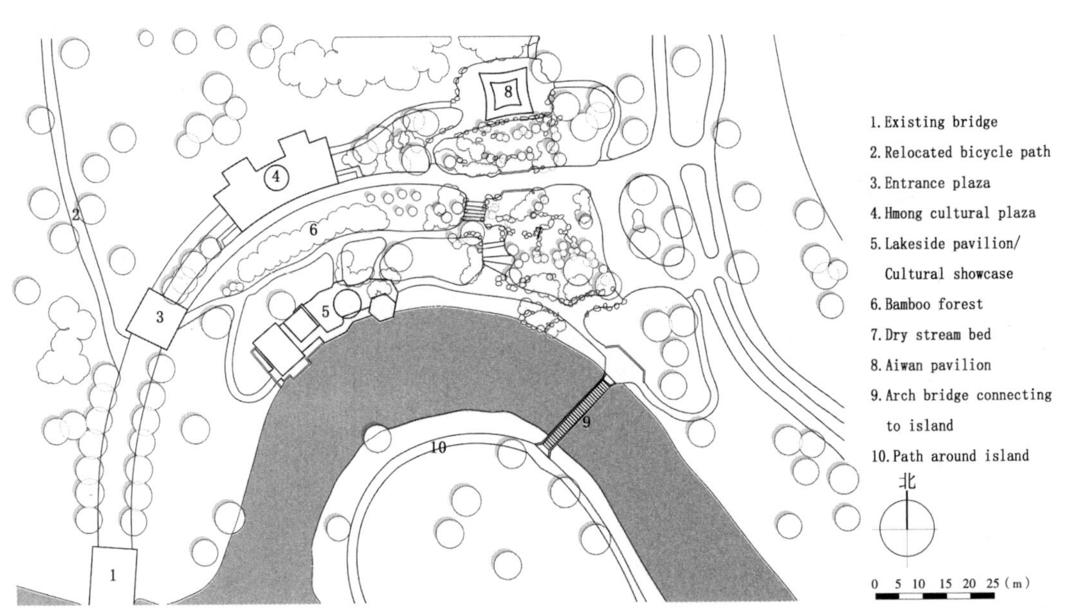

图5-25
柳明园湘江亭
图片来源：https://www.stpaul.gov/facilities/phalen-regional-park

图5-26
2011年法国肖蒙城堡国际花园艺术节“天地之间”平面

位于美国东海岸的波士顿拥有130年历史的中国城，是美国第三大华人聚居地，也是新英格兰地区唯一的华人街区。2003年随着波士顿“大开挖”（The Big Dig）工程而建造的“罗斯·肯尼迪绿道”（Rose Kennedy Greenway）包含了南端中国城附近的“新中国城公园”等三个公园，形成了长达2.4千米的带状公园和绿地，在喧闹的市中心为市民留出一个享受自然的空间（图5-28）。

来自中国的北京土人城市规划设计有限公司与著名的CRJA（Carol R. Johnson Associates）设计公司合作，赢得了设计方案招标。方案以传统中国村落的村口广场与华人移民的故事为灵感，将中国城公园建成一个公共活动中心和演艺场所（图5-29）。公园于2007年完工，一改长期以来“脏、乱、差”的形象，让中国文化以现代的设计语言，通过全新的身份出现，改善中国城面貌的同时也展示了传统思想的精髓，得到了当地媒体广泛的赞誉和居民的积极反响。

西雅图的国际街区是老一代华人华侨的聚居地，作为社区公园的庆喜公园始建于1975年。公园以中国人最喜爱的红色为主色调，象征着生命与希望，广场上还矗立着一座中国传统凉亭“浩然亭”，庆喜公园成了居民日常和节日活动的场所（图5-30）。

图5-27
2011年法国肖蒙城堡国际花园艺术节“天地之间”
赵晶摄

图5-28
罗斯·肯尼迪绿道总平面示意
图片来源：https://www.rosekennedygreenway.org/map/

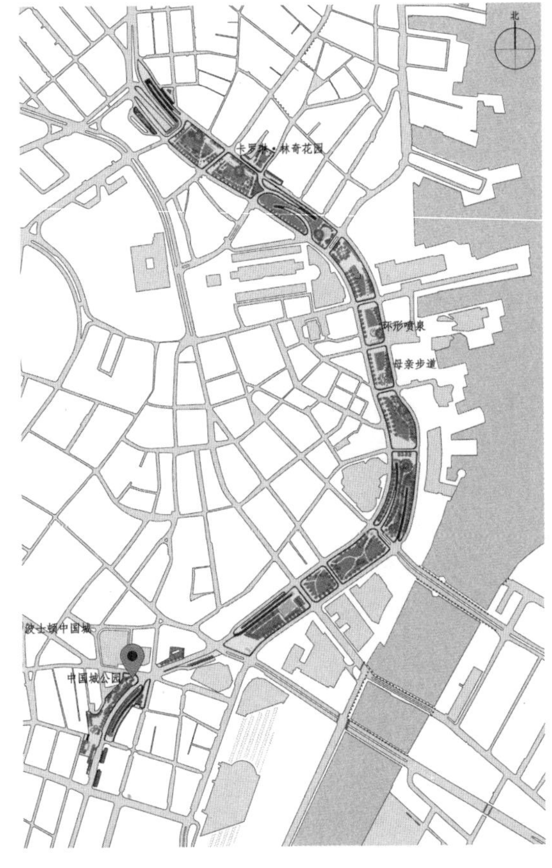

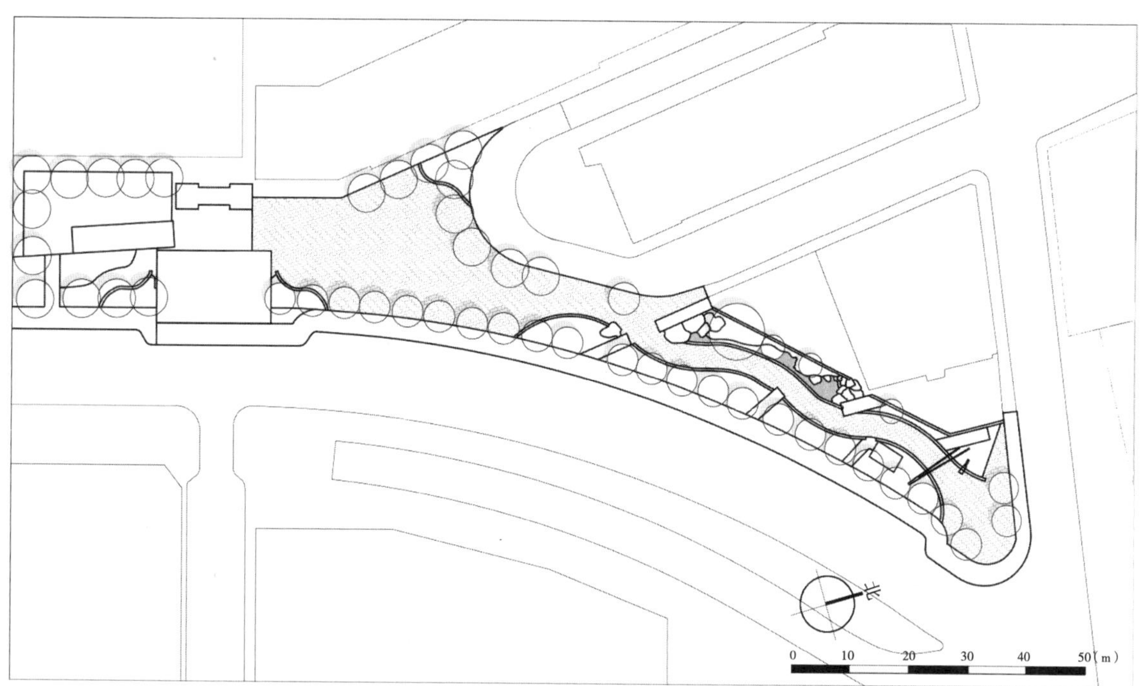

图5-29
波士顿中国城公园平面
底图摹自：https://www.turenscape.com/project/detail/241.html

图5-30
庆喜公园浩然亭
靳晴摄

2007年，西雅图公园与娱乐管理局（Seattle Parks and Recreation）购买了庆喜公园周边的土地，打算将其扩建成一个面积为原来两倍的新庆喜公园。在国际竞标中，中国土人设计公司联合美国当地的SvR工程公司在方案招标中胜出，经过3轮社区听证会的意见收集和近一年的详细设计过程，形成了“城市戏台”的最终设计方案，并于2016年1月6日正式开工。2018年11月，庆喜公园翻新完工，公园一改往日的冷清，变得充满生机，成为社区居民休闲锻炼、举办大小活动的优选场所，并得到了西雅图市政府和当地媒体的盛赞，他们认为两国设计公司联合创造了一个“具有国际视野并有当地特色”的作品（图5-31、图5-32）。

海外中国园林在美国的稳定发展阶段呈现出以下特点：

中国文化外交策略的发展与调整，变被动为主动。随着中国综合国力与国际影响力的不断提升，响应中华文明复兴的需要，中国在文化外交方面更为积极主动，努力打造属于自己的文化品牌，推动文化外交主体的多元化。中国园林的海外输出恰逢良好的发展环境，正是“走出

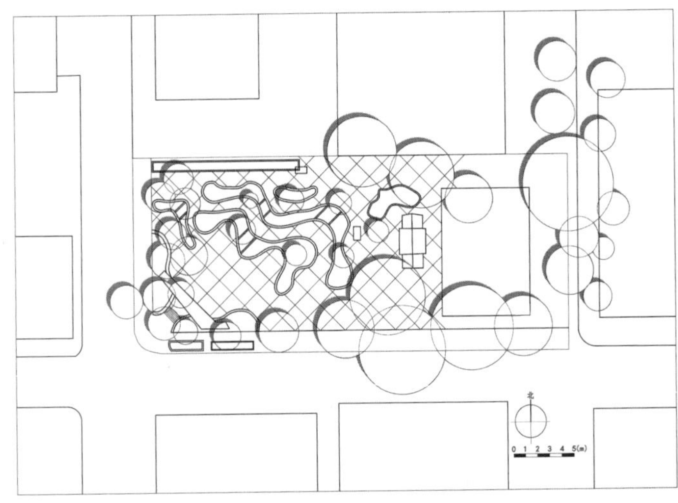

图5-31
改建后的庆喜公园平面
底图摹自：Google Earth

图5-32
改建后的庆喜公园入口
靳晴摄

去”的好时机。

造园动机与造园风格的多样化。一方面，中美友好城市不断深化合作，地方风格园林所代表的城市形象与其带来的经济、文化价值被逐渐发掘并输出海外；另一方面，近年来中国知名设计师逐渐登上国际舞台，在各类花园节上建造中国花园，在实践中探索中国园林艺术的当代表达。他们的作品“具有现代的形和传统的神”，在国际上得到了广泛认可。

3. 园林地理区域分布特征

在地理分布上，海外中国园林在美国分布广泛又相对集中。

美国人口调查局曾将美国国土分为东北部、中西部、南部、西部四大地区。以此为依据，海外中国园林主要集中在美国东北部的纽约市、波士顿市，以及西部的洛杉矶市、西雅图市、波特兰市、菲尼克斯市等城市；与此同时，还有一小部分零散分布在中西部的圣保罗市、圣路易斯市，以及南部的华盛顿特区、奥兰多市等城市（表5-3）。

表5-3 1978—2020年美国的海外中国园林的城市分布情况

所在地区	园林名称	所在州市	建设年代	是否现存
美国东北部	大都会博物馆“明轩” The Astor Court	纽约州纽约市	1978—1989年	是
	纽约花卉展“惜春园” Xichun Garden	纽约州纽约市	1978—1989年	是
	斯坦顿岛植物园“寄兴园” The New York Chinese Scholar’s Garden	纽约州纽约市	1990—2000年	是
	波士顿唐人街“中国城公园” Boston Chinatown Park	马萨诸塞州波士顿市	2001年以后	是
美国西部	凤凰城中国文化中心“和园” Chinese Garden	亚利桑那州菲尼克斯市	1990—2000年	否
	波特兰唐人街“兰苏园” Lan Su Chinese Garden	俄勒冈州波特兰市	1990—2000年	是
	西雅图南社区学院“西华园” Seattle Chinese Garden	华盛顿州西雅图市	2001年以后	是
	洛杉矶亨廷顿综合体“流芳园” The Garden of Flowing Fragrance	加利福尼亚州洛杉矶市	2001年以后	是
	西雅图国际街区“庆喜公园” Hing Hay Park	华盛顿州西雅图市	2001年以后	是
美国南部	世界技术中心大厦“翠园”“云园” Chinese Garden in Techworld Plaza	华盛顿哥伦比亚特区	1978—1989年	是
	美国国家植物园“半园”	华盛顿哥伦比亚特区	1978—1989年	否
	锦绣中华公园“苏州苑” Splendid China	佛罗里达州奥兰多市	1990—2000年	否
	美国国家中国园 National China Garden	华盛顿哥伦比亚特区	2001年以后	尚未建成
美国中西部	密苏里植物园“友宁园” The Margaret，Grigg Nanjing Friendship Garden at the Missouri Botanical Garden	密苏里州圣路易斯市	1990—2000年	是
	圣保罗费伦公园“柳明园” The Margaret，Grigg Nanjing Friendship Garden at the Missouri Botanical Garden	明尼苏达州圣保罗市	2001年以后	是

我们可以看到，造成美国的海外中国园林呈现这种地理分布情况的因素纷繁复杂，但归纳起来主要包括以下四方面原因：城市经济、文化氛围、华人聚居和友好城市缔结。

（1）城市经济

繁荣的经济，无疑是政治稳定、文化灿烂的物质保障前提。第二次世界大战后，美国经济得到了快速发展，城市化进程也不断加快，甚至一跃成为全球最发达的国家。20世纪80年代开始，美国东西海岸各大城市的高经济发展水平和高品质生活水平，吸引了来自世界范围内各国经济、文化项目在此处集聚、繁荣开展（表5-4）。

截至2005年年底，美国东北部大西洋的沿岸城市群，依然是全美甚至全世界最为繁华的地区。以波士顿、纽约、费城和华盛顿组成的城市群，主要以金融业、传媒业、生物科技业为坚实支柱，早已实现高度的现代化、城市化。与此同时，在20世纪70年代的美国南部和西南部，逐渐开始崛起的"阳光带"城市，例如南加利福尼亚州的洛杉矶、亚利桑那州的菲尼克斯，在政府的政策支持下，海洋、航天工业和电子业三大产业迅速发展，逐渐崛起并形成了全美第三大城市群。位于美国西北部华盛顿州的西雅图，也是微软、亚马逊等全球软件和基于互联网的大公司的主要基地，在20世纪90年代一度被评为"全美最佳居住地"，堪称群星荟萃。而位于密西西比河之滨的圣路易斯（City of Saint Louis）从20世纪70年代开始，便是美国最为重要的交通枢纽和工业基地之一，

表5-4　2005年全球城市排名中前100名的美国城市排名

美国排名	城市名	全球排名	美国排名	城市名	全球排名
1	纽约	1	18	巴尔的摩	37
2	洛杉矶	8	19	底特律	41
3	芝加哥	15	20	纽伦堡	42
4	圣地亚哥	16	21	迈阿密	44
5	费城	17	22	圣安东尼奥	45
6	华盛顿	18	23	密尔沃基	49
7	波士顿	20	24	亚特兰大	50
8	圣何塞	23	25	奥斯丁	51
9	西雅图	24	26	哥伦布	53
10	明尼阿波利斯	26	27	匹兹堡	54
11	休斯敦	28	28	波特兰	59
12	萨克拉门托	29	29	孟菲斯	61
13	达拉斯	30	30	圣路易斯	62
14	夏洛特	33	31	印第安纳波利斯	63
15	菲尼克斯	34	32	辛辛那提	66
16	丹佛	35	33	纳什维尔	68
17	拉斯维加斯	36	34	克利夫兰	72

规模最大的飞机和宇宙飞船制造中心之一，也是仅次于底特律的汽车制造中心。

简而言之，上述城市把握时机，充分发挥20世纪60年代、80年代和90年代的三次经济增长期红利，因此，基础设施建设完善、人民生活水平较高，同时也为博物馆等社会文化产业的发展和各类型展览活动的承办，提供了可堪发展的潜力空间，以及坚实的经济条件。

当然其中也有以商业及营利为初衷建立的海外中国园林，这些园林通常会选址于旅游城市。举例来说，位于美国东南部的佛罗里达州就是一个交通便利、气候宜人的旅游城市，并且形成了迈阿密、奥兰多和坦帕（Tampa）的城市群。与此同时，拥有“世界旅游主题公园之都”之称的奥兰多有23个大型主题公园，每年吸引游客超过7000万。这也是20世纪90年代吸引“锦绣中华公园”这一当时中国在海外最大的文化和旅游主题公园在此投资建造的重要深层考量。

（2）文化氛围

文化开放是美国文化的主要特征之一。虽然美国的建国历史并不长，但也注重世界文化和艺术的收藏价值，并建立了世界范围内高度发达的博物馆体系。

据统计，截至2014年5月19日，美国共有包括博物馆、植物园等各类在内的35144家博物馆。20世纪70年代开始，博物馆举办的各类中国书法、绘画、家具和青铜器的展览，更是成为美国大众了解和把握中国文化的主要途径之一。全民尊崇及热衷博物馆的文化潮流，是中国园林文化能在美国社会范围内广泛传播的强大内驱力。

位于东海岸的纽约、华盛顿特区和波士顿等城市，不仅具有经济发达、人口集中的特征，也是毋庸置疑的历史文化名城。纽约自20世纪30年代开始，便是不争的世界文化艺术中心，众多的博物馆、美术馆、图书馆以及各类文化资源，都密集地聚集在这座城市之中。华盛顿特区，作为美国的首都和国家政治中心，同时也是世界文化中心之一，坐拥顶尖高等院校、艺术中心、博物馆和文化史迹，文化资源极为丰富。与此同时，华府的美国国家植物园建于1820年，也是全美最古老的植物园。波士顿是美国历史的摇篮、艺术文化的发祥地，波士顿美术馆、加德纳博物馆（Isabella Stewart Gardner Museum）在全美博物馆中位居前列，城市里其他地标性建筑以及在建筑学史上占据重要意义的建筑，也呈现星罗棋布之姿。

相比之下，即便美国西部的经济发展较晚，但随着博物馆的复兴和大型画廊的入驻，以洛杉矶和旧金山为代表的西海岸艺术市场，也逐步备受世界瞩目。洛杉矶虽然是后起之秀，却也是全世界人均拥有博物馆和艺廊数量最多的城市：详细来说，亨廷顿图书馆（The Huntington Library，Art Collections and Botanical Gardens）是全世界独一无二的文化综合体，集艺术馆、图书馆、观赏花园、园林、植物园与学术研究中心于一身。作为全美宜居城市的波特兰，其文化艺术设施之完备也颇负盛名，俄勒冈交响乐团、波特兰歌剧院、波特兰艺术博物馆等都是当地受欢迎的场所。而西雅图的整体教育水平高居全美榜首，这里聚集了大量来自世界各地的高学历人才，对于外来文化都具有良好的知识储备及开放接受心态。

作为世界三大园林体系的重要组成部分，中国园林本身也是一种独具特色的艺术文化形式。随着中国元素展览在美国崭露头角，中国园林自然也受到美国各大博物馆和植物园的青睐，自此掀起了海外造园的一番热潮。美国全民热爱博物馆的文化潮流，也让群众具备重新认识中国文化、中国园林的重要契机，上述条件堪称合力，形成了适宜中国园林生长的土壤，共同促进了现代中国园林艺术在美国的译介与传播。

（3）华人聚居

在美国，华人分布虽然广泛，但是也存在明显的聚集特点。华人移民美国的悠久历史，肇始于纽约、波士顿、旧金山这些传统大城市，随后在这片土地上落地扎根、开枝散叶。毋庸置疑，华人的聚居现象，为上述城市建造中国园林提供了主体优势的发展契机。

根据2000年美国人口普查结果显示，华人大多分布在美国东部的新英格兰地区、大西洋沿岸和西部太平洋沿岸。其中，华人聚集程度最高的是纽约州，其次是加利福尼亚州和马萨诸塞州，而华盛顿州、华盛顿特区、内华达州和俄勒冈州，也是华人移民的优先选择。

几十年来，华人在这些州市迁徙、聚居，形成了庞大的华裔群体。他们大力支持海外中国园林的建设事业，这些园林不仅成为他们排遣乡愁、寄托情怀的理想场所，也是对他们在美国社会扎根并取得突出成绩的最好肯定。因此，海外中国园林常建造于唐人街内或周边地带。例如，1989年华盛顿中国城附近落成的世界技术中心大厦的云园和翠园、2000年波特兰唐人街落成的兰苏园、2007年波士顿唐人街翻新的中国城公园，以及2018年西雅图国际街区翻新的庆喜公园等，诸如此类，不胜枚举。

此外，我国的一些少数民族，在美国也存在着聚居现象。苗族自越南战争后大规模迁移到美国，如今分布在美国各大洲。其中，人口最多的是加利福尼亚州（91224人），人群居住较为分散；明尼苏达州次之（66181人），大多聚居在明尼阿波利斯和圣保罗组成的“双子城”，这两座城市汇集了该群体中的大多数知识分子。2018年，圣保罗市费伦公园内建成的柳明园得到了明尼苏达州苗族人的鼎力支持，这一园林也成为他们表达对祖先深切缅怀之情的情感栖息之所。

（4）友好城市

除了集中分布在美国东西海岸的大城市中，海外中国园林也散落在与中国地方政府缔结友好关系的城市之中。

国际友好城市又被称为姐妹城市（Twin Cities），这一概念产生于20世纪50年代，主要兴起于第二次世界大战之后的欧洲。姐妹城市的定义，是指一国的城市（或省州、郡县）与另一国相对应的城市（或省州、郡县）以维护世界和平、增进相互间的友谊、促进共同发展为共同宏旨，签署正式协议书，承诺积极展开在政治、经济、科技、教育、文化、体育、青少年交流等一系列领域的互动交流与合作活动。这种正式、综合、长期的交往关系，就被称为姐妹城市间的友好城市关系。

友好城市（含省州）作为中美半官方和民间交流得以展开的重要渠道，有着不可替代、弥足珍贵的重要作用。自1979年10月31日我国湖北省与美国俄亥俄州正式结成中美间第一对友好省州以来，截至2014年年底，中美两国已建立243对友好城市（含省州）。美国也因此仅次于日本（251对），位居与中国建立友好城市总数第二的国家。这在一定程度上反映了两国合作关系的动态发展，也彰显了两国友谊的前景可期。从20世纪90年代开始，中国地方政府向美国友城捐建中国园林，逐渐成为海外中国园林建造的新风潮，也是其筹划推进的主要渠道之一。

1979年11月2日，南京与圣路易斯结成两国间第一对友好城市。1979—1981年，可以视为中美友城缔结的摸索阶段，在3年内只缔结了7对友好城市（省州），且都集中分布在北京、上海这些发展较为成熟的城市。1982—1999年，是友城缔结的上升发展阶段。在这18年中，中美共缔结了123对友好城市（省州），也不再局限于大城市和沿海城市。举例来说，1983年6月，重庆与西雅图缔结友好城市；1988年5月，长沙与圣保罗市缔结友好城市；同年6月，苏州与波特兰缔结友好城市。早在1988年，重庆市与西雅图市双方政府便决定共同在西雅图建设一个“反映巴渝文化的园林项目”，用以见证两座城市的美好友谊，这就是西华园诞生的缘由所系。因此，西华园性质特殊，也是最早筹划的中美友好城市园林。随后，南京、苏州相继与圣路易斯和波特兰两市合作，共同筹措建造了密苏里植物园友宁园和波特兰兰苏园。2018年，长沙市又与圣保罗市合建了柳明园。友好城市建园热潮，一时随着缔结姐妹城市，蔓延在美国各地，如火如荼，蔚然成风。

我们可以看到，中美友好城市园林的建设，一方面得益于美国地方人民的理解与支持，这也在双向互动中，夯实了两国政府间的友好关系；另一方面，这也使海外中国园林的风格不再局限于江南园林风格的刻板印象，而是呈现出更加多样化、多元化的缤纷风貌。

二、造园意匠

纵览四十多年来海外中国园林的建设成绩，其在美国风格各异、大小不一的15座园林，无疑给出了答案。由于建造的主客观因素多有不同，因此呈现出各自的独特性内涵，异彩纷呈。但是这些园林也都存在着共同的追求旨归，如承袭了中国园林文化的文化脉络，注重诗情画意与意境表达的营造，从而形成了主流的中国海外造园风格和手法。总体来说，美国的海外中国园林设计能够在园林的设计思想与建造技艺维度充分传承并汲取中国古典园林的精粹之处，更为难能可贵的是，在因地制宜中加以创新元素的巧妙融合。

1．造园风格

中国古典园林风格，主要以江南私家园林和北方皇家园林为典型代表。若我们考察美国的海外中国园林的造园风格，就可以发现其在中国古典园林典型风格的基础上进行了丰富的元素加入。具体来说，主要包括江南私家园林、北方皇家园林、其他地域园林以及现代园林等四类。其中，由于巴蜀园林、湘楚园林等地方风格的园林建造数目较少，因而将其统一归为其他地域园林加以论述（表5-5）。

迄今为止，细数美国建设的15座海外中国园林，共有11座是江南私家园林风格的园林，数量占据了近七成，仅有2座是其他地域园林风格，还有2座现代园林风格，尚未有北方皇家园林风格。在各类造园风格中，江南私家园林风格在传播时间与建成数目上，无疑具有不争的优势，甚至成为现今海外造园的主流风格，而在众江南园林中，又以苏州园林最为闻名遐迩。

奠定现今这种局面的重要原因之一，在于苏州园林是中国各地方风格园林中，较早在世界范围内崭露头角，并得到美国甚至世界的广泛关注、真挚接受和充分认可的园林——1980年，作为第一座海外中国园林、苏州网师园“殿春簃”的复制品明轩，盛大亮相举世闻名的大都会博物馆，并给予各国人民以直观感受，一时间引起反响与轰动。同时，1997年苏州古典园林正式入选世界物质文化遗产。这些都充分证明了其不俗价值。另外，苏州、上海、南京等地的园林局和园林建

表5-5　1978—2020年美国的海外中国园林的园林风格

园林风格	园林名称	筹建时间	园林风格（二级）	面积（m^2）
江南园林	大都会博物馆“明轩”	1978年	明式江南园林	400
	斯坦顿岛植物园“寄兴园”	1985年	苏州园林	4000
	纽约花卉展“惜春园”	1988年	苏州园林	60
	美国国家植物园“半园”	1989年	苏州园林	380
	世界技术中心大厦“翠园”、“云园”	1989年	扬州园林为主	3000
	中国文化中心“和园”	1990年	苏州园林	3000
	锦绣中华公园“苏州苑”	1992年	苏州园林	40000
	密苏里植物园“友宁园”	1994年	明式江南园林	3000
	波特兰唐人街“兰苏园”	1995年	苏州园林	3700
	洛杉矶亨廷顿综合体“流芳园”	2003年	苏州园林为主	50000
	美国国家中国园	2004年	扬州园林为主	50000
现代园林	波士顿唐人街“中国城公园”	2003年	无	10000
	西雅图国际街区“庆喜公园”	2007年	无	2600
其他地域园林	西雅图“西华园”	1988年	巴渝园林	18600
	圣保罗费伦公园“柳明园”	2015年	湘楚园林	4800

设公司的造园工程都较早走出国门，这也为江南园林风格的海外传播实践起到了显著促进作用。近年来，各地方园林也愈发得到海外关注。举例来说，扬州园林得益于其自身求异性、开放性的内在特性，逐渐实现了慢慢"走出去"的愿望，也得到了来自美国各界的充分肯定，收效甚佳。如正在筹建的美国国家中国园的主要景点的原型作品，皆取自扬州知名的瘦西湖、个园。

与此同时，友好城市间捐赠园林的形式，也提供了其他地域园林大放异彩的契机。例如，巴渝园林风格的西华园、湘楚园林风格的柳明园等，都在不同程度上得到了当地民众的由衷喜爱，但目前还未掀起建造热潮。

在我国，不同风格的中国园林在规模上不尽相同。例如，江南私家园林就和北方皇家园林的规模相去甚远（表5-6）。虽然，海外中国园林大多以礼物或展品的形式，传播至遥远的美国，但它远非一般礼物和展品之处在于——其园林风貌的有效呈现，必须占用美国的本土空间方能实现。因此，建园面积的大小与规模，往往也直接决定了海外中国园林造园风格的选择。然而，具有代表性的北方皇家园林，例如北海公园、颐和园、承德避暑山庄等，往往占地规模宏大，面积甚至至少需要几十至几百公顷。相比之下，在江南私家园林中，规模最大的拙政园占地也只有约5公顷。结合海外中国园林实际情况来看，中国园林在美国大多作为博物馆、植物园和城市公园的"园中园"的性质加以应用，因此场地面积很受限制。在此语境下，北方皇家园林的规模浩大、面积广阔、建筑恢宏的特征，无法得到完美呈现，如果削足适履采用此种造园风格，并不能取得令人满意的理想效果。这也是美国的海外中国园林大多仿建江南私家园林的原因之一。

表5-6 中国北方皇家园林与江南私家园林典型案例面积

园林风格	园林名称	园林面积（m^2）
北方皇家园林	承德避暑山庄	5640000
	圆明园	3500000
	颐和园	3080000
	北海	710000
江南私家园林	拙政园	52000
	个园	24000
	留园	23000
	网师园	5400

2. 设计手法

如果我们深入考察美国的海外中国园林的设计手法，那么大致可以将之归纳为复制、仿建和转译三种类型（表5-7）。

首先，在美国完全复制中国园林而建的海外中国园林数量较少，目前仅有明轩和菲尼克斯市中国文化中心和园两座园林，并且具有建造年代较早的共性。前者复制了网师园的“殿春簃”（图5-33），后者则综合杂糅了南京、杭州、苏州、无锡和镇江5座城市的多个代表性景点的典型特征，加以裁剪及串联，最终组合而成现今园区的主体规模，包括杭州西湖的“三潭印月”、苏州的“沧浪亭”等（图5-34）。

其次，仿建类型的海外中国园林具有数量最多、建设年代跨度最长、面积大小不一、风格多样等鲜明特征，是中国在美国建园的主要设计手法。

这类园林主要是对原型风格的一种创造性继承。举例来说，波特兰兰苏园因其精美卓绝的外形，被评为“中国境外最正宗的苏州古典园林”；同时，园中也会酌情加入中国友好城市的地域元素，如密苏里植物园友宁园中的南京元素。或是糅合多地元素的综合体，如美国国家中国园以仿建扬州园林为主体，同时也选取了苏杭园林的一些经典元素。

表5-7　1978—2020年美国的海外中国园林的设计手法

设计手法	园林名称	建设年代	复制/仿建对象（复制、仿建类） 灵感来源（转译类）
复制	大都会博物馆“明轩”	1978—1989年	网师园（殿春簃庭院）
	中国文化中心“和园”	1990—2000年	南京（棂星门、天下文枢）、杭州（三潭印月、小瀛洲、平湖秋月）、苏州（拙政园“笠亭”、沧浪亭）、无锡（天下第二泉）、镇江（天下第一泉、天下第一江山、碑廊）
仿建	纽约花卉展“惜春园”	1978—1989年	空间布局、建筑、叠山理水、植物配置
	美国国家植物园“半园”	1978—1989年	空间布局、建筑、叠山理水、植物配置
	世界技术中心大厦“翠园”“云园”	1978—1989年	建筑、叠山理水（扬州园林）、植物配置、小品
	锦绣中华公园“苏州苑”	1990—2000年	建筑（苏州园林）、叠山理水（苏州园林）、植物配置
	密苏里植物园“友宁园”	1990—2000年	建筑（明式江南园林）、叠山理水（苏州园林）、植物配置、小品（南京）
	斯坦顿岛植物园“寄兴园”	1990—2000年	建筑（苏州园林）、叠山理水（苏州园林）、植物配置（苏州园林）
	波特兰唐人街“兰苏园”	1990-2000年	空间布局（苏州园林）、建筑（苏州园林）、叠山理水（苏州园林）、植物配置（苏州园林）、小品（苏州园林）、匾联题刻（苏州园林）
	西雅图“西华园”	2001年以后	建筑（巴渝园林）、叠山理水、植物配置
	洛杉矶亨廷顿综合体“流芳园”	2001年以后	空间布局、建筑（苏州园林）、叠山理水（苏州园林）、植物配置（苏州园林）、小品（苏州园林）、匾联题刻（苏州园林）
	圣保罗费伦公园“柳明园”	2001年以后	建筑（长沙）、小品（长沙苗族特色）
	美国国家中国园	2001年以后	空间布局（扬州园林）、建筑（扬州园林、苏州园林）、植物配置（扬州园林、杭州园林）
转译	波士顿唐人街“中国城公园”	2001年以后	广东、福建村口景观
	西雅图国际街区“庆喜公园”	2001年以后	戏台、中国元素（剪纸、梯田）

仿建的内容选择，则主要集中在造园三要素之上，建筑、山水和花木等作为外显载体，生动展现了中国文化山水寄情的旨趣。

作为中国园林的重要组成部分，园林建筑的仿建是海外中国园林中最常见、最普遍的重要部分，包括亭、廊、桥、榭、舫、厅、堂等不同典型形式的传统园林建筑。此外，在叠山理水方面，最具有标志性特征的成果是江南湖石假山的意匠构建。而在植物配置方面，由于不同地域带来的气候差异与植被自身移植困难等原因，仿建园林尽量就地取材、因地制宜，广泛运用美国现存且适宜当地种植的中国园林花木。举例来说，兰苏园就是这一方面的代表。与此同时，也有因具体气候差异较大，而不得不大量结合美国本土植物的园林，如菲尼克斯市中国文化

图5-33
明轩庭院
薛晓飞摄

图5-34
中国文化中心和园的沧浪亭
图片来源：https://www.phoenixchineseculturalcenter.com/

中心和园，就是生动注脚。值得注意的是，由于建造场地自然条件的客观限制，空间布局也多是在因地制宜的前提下展开仿建活动，如纽约斯坦顿岛寄兴园，就依当地山势而建；而洛杉矶亨廷顿流芳园，则改造中心低洼地势，采用“一池三山”的布局。

最后，转译类型的中国园林，基本都呈现出鲜明的现代风格，近年来其身影常见于各大园林展。2001年后，转译类型的中国园林进入了造园稳定期，美国目前建成了2座具有现代风格的中国园林，并且都由“土人设计”与当地设计公司合作完成。2007年，完成翻新的波士顿中国城公园就大胆使用了当代的景观设计语言，尝试将中国广东村头入口和村头广场的功能和结构引入园林设计之中——公园入口红色钢板构成的门，是村口寨门的现代转译体现，而公园中的茅草、竹丛、溪流和跌瀑等有鲜明“中国味”的景观元素，则成为“村庄”的指代，烘托出“中国”气氛。2018年，完成修葺翻新的西雅图庆喜公园，撷取“城市戏台”的设计理念，同样采用了“中国红”展现中国气氛，并且在设计中融入中国传统元素。相似的入口处标志性红色门框，象征着社区具有的亚裔文化特征；而梯田种植池间的本土植物种植带，以及剪纸形式的红盒楼梯，无一不具有鲜明的中国氛围（图5-35）。

3. 造园要素

中国园林作为一个综合艺术品，是由屋宇、山水、花木等元素共

图5-35
庆喜公园剪纸形式楼梯
靳晴摄

同组合而成的，山水风物的精心营建中，富有诗情画意。统而言之，中国古典园林的造园要素可以总结为叠山、理水、建筑和花木四大要素。

（1）叠山技艺的传承与变化

中国园林从大自然的山水中汲取灵感，于壶中天地开池堆山，可谓咫尺天涯、景观变幻，无限空间蕴含方寸之中。山石作为中国园林的四大要素之一，对奠基中国园林的基本民族形式，有着重要意义。

孟兆祯先生曾在《园衍》一书中讲道："中国园林有一种肇发最早、独一无二的园林因素和造园技艺，这就是置石与掇山。我们把零散布置而不具备山形的造景称为置石，而将集中布置而且造出山形的景称为假山。"经过一千多年岁月的无言积淀，造园意匠在岁月的年轮更迭间演化发展，因此中国园林假山已经逐步形成了独具特色的设计风格与高超的掇置技巧。在海外中国造园的历程中，无数来自苏州的工匠们，凝练千古绵延的智慧，在因地制宜的前提下，在有限的园林空间内，将传承千年的假山堆叠技艺发挥得淋漓尽致。

掇山，具体来说是用山石群体来表现效果，以此营造出一种深邃悠远的山林意境。在实地运用中，必须因地制宜，结合不同类型掇山的实际情况，创造各异的空间形态和各色景观。《园冶》的"掇山"篇，曾对掇山的类型进行了细致详尽的陈述，具体可分为园山、楼山、阁山、书房山、池山、峭壁山这几大类型。受限于场地规模，以及必须纳入考量范畴的海外掇山的现实考验，美国的海外中国园林中鲜有能与中国古典园林比肩的大型掇山作品。目前，仅有兰苏园内的"万壑云深"与流芳园的"留云岫"二座。

其一，兰苏园内的"万壑云深"假山，选址位于园林东北侧的山林区（图5-36），采用太湖石叠山的造园技巧。"万壑云深"假山群的整体平面略呈长方形外观，山势呈现东西走向，以中东所在位置为根据形成叠峦高峰，即为主峰，向西则山势呈现下降态势，一直延伸至湖中以及石舫。假山峰峦起伏，连绵不绝，岩石嶙峋，重峦叠嶂。南侧则临水而建，一衣带水，山上设一蹬道，移步换景间，一物一景，山水情趣叠出。循着山体东西走向漫步，在山顶有一处观景平台赫然在目，山上和山体周围遍植松、柏等植物，山体表面绿色葱茏，涳濛无限，充满生机。更兼溶洞中瀑布直泻而下，增添盎然诗情，陡生无限情趣（图5-37）。

其二，流芳园的"留云岫"位于映芳湖的西北侧（图5-38），以苏州留园中的一座假山为灵感迸发，由重达700吨的太湖石拼接、连贯完成。山体浑厚朴实，然而一道瀑布飞流直下，由绝壁落入水池，池狭长似银练，曲折连通至湖中心，颇有"飞流直下三千尺"之森森古意。山上并未设立亭阁楼台，然而迎春、松柏等花木葱茏，遍植于假山周围，点缀其间，增添了自然山林的无穷情趣。"留云岫"环抱着湖西北的浑厚山坡，自成雄浑一体，与南面石舫的精雕细琢形成了强烈的视觉对比（图5-39）。

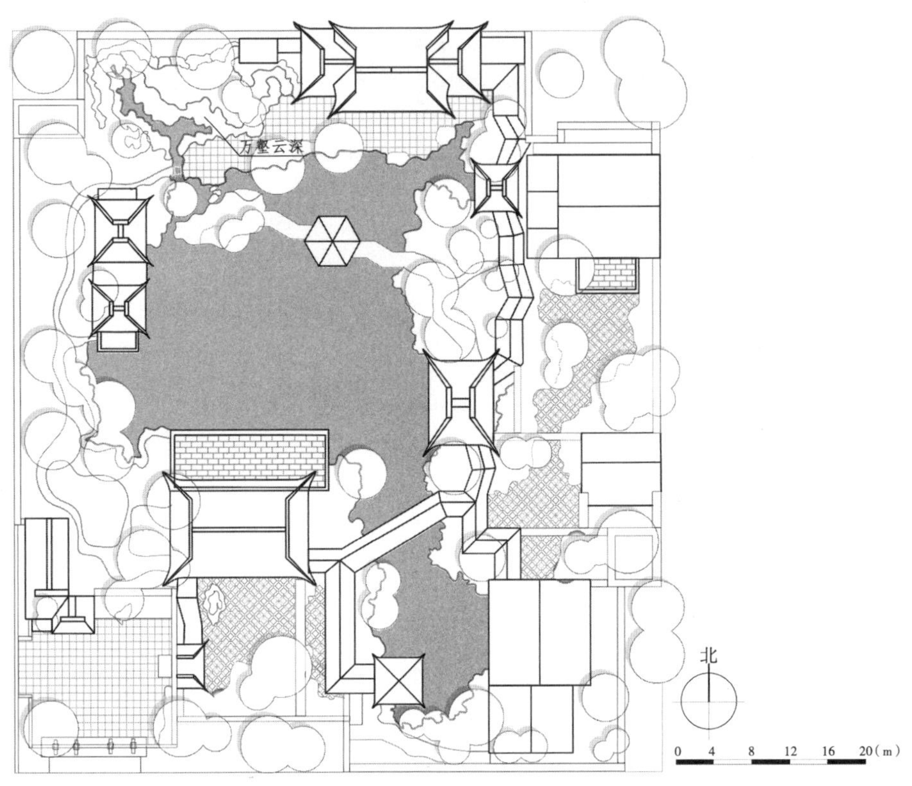

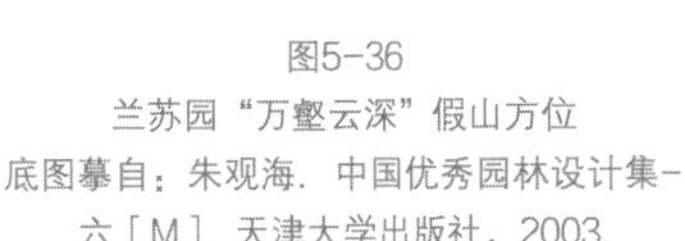

图5-36
兰苏园“万壑云深”假山方位
底图摹自：朱观海. 中国优秀园林设计集-六［M］. 天津大学出版社，2003.

图5-37
兰苏园“万壑云深”假山
刘西航摄

图5-38
流芳园“留云岫”瀑布假山方位
底图摹自：陈劲. 美国流芳园设计［M］. 上海人民出版社，2015

图5-39
流芳园“留云岫”瀑布假山
赵晶摄

与建造一座钢筋混凝土框架建筑截然不同，叠山营造的旨归是回归意境的追溯，因此循规蹈矩、生搬硬套都是不可取的措施，相反亟需结合不同特性石材及所处环境，综合考虑、因地制宜，进行匠心独具的艺术创作。这其中必然存在着一些约定俗成的传统技法，但这并不意味着一成不变。受限于美国各地的建筑安全规范，海外中国园林的掇山工艺，无疑面临着复杂且现实的施工问题，中国工匠们必须因地制宜、结合实际，采用全新且别开生面的施工方法。

具体来说，流芳园中大型湖石假山的施工排布，堪称完全颠覆了传统的工艺。鉴于洛杉矶地处地震多发带，为了保证园林整体安全性，假山正式施工前必须多次进行流程烦琐的模拟实验——美方结构工程师负责计算、设计等工作，中方负责堆筑样品的任务，洛杉矶市政府的建筑安全部门委派的督察则进行强度测试，各司其职，环环相扣，最后据此制定专门的规范标准，展开园林相关的施工工艺、流程运营等具体工作。

与此同时，施工工艺也极为严苛复杂——首先必须在每块太湖石背面预先相距30厘米打一个20厘米深的洞眼，继而用高压气枪吹干净石粉后，再灌注强力胶水加以固定。插入不锈钢筋后，待20分钟胶水达到强度，再把假山石吊运到假山区域的指定位置。接着再把胶结在石块上的钢筋，与预先绑扎好的钢筋网用铜丝绑扎、夯实牢固。等到一层假山堆筑好后，再用混凝土把假山石背后的空隙灌满，使得假山石与混凝土墙浑然连成一体，待该层混凝土达到预设强度后，才可进行上一层的重复施工，如此循环。然而，这就必然导致假山前后可调整的空间十分有限，必将严重影响假山造型的整体塑造。因此，来自苏州的工匠们，将假山的造型最终确定为以突出层次感为重的浑厚风格，以避免假山可能出现的粗重严实之弊端，以及类似“石墙”的败笔效果。但就最终的艺术效果来看，流芳园中大型湖石假山的排布格局，还是与中国古典园林中的湖石假山有所差异。

置石作为叠山的另一大重要内容，其主要手法包括特置、对置、散置、与建筑结合、与植物结合、与水结合、山石器设等七大类。在海外中国园林中，相比掇山技艺，置石的运用具有更为普及、广泛、成熟的特征，其使用类型也十分丰富，主要包括特置、散置、与建筑结合、构筑驳岸等类型。

具体展开来说，特置技艺为独立而特殊布置的山石而设立，主要取材于自然界的奇峰异石。举例来说，闻名遐迩的有苏州留园的“冠云峰”、上海豫园的“玉玲珑”等，上述园林通过特殊的布置方式，赋予了山石璞玉以秀拔出众的潜力挖掘、素质烘托。举例来说，在友宁园的入口处，就迎面放置了一块造型秀丽的太湖石假山作为视觉屏障，以达到欲扬先抑、“犹抱琵琶半遮面”的朦胧效果，同时又有“障景”的作用，承担了入口区构图中心的重要效果（图5-40）。

寄兴园内“听松堂”前的“留云峰”就是仿照苏州留园“冠云峰”的经典作品，也是海外中国园林中“峰石”特置的代表作之一。布置在主厅堂前的广场之上的“留云峰”，原设计高4.4米。苏州叠山世家之一“凌家”的凌新生先生认为，“留云峰”作为主峰其尺寸不足，由于峰首低于正厅“听松堂”的屋檐，而容易丧失真山的雄伟气势。鉴于留园的“冠云峰”高6.5米，虽然高度并没有超过作为背景设立的冠云楼，但因为右近石远楼，故立池前观石“因近得高”，而产生了“峰高于楼”的良好视觉效应。经过重新设计后的“留云峰”由4块太湖石拼接而成，高5.4米，峰首高于屋檐，更显挺俏俊秀、清隽超拔，峰体纹路贯通，透瘦有致，有高耸入云之势（图5-41）。

流芳园中有大量特置的湖石假山，包括“映芳湖”南侧的独立峰石，其他各个庭院中也有较为广泛的运用（图5-42）。独立峰石的设立，一方面起到了上述的障景效果，也让游客通过移步换景，进一步领略了中国的假山文化；但是另一方面，庭院中大量特置假山的运用，反而使庭院有些刻意与单调，加之缺少花木的有机搭配，使得特置的假山石显得略有些生涩、僵硬（图5-43）。

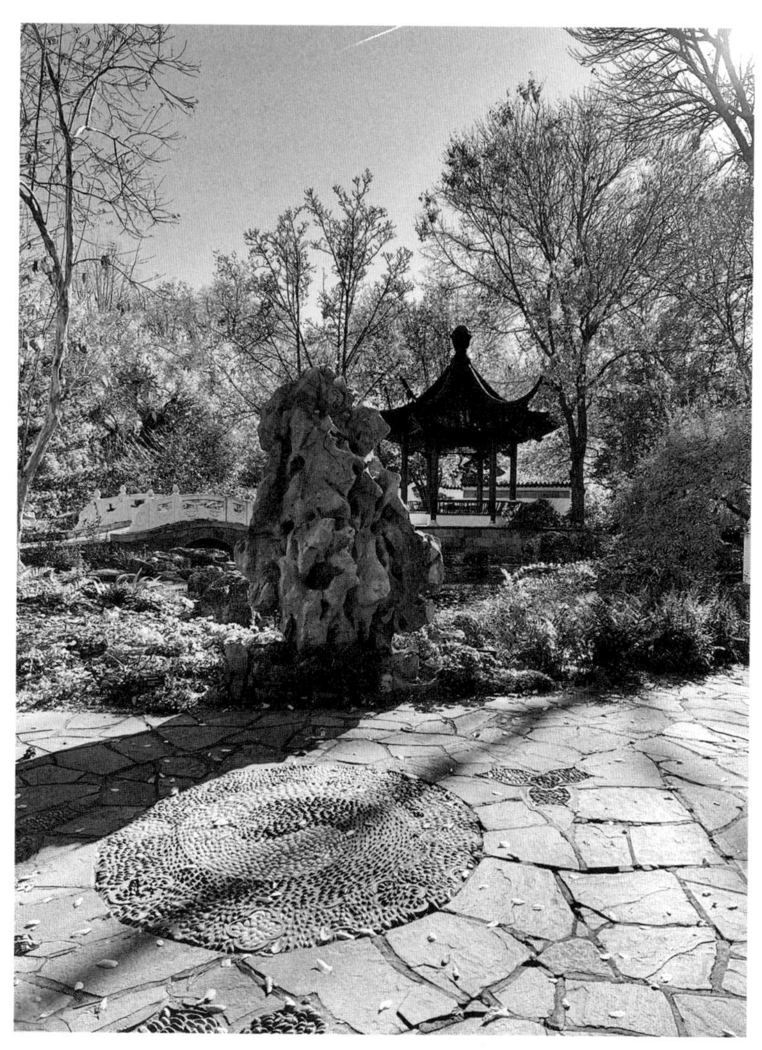

图5-40
友宁园入口区景观
刘睿卿摄

图5-41
寄兴园“留云峰”
王天硕摄

图5-42
流芳园特置湖石
赵晶摄

图5-43
流芳园庭院湖石
徐沁炜摄

散置技艺可谓“攒三聚五”的散点山石的集大成，有大散点、小散点之分：小散点主要以单独山石为组合单元，大散点则以多石掇合成独立单元。散置山石布置的要点，正在于聚散有致、主次分明的错落，从而达到顾盼生情、摇曳生姿之效果。

与此同时，散置并非一味追求均匀分布，而是要讲求聚散相辅、疏密相间的结合，疏密的尺度和比例分配都要合宜，从而构成不对称与相对均衡的有机媾和，完成和谐的构图。主次分明的讲求，主要是指宾主之体和宾主之位，乃至高低大小都要明确体现出主宾关系，即既不能

不分宾主，也不要有宾主而欠分明，尺寸必须合理把握且合宜。顾盼生情，即要求石的拟人化或生物化。通过赋予非生物的山石以生物之情，融情于景、托物传情，主要以山石的象形、寄情、遐想和镌刻题咏等手法，来达到此种强烈的人景共情效果。

大都会博物馆的明轩工程，得到我国高度重视。明轩所选用的都是当时在苏州寻找的上等石材，具体包括庭院南墙的“玲珑石”、冷泉亭北侧的“三峰”，以及曲廊东侧的“石笋”等石材，总计重达100吨。明轩坐落于博物馆二层，院落内缺乏大面积的水池造势，并且考虑到楼板的承重及安全问题，也没有进行掇石造山。但这种先天限制却也带来了别具一格之处，明轩在置石上颇有讲究，极具巧思，通体采用山石散置点景（图5-44）。具体来说，庭院内散置山石共分为四处：其一，围绕半亭布置花台，平面向庭院内突出，搭配植物错落，北侧花台上点缀大小峰石两颗（图5-45）；其二，延续半亭山石的风格，于西南内墙角掇石掘池，南墙漏窗前置一玲珑石；其三，余脉间断延伸到门廊北部、曲廊中部和建筑台阶处，沿阶外散点湖石作花台和踏跺（图5-46），零散结合；其四，在曲廊东侧的小空间内置点石笋，烘托氛围（图5-47）。因此，通过这一番巧思雕琢，整个庭园虽无大面积水池环绕，但经过湖石、石笋的巧妙点景，山湖浩渺之气油然而生，旱山水之意境萦绕于怀，顿觉朗阔。

图5-44
明轩置石平面示意
底图摹自：刘少宗．中国园林设计优秀作品集锦-海外篇［M］．北京：中国建筑工业出版社，1999.

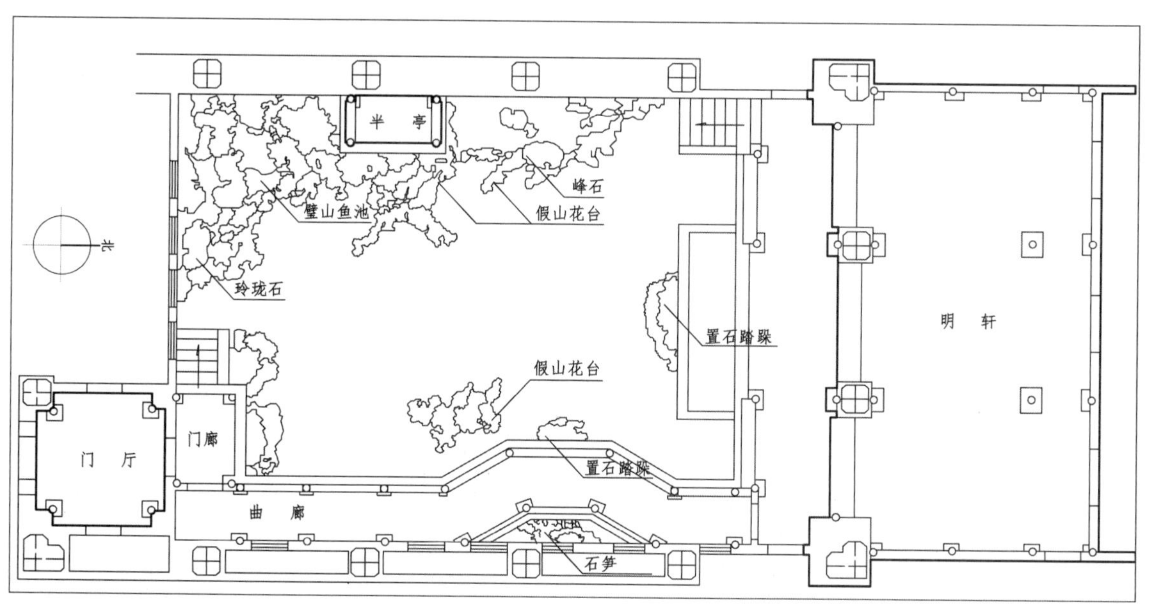

图5-45
明轩假山花台
赵晶摄

图5-46
明轩湖石踏跺
赵晶摄

图5-47
明轩石笋
赵晶摄

相比之下，在纽约寄兴园中，用于构筑驳岸的叠石材料，则主要来源于取材苏州的太湖石和当地取材的黄石。20世纪90年代，苏州园林设计院从国内选购了400吨湖石，不远万里，运输至纽约的施工现场。这批太湖石用于搭建构筑主庭院的湖石假山和湖石驳岸。而取材自美国当地的黄石假山、黄石驳岸，则主要布置在副庭院和廊桥“濯缨流”的西面。虽然取自当地的石料与中国古典园林内的不尽相同，但同样具有黄石纹理蕴含的古拙、苍老、端重的特质。园中黄石假山平面主要以横纹为主，立面以直纹为主，经纬盘曲、交错盘绕，棱角分明，凹凸面则上下贯通，整体烘托出一种岁月厚重之美，与旁侧轻灵的“小飞虹”形成一轻灵一浑厚之鲜明对照（图5-48）。

（2）不同尺度园林的理水

俗语有言，“无水不成园”。在精心讲究“聚名山大川鲜草于一室”的中国园林中，山水是构筑园林的重要骨架，理水的重要性与山石排布不相上下。中国园林中的水体，多为造景中心的分布。刘敦桢在《苏州古典园林》的“理水”部分讲道：“以水池为中心，辅以溪涧、水谷、瀑布等，配合山石、花木和亭阁形成各种不同的景色，是我国造园的一种传统手法。”理水布局的具体营造，大体可分为集中和分散两种布局手法的有机结合。纵览美国的海外中国园林作品，大部分继承了我国传统的理水技巧，并根据地形有所适应性调整或变化。

根据园林面积的大小，苏州古典园林采用不同的池面处理方法，讲究“有聚有分，聚分得体”。刘敦桢在《苏州古典园林》中关于池面处理讲道：“聚分之间，须依园之大、小斟酌处理，大抵小园聚胜于分，大园虽可多分，仍宜留出较大的水面使之主次分明。”具体来说，对于庭院和小园林之类，多作简单形状的水池处理，周围点缀若干湖石、花

图5-48
纽约寄兴园中的黄石假山驳岸
王天硕摄

木和藤萝，增添情趣；而中型园林的池面处理，则讲求以聚为主，以分为辅，例如网师园的池面集中，却在水池一角用桥梁、水口等分隔，划出一二小面积的水湾，或叠石成水涧，造成水源深远、静水深潜的深邃意境；除此之外，狭长的水池也是中、小园林中比较常见的形式，例如壶园、畅园和环秀山庄等。最后，大型园林如拙政园和狮子林，常分为若干不同景区组合而成，通常以形状富有变化的水池串联各景区，成为既有主次之别，又有细节变化的风格统一体（表5-8）。

表5-8　典型苏州古典园林理水方法

园林规模	园林名称	园林面积（平方米）	中心水体面积（平方米）	中心池面形状	池面处理、划分方法
中小型园林	环秀山庄	约2000	约500		狭长形；曲廊、折桥
	艺圃	约3800	约600		以聚为主，以分为辅；石板桥、三曲桥、石矶
	怡园	约6300	约600	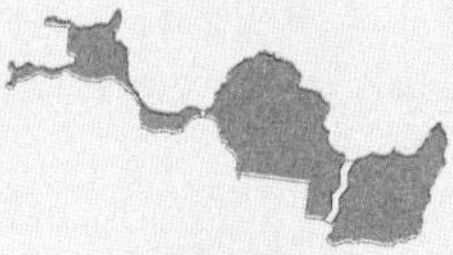	以聚为主，以分为辅，狭长形；曲桥、水门
	网师园	全园约6700，花园约3300	约430	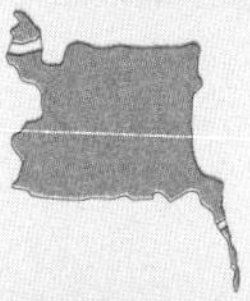	以聚为主，以分为辅；拱桥、平石桥、石矶
大型园林	狮子林	约11000	约1500		分散水面，串联景区；折桥、湖心亭
	留园	约23000	中部景区约1300		以聚为主，以分为辅；平曲桥、垒土筑岛
	拙政园	全园约41000，中园约12000	中园约4000	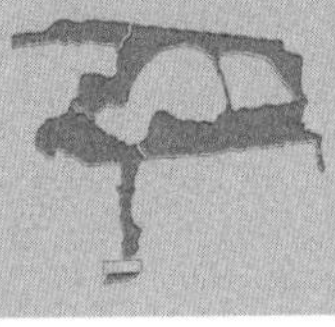	分散水面，串联景区；折桥、廊桥、垒土筑岛

纵览苏州古典园林中山水风貌，因循池面的大小不一，也采用了多种划分水面的手法。具体来说，对于比较特殊的园林，如拙政园的中园，则采取垒土筑岛划分水面，兼以廊桥小飞虹作为小沧浪水院的北边界，古朴与灵巧遥相呼应；狮子林则用湖心亭和曲桥分隔水面，充满诗情画意；怡园则用湖石水门区分水池东西，审美与实用性兼具。其余情况下，一般用桥来划分池面，可使空间割而不分，泾渭分明却又不致疏离，因此比较适宜在小水面上加以采用。

纵观美国已建成的海外中国园林，除去缺乏理水的明轩、云园、翠园、庆喜公园等园林，中小型园林的池面往往在因地制宜、思量山水地势的基础上，采用“以聚为主，以分为辅”的处理方式，这一类的典型代表，如友宁园、兰苏园、寄兴园。相比之下，大型园林则通常采用分割水面的池面处理方法，如流芳园。

其一，在中小型园林的池面处理手法中，又以密苏里植物园“友宁园”最具代表性。友宁园占地面积约3000平方米，池面处理方式完美诠释了“以聚为主，以分为辅”的精髓：“友宁园”中心作简单形状的水池，同时在西南和东南角设水湾；东南角以一汉白玉石桥巧设分隔，水湾隐于湖石驳岸之中，若隐若现，似水的源头，又似山的起端，山水莫辨，空间无垠。在西南角水湾狭长处，自然形成水尾以显水流无尽之意，余味无穷。虽然全园的游线和景点布局手法较为简单，但园路、湖石、花木以及建筑小品，无一不是紧密围绕中心水体精心布置，结构紧凑，极尽分聚之趣，而内聚的格局使水面显得更加开敞明朗、气象大开，东西两处水湾的开阖，又使水面毫无堵塞局促之感。总体而言，“友宁园”充分彰显了中国园林传统理水手法中“小中见大”的智慧与意境（图5-49）。

图5-49
友宁园鸟瞰
底图摹自：刘少宗．中国园林设计优秀作品集锦-海外篇［M］．北京：中国建筑工业出版社，1999.

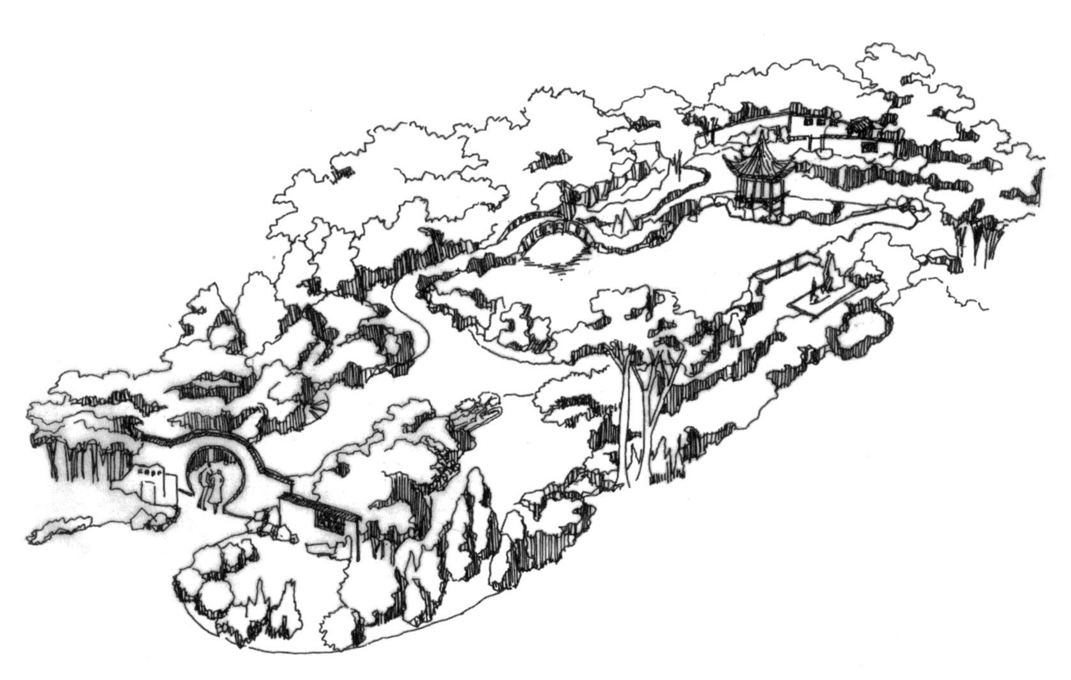

其二，波特兰兰苏园占地面积约3700平方米，中心水体“古筝湖”面积约700平方米，约占全园面积的1/5。建筑、山石、花木等风物，一衣带水，皆沿湖面布置。“古筝湖”采用“以聚为主，以分为辅”的池面处理方式，与网师园“彩霞池”不无相似之处（图5-50）。主体水面采用“聚”的手法，形状近似方形，能够巧妙映射出环水景物的倒影，虚实结合，现实之景与水中世界，水天一色，增添水面在平面层次的开阔感。同时，位于东北侧的曲桥连接两岸，湖心亭的矗立分隔水面，区分主、次的同时，产生曲折幽深的视觉感受。其次，水源位于主体水面的西北角，通过石矶和平曲桥的设立，与中心水面分隔，形状狭长，石桥后作一湖石假山与叠水，水源仿若由山涧自然流泻而出，汩汩传情（图5-51）。水尾布局于主体水面的东南角，一廊桥横跨，分隔水面，与“倒影清漪轩”“知鱼亭”首尾围合，巧妙形成一个水院，与拙政园“小飞虹—小沧浪”水院堪称异曲同工，在无形中增加延展了层次与景深的进深效果（图5-52）。另一方面，由于池岸、廊榭高度并不突出，因此全园最北端、最高的“涵虚阁”做了后退处理，然而以退为进，气象大开大合，更给人以开阔明朗的景象。

图5-50
兰苏园池面处理手法
底图摹自：朱观海. 中国优秀园林设计集-六［M］. 天津：天津大学出版社，2003.

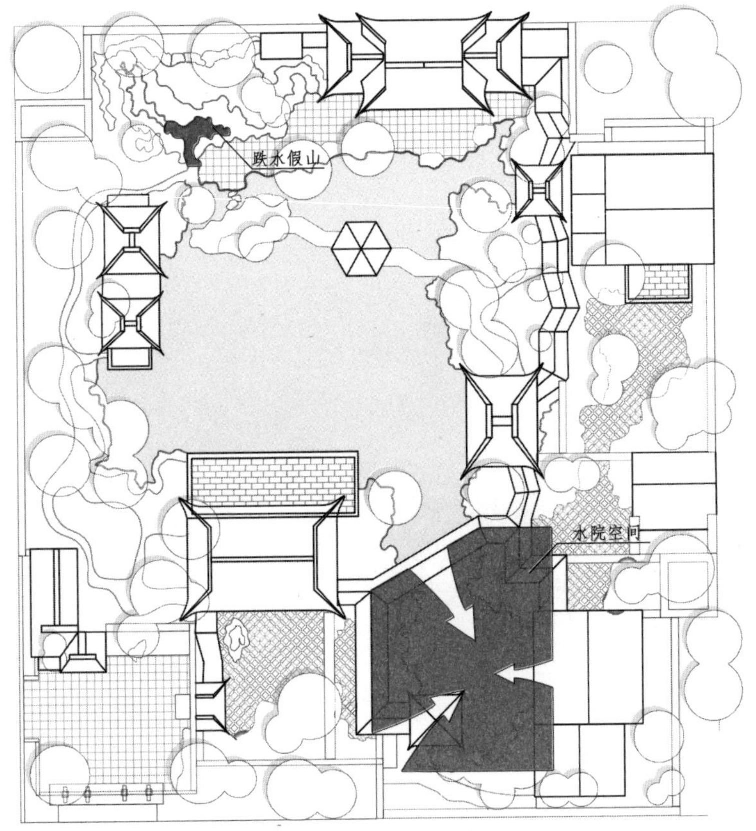

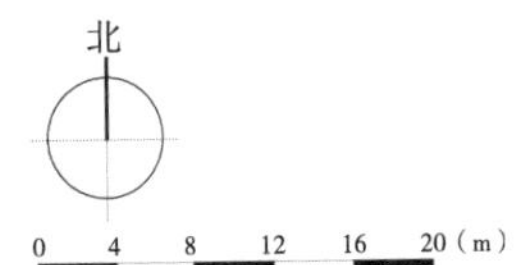

图5-51
兰苏园西北侧的水源
王天硕摄

图5-52
兰苏园东南侧廊桥
王天硕摄

① 数据来源：https://zh.wikipedia.org/wiki/%E6%B4%9B%E6%9D%89%E7%9F%B6#%E6%B0%94%E5%80%99

其三，纽约寄兴园的池面形状也是类似怡园的狭长形，园中水体被分为三部分，顺应山势，形成落差，高低错落，声情琳琅。主副两个庭院以水脉贯通，气韵豁朗，水景则形式多样，既有辽阔平坦的主水面，也有淙淙溪流、层层跌水和飞流瀑布贯穿其间，整个景区动静结合，声色兼具，主次分明，韵致宛转（图5-53）。主院西侧的“濯缨流”是类似拙政园“小飞虹”的廊桥，但不同于“小飞虹”分割同一平面的两个水面的用途，“濯缨流”的西侧利用黄石假山制造了一个落差为3米的瀑布，主庭院的水由此流入园外的水池中，极具视觉效果。副院的水面蜿蜒狭长，同时采用延续的黄石假山驳岸，山体强调筋骨轮廓的塑造和整体造型的营求，可谓“山借水势，水因山活”。通过尽头曲廊的假山叠石的层层叠叠，潺潺水流顺次汇入园外。两院落内两股静水与动水，分别通过瀑布和跌水景观，汇流至园外的水池中，在此达到了圆融浑然。这也使园内外的空间相互渗透，互为因借，园内气象由此丰盈无比。

亨廷顿流芳园是目前已知的建成规模最大的海外中国园林。以苏州园林为蓝本，流芳园占地面积达到5公顷。全园以占地6000平方米的“映芳湖”为中心，环湖布置了“九园十八景”，主次错落有致。虽然两者同样是对苏州园林的仿建，但是流芳园的水面处理手法还是与以往仿建的中小型园林存在很大的差别，具有鲜明特色。

在理水上，流芳园因地制宜，充分利用了天然的地理优势。园林所在的洛杉矶，地处北美大陆西岸的南加利福尼亚州，气候温和，终年干燥少雨，年降雨量常在380毫米上下①。在沙漠多、水难寻的自然环境下，大面积水景的采取及建设工程，并不容易实现。但是，江南园林素来有“无水不园”的乐水旨趣，设计师因此充分利用了场地的天然条件，化不利为优势，实现了“从零到一”的飞跃——流芳园的最终场地选定于亨廷顿植物园中西部的一个山谷中央的低洼处，雨季时，一条溪流会由北流向南，贯通两岸，穿越山谷，最终经过这块洼地并形成一个池塘，湖水由此生发。因此，流芳园因地制宜引水入园，将洼地改造为水池，构成园林的中心区，犹如一颗荡漾的明珠。

与大型江南园林拙政园不同的是，流芳园的池面处理并未采取分散水面的做法，而是遵从现有条件，充分利用场地中心洼地，并巧妙模仿北方园林，采用了传统的“以聚为主”的手法。全园以大水面为中心，环湖布置景点，继承了“一池三山”的叠山理水模式，并且在池中布置了3座小岛：“落雁洲”“迎鹤洲”“鸳鸯洲”，古意盎然。为了适应实际较大的水面篇幅，故而采用“以分为辅”，即用桥、堤串联各小岛、景区并起到分隔水面的功效，且划分形成大小不一的4个水体空间——中心湖面、东面水塘、西南面水湾以及西北面者水潭（图5-54）。再结合场地南北两个走向的天然溪流，一派天真，一任自然。在因势利导的理水理念观照下，将园中的水景组织成池、潭、湖、涧、瀑、泉等多种形态，叮咚有声，琳琅有致。可以看到，流芳园的水景形式丰富至极，基本上能够涵盖传统的中国文人山水园中有关水景营造的各种形式。

12
2
3
8
1
4
主庭院
5
副庭院
9
10
11
6
8
7
1. 入口
2. 听松堂
3. 宜静轩
4. 寒碧亭
5. 一步桥
6. 曲桥
7. “爽台”六角亭
8. 曲廊
9. “枕流间”方亭
10. 濯缨流水
11. 知鱼榭
12.. 拥翠山房
北
0 2 4 6 8 10（m）

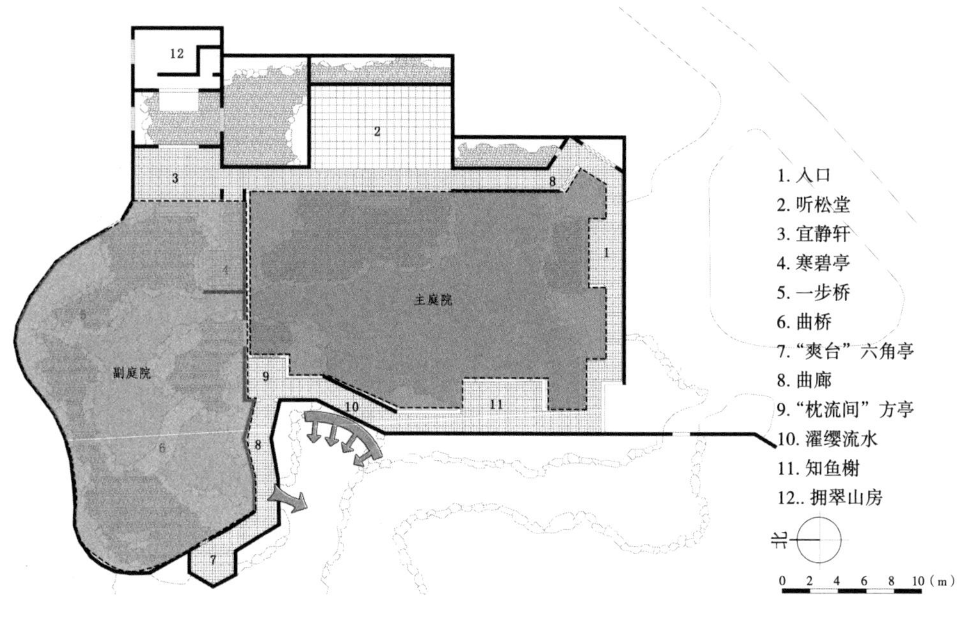

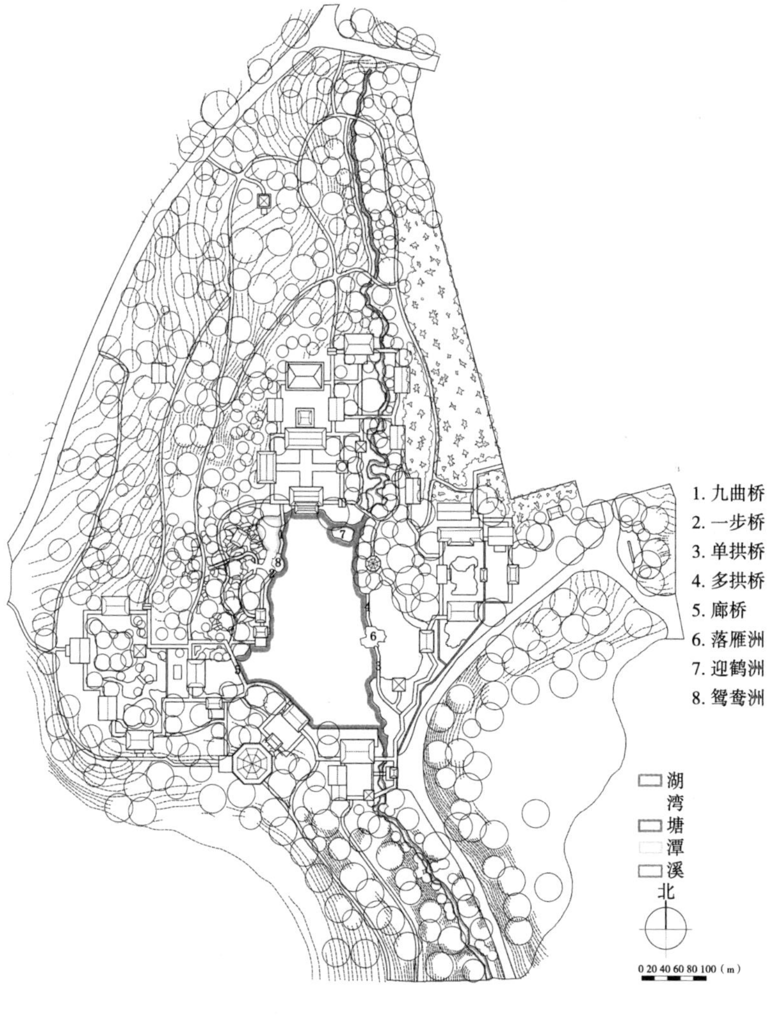

1. 九曲桥
2. 一步桥
3. 单拱桥
4. 多拱桥
5. 廊桥
6. 落雁洲
7. 迎鹤洲
8. 鸳鸯洲
湖
湾
塘
潭
溪
北
0 20 40 60 80 100（m）

图5-53
寄兴园池面处理手法
底图摹自：甘伟林等．文化使节——中国园林在海外［M］．北京：中国建筑工业出版社，2000.

图5-54
流芳园池面处理手法
底图摹自：陈劲．美国流芳园设计［M］．上海：上海人民出版社，2015.

不仅是池面的处理方式不尽相同，就连流芳园里的桥，也因为池面面积较大的缘故，结合实际、因地制宜采取了创新设计，呈现出各异风采。因此，流芳园中既有苏州园林中常见的一步桥、九曲桥和廊桥，如“步月桥”（图5-55）、“鱼乐桥”等；也有北派园林风貌的单拱和多拱桥，如“翠霞桥”“玉带桥”（图5-56）等。南北风貌，遥相呼应。桥的比例适度，平缓易行，造型凝重，色调拙朴，与周围垂柳、倒影、亭阁等建筑，风格和谐一致，融为一体。

换而言之，流芳园的理水因地制宜，并不局限在传统江南园林风貌的再现与复制，正是此番创新智慧使得这座园林平添了一分北方园林的开敞宽阔。

图5-55
流芳园步月桥
徐沁炜摄

图5-56
流芳园九曲桥、三拱桥
徐沁炜摄

（3）建筑布局及营建技艺

山池是园林的筋骨所系，但欣赏山池风景的位置，通常也设在建筑物内，内外并无鲜明的分隔。因此，园林建筑不仅是单一的休息场所，同时也是风景的绝佳观赏点。换而言之，建筑在古典园林中具有使用与观赏的双重作用，它常与山池、花木共同组成一幅山水园景；并且在局部景区中，甚至还可构成风景的整体性主题。园林建筑不但在位置、形体层面，疏密有致、不相雷同，而且种类颇多、缤纷多彩，甚至其布置方式亦能够因地制宜，灵活变化，常见的园林建筑类型有厅、堂、轩、馆、楼、阁、榭、舫、亭、廊等。园林建筑的艺术处理与建筑群的组合方式，对于整个园林的意境营造来说格外重要。

江南私家园林多采取内向的空间布局形式，即针对建筑物、回廊、亭榭等沿花园周边进行内向化的精细布局——所有建筑物均“背朝外而面向内”，园中央设置水池，借助引水、叠山、花木等技巧方法，追求自然的情趣以避免呆板、单调的弊病。四十多年来，在美国的海外中国园林中，要数寄兴园、兰苏园和流芳园的建筑设计最为完整、成熟，较好地呈现了江南园林风格的技艺。

厅堂，作为园林的主体建筑，重要性自然无须多言。在《园冶》的“立基”一篇中讲道：“凡园圃立基，定厅堂为主。”由此可见其重要性。在江南私家园林中，厅堂往往是过去主人会客、议事的场所，也是全园的主要观赏景点，一般采用隔水对山而立的方法，北望通常是全园最主要的景观面。厅堂的建筑具有形式多样的特征，主要包括四面厅、鸳鸯厅、花篮厅和大厅等。

兰苏园的“锦云堂”，作为典型的四面厅形式，可供观赏四面景物之用。其位于园林的主入口附近，采用“坐南朝北、近水远山”的布置方法。堂前设有临水的宽敞平台，与中心水池、湖心亭和假山互为对景，视线开阔，山水兼备，构成园林的主要景区（图5-57）。厅

图5-57
兰苏园锦云堂
王天硕摄

堂内部设有一组松、竹、梅、银杏木雕落地罩，生动传神，精雕细琢，十分精美。锦云堂也继承了古代厅堂具有多种功能用途的特征，不仅能够作为主景区发挥观赏点的功能，同时也是举办活动时的会议厅、聚会厅。

寄兴园的主厅堂“听松堂”采用江南民居“观音兜”的建筑形式，别具一格。且不同于传统苏州园林中厅堂的南北向布局，其为东西向布置，这与寄兴园的建造场地有关。寄兴园建在一个东西向的山坡上，地形东高西低，全园最高处和最低处的高差约5米（图5-58）。正如《园冶》“相地篇”讲道：“园地为山林胜……自成天然之趣，不烦人事之工。入奥疏源，就低凿水，搜土开其穴麓，培山接以房廊。”寄兴园的建筑和山水的布局顺应山势——厅堂布置在东侧高处，水面自东向西、自高而低延伸，并且水景形式丰富，包括溪流、跌水和瀑布等，充分利用了山林地的良好条件，与周围环境融为一体（图5-59）。

舫与榭，都是古典园林中的临水建筑。由于园林面积和山水建筑布局的限制，海外中国园林中的舫、榭建筑并不多，多运用于寄兴园、

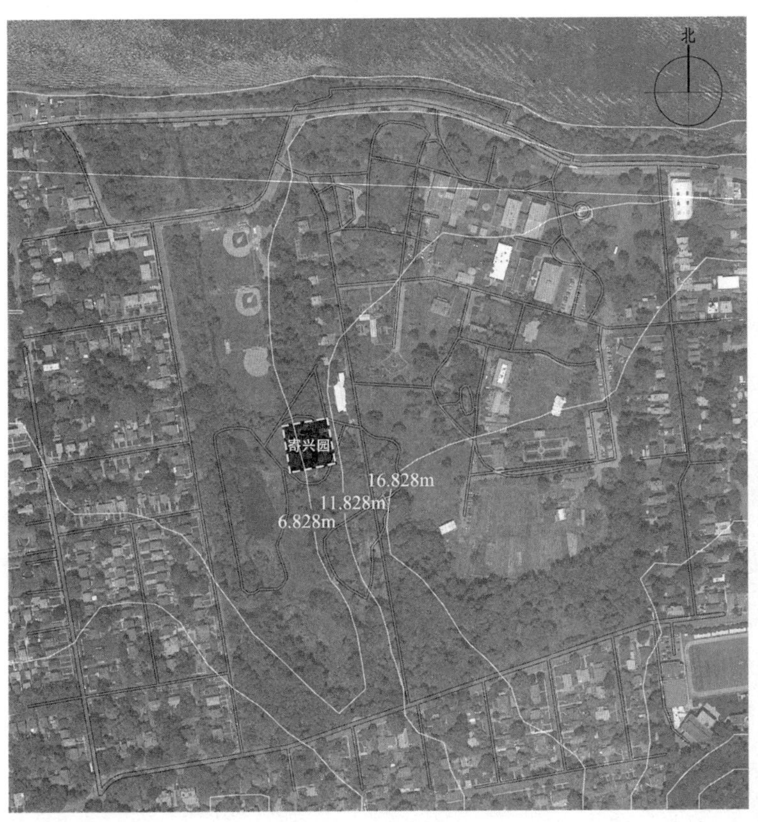

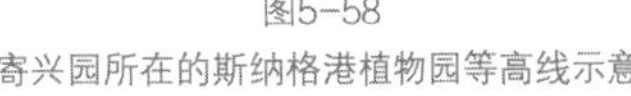
图5-58
寄兴园所在的斯纳格港植物园等高线示意

兰苏园和流芳园等较完整的中大型江南园林中。

舫俗称旱船，因不能航动，又名“不系舟”。通常下部船体用石砌，船舱多为木构，外形内观，都似舟楫。大都建于水中，供人游赏宴饮，观赏水景。从创作造型分，舫类建筑按照特征可分为写实型、写意型和抽象型三类。写实型舫的运用最多，代表作是拙政园中的“香洲”，三面环水，一面依岸，分前、中、后三部分：船头是台，前舱是亭，中舱为榭，船尾是阁，阁上起楼，线条柔和起伏，比例大小得当。兰苏园和流芳园中的石舫都是写实型的代表。

在造型上，兰苏园和流芳园中的画舫都属于部分写实型，模仿香洲，采用三段式舫类建筑，屋顶为前低后高、中间低矮的组合式，形状优美。两座石舫的船基甲板皆平直，但在船头的处理上有所差别：兰苏园画舫的台基为窄长方形，形状规整与普通建筑无异（图5-60）；流芳园的画舫则在船头以石砌形成上扬式的构建，在立面上形成类似船型底座的弧形样式（图5-61）。

图5-59
寄兴园听松堂
王天硕摄

在布局上，两座石舫都临水而建，三面环水，一面临岸，结合造型给人以船的视觉感受，成为湖中一大观赏点。兰苏园石舫所处的西侧以园路和植物为主，岸线较为平直单一，画舫很好地起到了丰富岸线的作用；另一方面，在东西跨度约16米的风筝湖上，石舫也成为西岸的绝佳观景点，与湖心亭、东岸的水榭互成对景，增加了全园的观景角度（图5-62）。流芳园的石舫同样坐北朝南，但是无论作为观赏点还是观

图5-60
兰苏园石舫
廖诗琴、张宁摄

图5-61
流芳园石舫
赵晶摄

景点，这样的布局并不完美。一方面作为观赏点，环绕南北向为主的映芳湖，位于西岸同样正南北向布局的石舫的景观效果受到限制，泛舟水上的感觉不明显；另一方面作为观景点，石舫与东侧的玉带桥之间的视距约60米，空间过于空旷，且玉带桥只有植物作为背景，缺乏竖向景观，观景效果欠佳（图5-63）。

图5-62
兰苏园石舫驳岸
刘西航摄

图5-63
流芳园从西侧石舫看东侧玉带桥
赵晶摄

水榭，也称水阁，大多依水傍岸而筑，造型轻盈活泼。代表作是网师园中的“濯缨水阁”。建筑坐南朝北，前方临水，基部用石梁柱架空，水流阁下，宛若浮于水上；屋顶单檐卷棚歇山式，戗角起翘，势若飞动；室内两旁配和合窗，图案精美。

美国的海外中国园林中的水榭体量都不大（表5-9）。作为“勺水”的岸边建筑，水榭的体量根据园林和水体的尺度有所不同。寄兴园和兰苏园的水体空间都不大，水榭体量自然以小最适，仅有主厅堂的1/4左右，主次分明；流芳园面积更大、水面宽广，园中“爱莲榭”的体量也更大。处理与水面的关系上，三座水榭与水面的高差都不大，可临水观鱼。

为了更好地实现观景和点景的目的，水榭常选址于水面开阔或者空间开敞之处，凸出水面如“濯缨水阁”，或者居于水面之中如太液池“水云榭”。寄兴园的“知鱼榭”位于中心湖的西岸，其西北侧的“听松堂”退于池后8米，留出平台布置假山“瑞云峰”和花台，从水榭中望去，石巅高耸、绿树成荫，构成层次丰富的院落景观（图5-64）。“知鱼榭”是良好的观鱼和观景平台。兰苏园的“浣花春雨榭”高挑于“彩霞池”东岸，小巧精致，与南侧廊桥、东侧“锦云堂”和石舫以及

表5-9　寄兴园、兰苏园、流芳园的水榭的尺度

建筑名称	园林名称	开间（m）	进深（m）
知鱼榭	寄兴园	6	4
浣花春雨榭	兰苏园	4	3
爱莲榭	流芳园	9	6

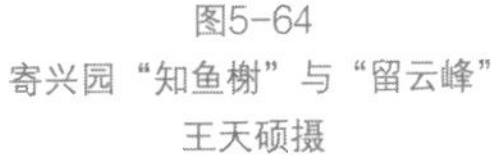

图5-64
寄兴园“知鱼榭”与“留云峰”
王天硕摄

北侧的湖心亭和假山群等多处景观互成对景，视距合适，不仅是观景佳所，也是戏曲表演的绝佳场所（图5-65）。总之，“浣花春雨榭”的看与被看的功能都很强。流芳园的“爱莲榭”布置在“映芳湖”东岸，不仅与南北两侧的“玉镜台”“三友阁”等亭阁形成对景，而且远眺外湖漾漾水色，近赏里湖连天荷叶，意境悠远深长（图5-66）。

图5-65
兰苏园“浣花春雨榭”
王天硕摄

图5-66
流芳园“爱莲榭”
赵晶摄

“江山无限景，全聚一亭中”，园林亭既有本身的建筑美，也包括与园林互相辉映所营造的意境美。作为中国园林中使用最为广泛的建筑之一，亭的一大特点是体量大小随宜，可因地制宜，适于各种造景之需。海外中国园林中的仿建亭，在体量、造型以及布局等方面与原型有所差异。

刘敦桢先生在《苏州古典园林》中讲到亭的功能和布局：“亭，主要供休憩、眺望或观赏游览之用，同时又可以点缀风景，所以此类建筑多设于山巅、水边或园林四周，所谓‘花间隐榭，水际安亭’就是这种手法的表述。”兰苏园的“翼亭锁月”一景，创意取自根据“一亭直锁湖心月，满园清辉镜中天”的诗意。“山明水秀，湖中风月最宜人”，湖心建六角攒尖亭，东西配以曲桥，宛如浮玉。每当皓月当空，清辉如泻，银光万顷，“亭映湖中月，月照湖中亭”，犹如瑶池幻境（图5-67）。

除了作为中大型园林中的观景点，亭也常作为小园林的主景而坐落于山间池畔。近四十年在美国有两座以亭为主要建筑的园林——纽约惜春园和密苏里植物园友宁园。惜春园占地不足100平方米，“惜春亭”位于全园右端，单檐歇山顶，亭后以竹丛衬托，周围布置假山、小乔木，在有限的空间中营造出了“咫尺山林”之感。友宁园是密苏里植物园内的中国园，占地3000平方米，建筑面积很小，全园只有月洞门、六角亭、石桥、景墙等建筑小品。六角亭“文逸亭”与入口的月洞门、湖石假山等一起位于全园的中心轴线上，为绝佳观景之地。亭样式为单檐攒尖亭，为了满足美国的建筑需要，尺度也有所改动，比起传统的江南亭，檐柱加粗。亭以明清江南园林为范本，灰瓦红柱，风格清新淡雅（图5-68）。

图5-67
兰苏园湖心亭景观
Lisa摄

近40年在美国的造园历程中，来自中国的工匠们在继承传统建筑技法与经验的同时，也受到美国建筑规范与理念的限制，遇到了种种难题和考验。经过双方的协商沟通，在工匠们独具创新性的工艺下，美国园林建造产生了许多具有新时代特色的手法，中国园林的神韵也得以保留。

部分海外中国园林结合使用了传统与现代的材料、技术，往往是为了满足美国当地的抗震要求，巧妙地平衡了中国传统园林建筑的视觉效果和美国当地的实用要求。友宁园施工时用混凝土浇筑了六角亭的基础和六根檐柱，上部梁架保留木结构（图5-69）。兰苏园内建筑的大木构架和屋盖系统由传统铰接体系改为刚性结构体系，施工过程更加复杂。而流芳园更是在建筑上首次采用了钢木结构相组合的全新结构形式，主框架采用钢结构，外包木板。不过，为了保持中国园林外形的美感，次要部位和横梁以上的屋面结构部分还是采用了传统的全木结构形式。

图5-68
友宁园的中轴景观布局
刘睿卿摄

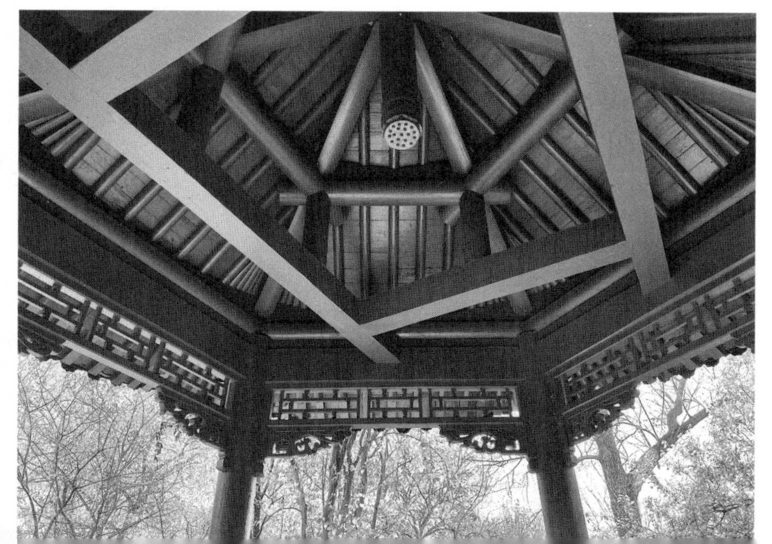

图5-69
友宁园六角亭的结构
刘睿卿摄

在美国的建筑设计规范中，除了满足抗震要求，残疾人通道的设计也是很重要的一点。锦绣中华公园苏州苑在涂料、防火、防雷等各个方面完全符合美国现代建筑法规和商业经营条件，所有游览路线及室内外通道均为无障碍型。兰苏园在设计时，美方要求凡是正常人能到达的地方，残疾人都要能够到达，包括楼层、工作间、配电房等场所（图5-70）。建成后，兰苏园管理处专门规划制作了全园的残疾人游览路线地图，并将其放在了官网上。对于东方古典艺术性很强的园林来说，要达到这些要求有很大难度。但经过中国设计师的努力，相关设施最终处理得非常自然，不露痕迹，没有影响到园林艺术的完整性。

当然，并不是所有的设计难题都能通过创新手法解决，有时也需要美国法律的支持。据苏州园林建造大师陆耀祖回忆，兰苏园的建造过程中，为了保留中国石曲桥的韵味，中方坚持栏杆的高度为50厘米，但这远低于美国桥梁规范中的最低标准110厘米。中美两国的建筑师商量无果后，美方申报俄勒冈州立法委，最终增加了一条法规："因为兰苏园中的曲桥是从外国引进的，可以用矮栏杆，但其他地方不准许"（图5-71）。

（4）中外园林植物的应用

花木也是组成园景不可缺少的因素。植物对于中国园林，特别是

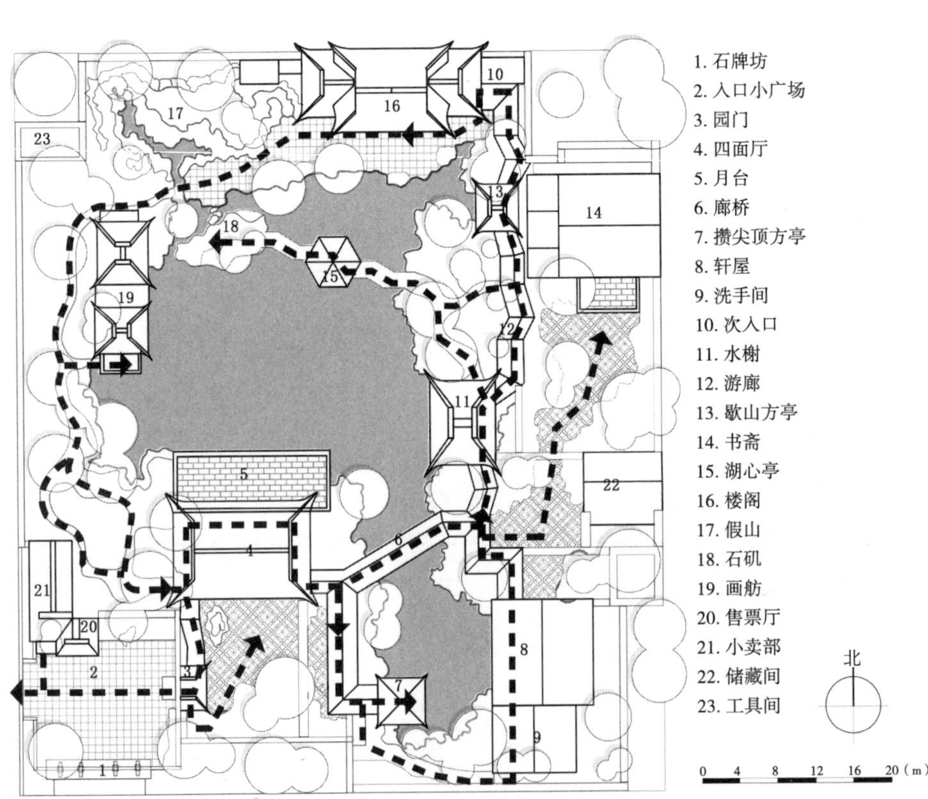

图5-70
兰苏园的残疾人游线
底图摹自：https://lansugarden.org/about-the-garden/accessibility

表现自然情趣的江南私家园林，是描写生态环境、渲染景象季相特征的主要手段，其所营造的自然景象能够给人以植被繁茂的舒适感。江南园林在植物造景上的艺术成就，很大一部分得益于其得天独厚的自然地理条件：气候温和、降水丰富，且有以长江、太湖为主的地表水网。在这样的条件下，植物生长期长，可供入园的观赏植物品种繁多，因此江南园林积累了丰富的园林植物造景经验。

但是在海外中国造园中，植物造景一直是最困难的环节之一。不同于山石可以从国内采购海运至美国，或是建筑部件可以在国内预制拼装后保证完美还原，园林植物的移植面临许多难题。一方面因为遵守国际上颁布的关于植物移植的管理办法，植物无法直接从中国引入；另一方面建造海外中国园林的美国各州市的地理位置、气候条件有显著差异，不能完全按照传统的植物配置手法栽植。因此海外中国园林的植物栽植遵循两个原则：一是因地制宜，二是营造中国植物景观意象（表5-10）。

海外中国园林中植物栽植的“因地制宜”原则，首先体现在结合运用当地植物材料与适合的中国植物材料上，融合了当地特色与中国造园特色。锦绣中华公园“苏州苑”的花木尽量选用了能在奥兰多气候条件下生长的苏州古典园林常见树种，如玉兰、广玉兰、香樟、杨柳、竹等；也有选择地种植了部分当地的优质乔木，如橡树等。

图5-71
兰苏园的石曲桥
刘西航摄

江南地区气候温和，而纽约的冬天寒冷潮湿，为此寄兴园选用了抗寒的木兰、白皮松、梅花等树种。同时根据造景需求，精心选择当地树种，取得较好的艺术效果，如形体似梅花的大花四照花、姿态优雅的北美珍珠梅，是“洋材料”体现中国园林文化的生动例证。园中也选用了常见的中国树种，如园林南入口的几株梅花，树影婆娑，映在背后的白墙上，烘托园林氛围；池岸、墙边以灌木几丛、秀竹几竿，勾勒出原汁原味的江南园林画景（图5-72）。

海外中国园林植物栽植“因地制宜”的原则还体现在保留并利用了原场地的古树。《园冶》有云：“旧园妙于翻造，自然古木繁花。”充分利用和发挥原有大树在园林中的作用，是中国园林花木栽植的传统手法。古人建园时，往往将百年的古树视为珍品并充分利用，与山、池、房屋巧妙地组合起来，如拙政园中部的枫杨、留园中部的银杏和网师园看松读画轩的柏树等。

表5-10　1978—2020年海外中国园林所在州市气候条件及主要运用植物

建造州市	气候类型及特征	园林名称	主要运用的植物
纽约州纽约市	亚热带季风性湿润气候；夏季炎热多雨，冬季温和少雨	大都会博物馆“明轩”	竹、梅、枫、芭蕉、松、山茶、黄杨、芍药
		斯坦顿岛植物园“寄兴园”	枫、梅、芭蕉、白皮松、竹、大花四照花、北美珍珠梅
		世界技术中心大厦“翠园”“云园”	南天竹、枫
		纽约花卉展“惜春园”	不详
华盛顿特区	亚热带季风性湿润气候；夏季炎热多雨，冬季温和少雨	美国国家植物园“半园”	五针松、白皮松、石竹、南天竹、凌霄、常春藤、铺地柏、六月雪、蜡梅、杜鹃、迎春、兰花
马萨诸塞州波士顿市	温带大陆性湿润气候 四季分明，夏季炎热多雨，冬季寒冷少雨	波士顿唐人街“中国城公园”	松、竹、柳、杜鹃、茅草、木兰
明尼苏达州圣保罗市	温带大陆性湿润气候；四季分明，夏季炎热多雨，冬季寒冷少雨	圣保罗费伦公园“柳明园”	松、竹、柳、牡丹、杜鹃
密苏里州圣路易斯市	温带大陆性湿润气候；四季分明，夏季炎热多雨，冬季寒冷少雨	密苏里植物园“友宁园”	竹、梅、桂花、玉兰、石榴、芭蕉、迎春、木槿、连翘、锦带、国槐、侧柏、木瓜、东北杏、连香树、三花槭、大花四照花
亚利桑那州菲尼克斯市	温带沙漠型气候；夏季炎热干燥，冬季温暖湿润	中国文化中心“和园”	柳、竹、芭蕉、月季、荇菜、茅草、蔷薇、棕榈、苏铁、红花羊蹄甲
佛罗里达州奥兰多市	亚热带湿润气候；全年温暖，雨热同期	锦绣中华公园“苏州苑”	玉兰、广玉兰、香樟、杨柳、竹、橡树
俄勒冈州波特兰市	地中海气候兼温带海洋性气候；夏季炎热干燥，冬季温暖潮湿	波特兰唐人街“兰苏园”	松、竹、梅、牡丹、杜鹃、芭蕉、桂、枫、银杏、玉兰、桃、茶、荷花
华盛顿州西雅图市	温带海洋性气候；全年温和湿润	西雅图“西华园”	油松、竹、睡莲、广玉兰、月季、枫
		西雅图国际街区“庆喜公园”	柏、锦带、月季
加利福尼亚州洛杉矶市	地中海气候；全年气候温和，干燥少雨，降雨集中在春、冬两季	洛杉矶亨廷顿综合体“流芳园”	松、竹、梅、桃、柳、芭蕉、海棠、琵琶、桂花、红枫、荷花、橡树

在这一点上亨廷顿“流芳园”最具代表性。南加利福尼亚州“干燥少雨”的气候与中国江南的“四季分明、气候温润”大不相同，自然植被也有很大差异。流芳园原场地周围的植被主要有加州橡树、杉树、松树、樟树、茶树、野桃树、桉树等，还有部分杂树和小竹林，很少有纯中国品种的乔木。特别是围绕着中心的低洼地，几乎全是参天的橡树。从展现江南园林风格的目的来看，砍伐或移植这些树木是一种选择。但是陈从周先生关于园林树木的选择也说道：“中国园林的树木栽植，不仅为了绿化，更要具有画意。重姿态，不讲品种。”流芳园场地周围的橡树姿态俊秀、树形优美、苍劲古朴，俨然有中国文人所追求的古拙萧瑟之美，因此部分得以保留，有的甚至作为主景之一在其周围修建建筑或庭院（图5-73）。

图5-72
寄兴园入口
图片来源：http://www.sinovision.net/home/space/do/blog/uid/298400/id/305310.html

图5-73
流芳园中的橡树
徐沁炜摄

在中国园林中，花木既是园中造景的素材，也往往是观赏的主题。园林中许多建筑物或景点都以周围花木命名，以描述景的特点。经过数千年文化艺术的传承积淀，中国园林中的植物不再是单一的绿化，更被赋予了人文象征，如牡丹象征“富贵”，松、竹、梅有“岁寒三友”的寓意。虽然各海外中国园林在植物选用上有差异，但大多都会选择一些具有代表性的、能表达中国文化含义的植物品种，以彰显中国韵味。

美国的海外中国园林在营造中国植物景观意象方面，竹、松、枫运用最多，其他大量运用的还有梅、芭蕉、柳、玉兰和杜鹃等（图5-74）。这些都是中国古典园林中文人创造意境常用的造景植物，如松、竹、梅组成中国传统文化中的“岁寒三友”，玉兰、海棠、牡丹、桂花寓意“玉堂富贵”，芭蕉体现“听雨”意境等。

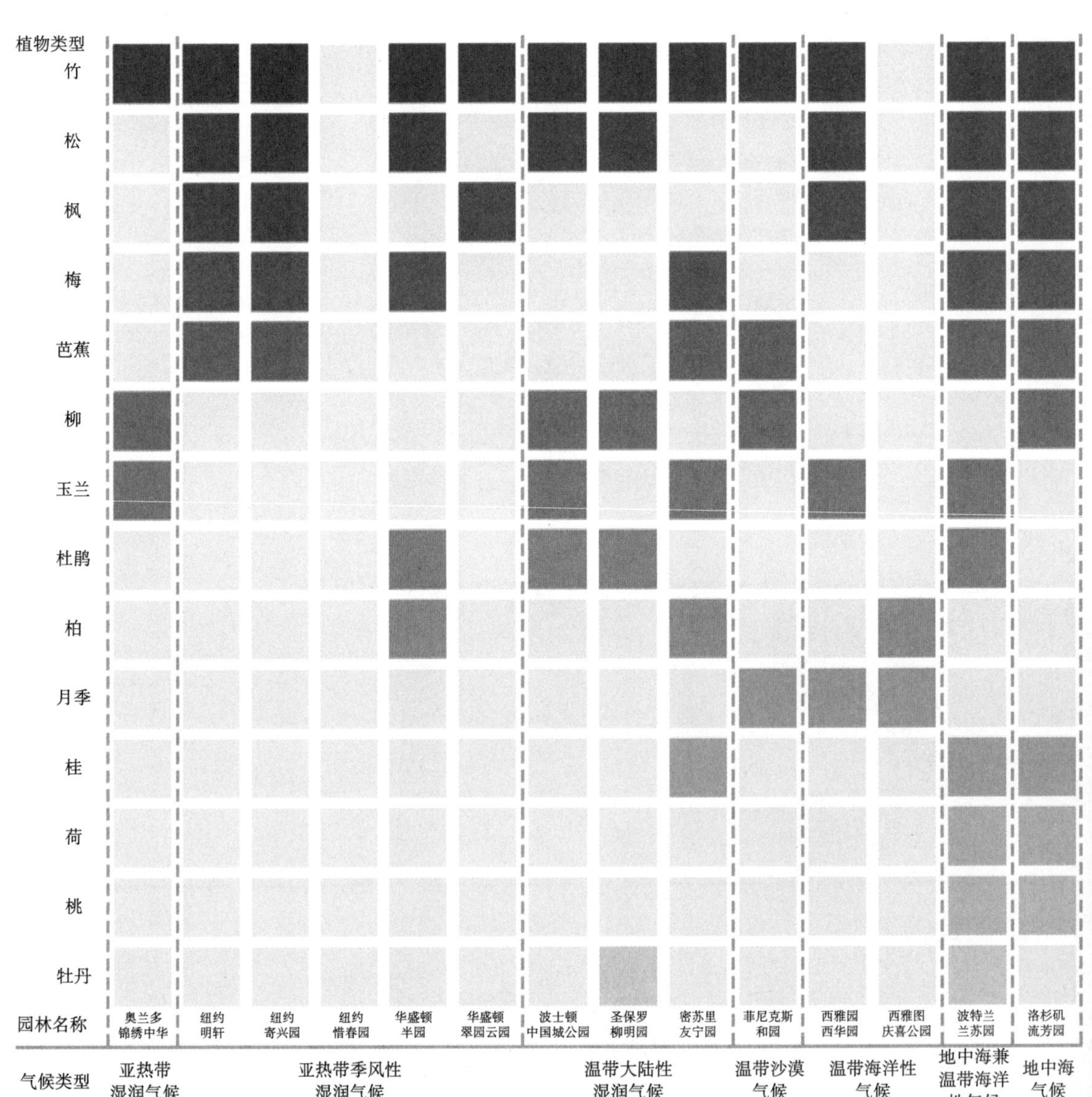

图5-74
1978—2020年美国的海外中国园林主要中国植物选用情况

在美国的海外中国园林中，波特兰“兰苏园”的园林植物无论从种类丰富程度还是植物造景上都是首屈一指的。兰苏园拥有超过500种植物，且90%都是中国本土植物，但受到国际进口禁令的限制没有任意一种是直接从中国进口的。2000年，兰苏园的工作人员和中国的陈劲先生奔波于美国各地的园林和苗圃进行植物的挑选，挑选出来的大多数都是19世纪和20世纪早期从中国带去美国的，有些植物已经有长达百年的生长历史[①]。

兰苏园中的花木生机盎然、景致多彩，构成了景观的主体和观赏主题。在植物造景方面，仿照中国古典文人园林，兰苏园特别注重植物景观意象的文化表达，园中主要景点都通过特定植物和建筑、山池的结合，充分表达了中国文化内涵。如园林入口广场北侧以白墙为底，用太湖石和松、竹、梅组成一幅“岁寒三友图”，表达中国园林的诗情画意（图5-75）；池东的水榭三面临水，周边种植牡丹、杜鹃，春天花时如锦，取景名“浣花春雨”；池西北的画舫取意于“画船闻夜雨，烟柳人梦乡”的诗意，内挂写有“柳浪风帆”的匾额，四周柳荫环绕，片片荷叶轻浮于湖上，可谓应景；东侧的书斋“沁香仙馆”门前栽植梅花，正如馆中对联“万花敢向雪中发，一树独先天下春”，早春坐于书斋中，梅花正盛，沁香怡人，也寓示着春天的到来。

① 来源：https://en.wikipedia.org/wiki/Lan_Su_Chinese_Garden

图5-75
兰苏园入口植物景观
王天硕摄

4. 园林文化

（1）园林命名

古人构园必题名，皆有托意，非泛泛为之者。中国园林历史悠久、种类繁多，园林的命名形式也呈现多样化特征。从直白的皇家园林命名方式，如秦代“上林苑”，到魏晋南北朝时期贵族私园以地名命名如“浣花溪草堂”，再到唐宋开始文人园林大兴修筑，引经据古命名如司马光的“独乐园”。因为文人园林的兴盛，中国园林的命名逐渐富于文化内涵和诗情画意。海外中国园林的命名看似复杂多样，命名方式却与中国古典园林如出一辙（表5-11）。

根据园林命名的目的，海外中国园林的命名类型主要分为两类，一类直接表达纪念，纪念建园的双方或一方等，国家和地方层面主导的园林项目多为此类；另一类表达意境，突出中国园林特色，营造相应的文化氛围，此类多为“园中园”命名，丰富了世界园林体系。

以表达纪念为目的的海外中国园林命名方式主要包括以下三类。一是友好城市“合名”，例如西雅图的“西华园”一名，取“西雅图”中“西”字，取“中华”之“华”字，即为“西华园”，代表西雅图和重庆的真挚友谊；波特兰“兰苏园”是为了纪念波特兰和苏州城市的友谊，所以“兰”代表波特兰，“苏”代表苏州。二是强调友谊命名，例如密苏里植物园“友宁园”的英文名为“The Margaret Grigg Nanjing Friendship Garden”，直接强调圣路易斯市和南京市的友谊。三是直接以建造的国家、城市或地点命名，例如波士顿中国城翻新的“中国城公园”、中美合建的“美国国家中国园”。

表5-11　1978—2020年美国的海外中国园林的命名类型

园林命名类型	园林名称（英文）	园林名称（中文）	命名特点
表达纪念命名	The Seattle Chinese Garden	美国西雅图“西华园”	友好城市“合名”
	Lan Su Chinese Garden	波特兰唐人街“兰苏园”	友好城市“合名”
	The Margaret Grigg Nanjing Friendship Garden	密苏里植物园“友宁园”	强调友谊命名
	Garden of Harmony	中国文化中心“和园”	强调友谊命名
	Suzhou Garden，Splendid China	锦绣中华公园“苏州苑”	建造国家、城市或地点简名
	Boston Chinatown Park	波士顿唐人街“中国城公园”	建造国家、城市或地点简名
	The National China Garden	美国国家中国园	建造国家、城市或地点简名
表达意境命名	The Astor Court	大都会博物馆“明轩”	取意中国古典思想和园林特点
	不详	世界技术中心大厦“翠园”“云园”	取意中国古典思想和园林特点
	不详	美国国家植物园“半园”	取意中国古典思想和园林特点
	The Chinese Scholar’s Garden	斯坦顿岛植物园“寄兴园”	取意中国古典思想和园林特点
	Hing Hay Park	西雅图国际街区“庆喜公园”	取意中国古典思想和园林特点
	Xichun Garden	纽约花卉展“惜春园”	取意中国古典著作
	The Garden of Flowing Fragrance	洛杉矶亨廷顿综合体“流芳园”	取意中国古典名画
	St. Paul-Changsha China Friendship Garden	圣保罗费伦公园“柳明园”	取意中国古典名诗

以表达意境为目的的海外中国园林命名按照意象的不同，也有两种方式。一是取意中国古典思想和园林特点，营造园林氛围，例如“明轩”由方闻教授命名，意味着“摆放明式家具的小轩”，取意《说文》解意：“轩，曲轴藩车。”也指有窗的长廊或小屋，多指以敞朗为特点的建筑物；还有纽约温港文化中心和植物园的“寄兴园”，其英文名为“The Chinese Scholar’s Garden”，未采用英语直译为“华人学者花园”，而是按照建园本意即展示中国明代文人园林和各式园艺译为“寄兴”，具有“寄托情趣”之意。美国国家植物园温室中国展园以“半”字立意，取名“半园”。“半壁江山，以半示全”，既是解决场地设计难题的对策，也展示东方文化内涵。西雅图“庆喜公园”表示社区轻松、欢快的环境，以“城市戏台”为设计主题，贴合情境。二是取意中国古典著作、名诗和名画，引发诗性审美联想。纽约“惜春园”取自《红楼梦》，借小妹之名喻此园之袖珍；再加上中国园林在美国的修建也曲折颇多，取这个名字也是希望人们能像珍惜春光一样珍惜这一东方艺术珍品。“流芳园”既体现了梅兰竹菊、春桃夏荷、芳香四溢的园景，也隐含了以园林山水画著称的明代著名画家李流芳的名号，而且更有“芳名远播”的美好寓意。费伦公园的“柳明园”取自陆游的诗句“山重水复疑无路，柳暗花明又一村”，也寓示长沙市和圣保罗市友谊长存。

（2）匾联题刻

除了通过园林命名传达中国文化，海外中国园林中也常模仿中国古典园林的做法，在建筑中布置匾联题刻。园林中的匾额、楹联、题刻通过文字的形式最直观地向外国游客展现园林设计背后的艺术美感。这些文字都取意于中国作品，且出自中国书法大家之手，如明轩厅堂内匾额上的“明轩”二字是通过现代技术复制拼合的明代著名书画家文徵明的真迹（图5-76）；流芳园中景点的匾联题刻由洛杉矶当地精通中国文化的专家组成咨询委员会为其命名，其中包括晚清名人翁同龢的后人、旅美知名学者翁万戈，题字均由中国书法家创作（图5-77）。

图5-76
明轩匾额
赵晶摄

图5-77
流芳园匾额
徐沁炜摄

（3）石雕小品

狮子本不是中国原产，但经过两千年的文化融合演变，已被充分中国化。我国以石头雕刻狮子的传统早在唐代以前就有，明清时期遍布全国各地，成为官方和民间的普遍信仰。如今石狮子与龙、麒麟等幻想的动物一样，是中华民族的精神图腾之一。在海外中国园林中，石狮子作为中国文化的代表也广泛运用于园林的入口处，大都会博物馆明轩墙外以及兰苏园牌楼前都矗立着一对象征中国特色的汉白玉石狮子（图5-78）。

在密苏里植物园的主路与通往友宁园支路的岔路口的草坪上，端坐着两尊富含中国传统文化气息的石狮，与远处的竹林和冰裂纹铺装石板路搭配，把游客带入中国文化氛围的同时又起到一个很好的过渡效果，使友宁园与植物园主园路及周围环境更好地融合（图5-79）。

石灯笼也是中国古代的典型石雕之一，常见于各寺观、庙宇、园林等，后传入日本迎来大发展，成为日本庭园中重要的景观要素与石文化符号。石灯笼在现代中国庭园也有运用，通过不同的造型，结合水体、建筑、植物配置，营造园林意境之美，例如上海植物园的盆景园。

位于美国华盛顿特区世界技术中心大厦的云园和翠园中国庭院中，没有大型建筑，而是运用几座石灯笼和假山、植物搭配，营造中国意境。庭园以假山石台、卵石铺地表现自然要素，岩石花台上种植箬竹、南天竹、枫等植物，石灯笼以其为背景，掩映于其中，营造出一种寂静、清幽的禅宗意境，成为空间的视觉焦点之一的同时也是中国文化的物质载体（图5-80）。

图5-78
明轩入口石狮
廖思宇摄

图5-79
友宁园入口石狮
刘睿卿摄

（4）漏窗铺地

传统的苏州园林铺地多就地取材构成花街铺地，即用碎石、卵石、瓦条、碎瓷片等为材料，组成各种精美图案的彩色铺地，各种题材的构图传达着独特的文化内涵。部分海外中国园林也特意进行了铺地设计。友宁园中的大量铺地，虽然选用材料和图案不是严格意义上的传统的古典园林铺地标准，但很明显可以看到其影子。值得一提的是其中的梅花造型的应用，因为梅花是南京市的市花，所以在友宁园的雕砖卵石铺地中采用了梅花的不同变形、不同风格的应用，彰显了南京文化在各种细节中的渗透（图5-81）。

漏窗作为中国古典园林中的典型装饰之一，有着采光通风以及透景的作用。兰苏园和流芳园内大量使用苏州园林的漏窗、月洞门来表现自然之美，有包括几何形体如套方、曲尺和自然形体如海棠花、桃花等40多种图案造型，且各不相同，具有浓厚的姑苏特色（图5-82）。

图5-80
翠园中的石灯笼
图片来源：https://thesecretgardenatlas.wordpress.com/2014/07/10/chinatowns-fortune-cookie-washington-dc-usa/

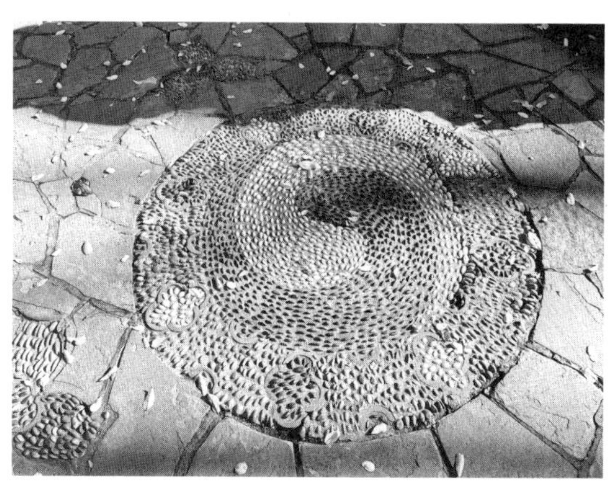

图5-81
友宁园的卵石铺地
刘睿卿摄

图5-82
兰苏园的漏窗
杨筠摄

三、营建机制

1．开发筹划

（1）建设动机

我们应当充分认识，每一座海外中国园林都有各自建造的独特性，因此并不存在完全相同的造园动机。但另一方面，诸多园林的造园动机具有一定共性，背后暗藏可以追寻的规律。从这个角度来看，我们就可以把握独特性与共通性的契合点。因此，美国的海外中国园林的建设动机，大致可以分为以下三类（表5-12）。

第一类海外中国园林，基于中美国家、城市间的政治、经济、文化交流需要而建。具体来说，可以分为国家主导和地方主导。国家层面的项目，主要由中央政府牵线，并联系相关园林公司进行设计建造活动。举例来说，作为园林出口先河的明轩，以及正在筹建的全美最大的中国园林“美国国家中国园”，都具有举足轻重的政治意义和历史意义。1989年，纽约花展拟以中国园林作为主题，作为中国展园的惜春园，也是两国洽谈协商后的结晶。相比之下，地方层面则是由两国地方政府发起，在缔结友好城市、开展贸易合作的同时，为了纪念城市之间的友谊而建造，这类园林往往具有鲜明的地域风格。主要包括友宁园、西华园、兰苏园、柳明园等。

表5-12　1978—2020年美国的海外中国园林的建设动机

建设动机	园林名称	筹建时间	具体缘由
国家或地方政府间的园林文化外交	大都会博物馆“明轩”	1978年	国家文化交流
	纽约花卉展“惜春园”	1988年	国家文化交流
	美国国家中国园	2004年	国家文化交流
	密苏里植物园“友宁园”	1994年	纪念友好城市
	波特兰唐人街“兰苏园”	1995年	纪念友好城市
	西雅图“西华园”	1988年	纪念友好城市
	圣保罗费伦公园“柳明园”	2015年	纪念友好城市
美国城市公园建设	波士顿唐人街“中国城公园”	2003年	唐人街更新改造
	西雅图国际街区“庆喜公园”	2007年	唐人街更新改造
民间文化交流	斯坦顿岛植物园“寄兴园”	1985年	文化机构需要
	洛杉矶亨廷顿综合体“流芳园”	2003年	文化机构需要
	世界技术中心大厦“翠园”“云园”	1989年	展览邀建
	美国国家植物园“半园”	1989年	展览邀建
	锦绣中华公园“苏州苑”	1992年	商业建造
	中国文化中心“和园”	1990年	商业建造

第二类海外中国园林，则是因城市公园建设需要、由美国地方政府而建，包括波士顿中国城公园、西雅图庆喜公园。以上两座园林，皆为国内外设计事务所联合中标的唐人街公园项目，合作设计施工完成了翻新，因此具有鲜明的现代景观表征。与此同时，这类园林的另一突出特点是，开发全程由美国地方政府发起并主导，并辅以公众参与设计，这种人事参与贯穿园林前期提案到后期管理的全过程，完全遵守美国城市公园的开发建设流程。

不同于前两类都由国家或地方政府自上到下的“牵线”提出，第三类海外中国园林，是民间自发的文化交流项目。开发大致流程是：首先由国内外的开发者提出建造中国园的实际需求，再由国外机构邀建或中方自行造园。著名的有流芳园、寄兴园。

梳理中国海外造园的实际需求，具体可以包括以下三种缘由：

其一，是以介绍世界园林体系、展览不同地域花园，或者出于文化教育为初衷的邀建。牵线单位往往为美国的博物馆、植物园等文化机构，如纽约温港中心植物园寄兴园和亨廷顿图书馆流芳园，都是私人文化机构为了中国文化的进一步展示而建的园林典例。

其二，是私人受邀设计。受邀对象往往为国内知名设计师或者海外华人设计师。例如，1988年美籍华人刘熙先生受华盛顿地产商朱塞佩·塞奇先生邀请，在世界技术中心大厦组群衔接之处而设计的翠园和云园。以及1989年美国国家植物园邀请同济大学吴人韦教授设计的温室内的中国展园半园等。

其三，是国内企业以商业投资为目的进行的海外文化产业兴建。举例来说，20世纪90年代香港中旅集团在奥兰多投资建造的“锦绣中华”中国文化主题公园内的苏州苑，以及中粮集团投资的菲尼克斯中国文化中心中建造的和园，都是商业投资取向的典型开发案例。

（2）开发模式

由于受到各不相同的建设因素影响，各类开发模式的海外中国园林也因此表现出鲜明的差异特征。开发模式的分类，并非将海外中国园林做出非此即彼、简单整合的规约性划分，而是必须综合考虑其营建动机、功能用途、服务对象等因素，目前呈现出三种典型模式：文化展示模式、文化旅游模式、文化场所模式（表5-13）。

首先，文化展示模式类型的海外中国园林，在开发定位上主要侧重于园林的实物静态展示。因此这一类型的园林，通常出现在美国的园艺、园林展览上，或是成为博物馆、植物园等文化机构中的小型展园。它们如世界之窗，就是通过典型的中国园林建筑、园林植物以及匾额题刻等景观载体，寄予海外游客在移步换景的观赏中，领略到中国文化的别样魅力。这类园林的共同特点也是有迹可循的，如建造时间早、园林面积小、游线较为简单等。因此，其重点也放置在静态的观赏展示，而非动态的游览体验，但也会忽视文化活动的承办。

其次，文化旅游模式类型的海外中国园林，在开发定位上主要侧重于与旅游文化产业的深度结合，并最终形成以中国园林景观和中国文化内涵为核心，兼顾文化产业与旅游产业发展的一体化开发模式。作为国内热门旅游景点之一的中国古典园林，吸引了难以计数的中外游客。因此，在海外中国园林的仿建技术渐趋成熟后，越来越多的旅游项目涌现，这一方面是出于中国文化输出的内部需要，另一方面也是由于海外旅游项目拓展的向外尝试。总体来说，根植于中国文化的深厚土壤之中，海外中国园林的文化旅游结合了文学、绘画、诗歌、音乐、风俗等

表5-13　1978—2020年美国的海外中国园林的开发模式类型

园林开发模式	建设区位	园林名称	建成时间	具体造园动机
文化展示模式	博物馆内	大都会博物馆“明轩”	1980年	文化交流
	花卉展内	纽约花卉展“惜春园”	1989年	园林展示
	植物园内	美国国家植物园“半园”	1990年	友好交流
	植物园内	密苏里植物园“友宁园”	1996年	纪念友好城市
文化旅游模式	主题公园内	锦绣中华公园“苏州苑”	1993年	商业建造
	植物园内	斯坦顿岛植物园“寄兴园”	1998年	文化交流
	唐人街	波特兰唐人街“兰苏园”	2000年	纪念友好城市
	市区	西雅图“西华园”	2011年	纪念友好城市
	植物园内	洛杉矶亨廷顿综合体“流芳园”	2019年	文化交流
	植物园内	美国国家中国园	尚未建成	友好交流
文化场所模式	建筑庭院	技术世界大厦“翠园”“云园”	1989年	文化交流
	中国城内	中国文化中心“和园”	1997年	商业建造
	唐人街	波士顿唐人街“中国城公园”	2007年	城市更新
	唐人街	西雅图国际街区“庆喜公园”	2018年	城市更新
	城市公园内	圣保罗费伦公园“柳明园”	2018年	纪念友好城市

多种文化资源及丰富形式，以使海外游客在参观过程中形成较为系统的东方文化体验。这类园林的共同特点也是较为突出且鲜明的：建造用地占据规模宏大，仿真性强，游线连贯，能给游客提供良好的游览体验。在注重实体空间感受的同时，这些园林也注重中国文化氛围的营造，通过定期在园内举办各类文化活动的形式，以喜闻乐见的丰富实践及活动，宣传了中国文化。

最后，文化场所模式类型的海外中国园林，其开发定位是在美国城市空间中营建一片属于华人华侨的文化自由的公共空间。作为华人移民的高密度聚集地，在波士顿、西雅图等城市的唐人街，不仅代表着城市多元文化彼此碰撞的文化场域，也是华人华侨重要的精神象征及情感寄托，深深融入当地城市的文化景观之中。但这一切在过去，并未引起有关部门的合理重视，令人感到一丝遗憾。

近几十年，唐人街及其周围的空间，也呈现出应时演变的趋势，并且开始以社区的需求为发展的指引，校正前行之路的航向。一方面，在美华人通过不懈努力，不断提高在美国的社会地位及声誉风评；另一方面，随着后现代主义城市的蓬勃发展，集体意识的理念不断加强，文化场所、公共邻里社区、历史城市景观的精心营造，越来越被放置于突出强调的地位。换而言之，在当今的城市发展语境下，不再满足于纯粹的建造空间（space），还更注重场所（place）的建构。作为城市开放空间，这类海外中国园林的共同特点也较为鲜明：面积适中，选址靠近华人社区，园林的风格呈现紧密结合当地华人历史、华人团体的生活经验。这类海外中国园林，往往会成为唐人街社区以及城市中散落在所有区域的华人华侨共同分享的文化场所及灵魂栖息地。这一公共空间也为美国当地人民进一步了解中国文化提供了全新的途径。

由于各方因素的影响，海外中国园林的开发模式也因此受到很大限制，尽管发展历程不无坎坷，但也显示出中国文化在美国社会逐渐被接受、认可的良好态势。从20世纪80年代起，海外中国园林着重开发小型展园；到20世纪90年代时，文化旅游模式园林崭露头角；再到如今21世纪，文化场所的建设得到了空前的重视。海外中国园林不再仅存在于博物馆、植物园中，而是走向了更为广阔的社会舞台，在城市与社区中散落分布，因此也逐渐成长为多元文化社会的重要组成部分，散发着难以替代、隽永独特的文化魅力。

2. 资金筹集

无论海外中国园林采用何种开发模式，但整合影响建设的诸多因素，建设资金无疑都是最重要、最切实的因素之一。只有持续、稳定的资金来源，才能保障项目的顺利启动、推进和落地。

（1）投资性质

作为一个庞杂且纷繁的文化项目，海外中国园林的筹措过程，无疑需要多方主体的合作支持。因此，其建设资金来源往往不会是单一的主体，由中方或者美方独立投资的现象并不多见，而往往是以中美合资的形式居多。但在另一方面，根据不同项目的性质与具体运营情况，双方的投资金额又会存在显著差异，不能一概而论。因此，本文将详细根据海外中国园林建设时中方和美方的投资比例，将投资的性质具体分为三类：中方投资、美方投资和中美合资（表5-14）。

纵观海外中国园林在美国的不同发展阶段，中美投资的比例也不尽相同。20世纪80年代，在项目的起步发展阶段，中国园林的输出以展示为主要目的，园林的整体发展还处于比较被动的状态，往往也以美方邀建、美方投资为主要形式。在稳步进入繁荣发展阶段后，中国园林的输出变得更加主动且频繁，园林规模进一步扩大且更为完整，因此在这一时期中，园林的建设多为中方投资。进入21世纪后，海外中国园林进入稳定发展阶段，由于中国海外造园的动机、开发模式变得愈发复杂，园林的资金来源也变得更具多样性，中美双方更倾向于通过加强合作、共同协商的形式来解决资金筹措的问题。

（2）投资方式

即便海外中国园林的投资性质各有不同，但按照出资主体的不同，其具体的投资方式可分为四种：政府出资、企业出资、个人出资以及社会募捐（表5-15）。

除了少数中国或美国企业自行开发建设的海外中国园林仍旧采取

表5-14　1978—2020年美国的海外中国园林的投资性质

投资性质	园林名称	投资年代	园林开发模式	具体造园动机
美方投资	纽约花卉展“惜春园”	1978—1989年	文化展示模式	园林展示
	美国国家植物园“半园”	1978—1989年	文化展示模式	中外文化交流
	世界技术中心大厦“翠园”“云园”	1978—1989年	文化场所模式	中外文化交流
	波士顿唐人街“中国城公园”	2001年以后	文化场所模式	城市更新
	西雅图国际街区“庆喜公园”	2001年以后	文化场所模式	城市更新
中方投资	中国文化中心“和园”	1990—2000年	文化场所模式	商业建造
	锦绣中华公园“苏州苑”	1990—2000年	文化旅游模式	商业建造
	密苏里植物园“友宁园”	1990—2000年	文化旅游模式	纪念友好城市
	波特兰唐人街“兰苏园”	1990—2000年	文化旅游模式	纪念友好城市
	美国国家中国园	2001年以后	文化旅游模式	中外文化交流
中美合资	大都会博物馆“明轩”	1978—1989年	文化展示模式	中外文化交流
	斯坦顿岛植物园“寄兴园”	1990—2000年	文化旅游模式	中外文化交流
	洛杉矶亨廷顿综合体“流芳园”	2001年以后	文化旅游模式	中外文化交流
	西雅图“西华园”	1990—2001年后	文化旅游模式	纪念友好城市
	圣保罗费伦公园“柳明园”	2001年以后	文化场所模式	纪念友好城市

企业主导、自下而上的投资方式，绝大多数的海外中国园林，还是采取中美政府出资为主、自上而下的投资方式。企业出资、个人出资以及社会募捐，通常作为项目经费不足时的及时补充，往往起到雪中送炭的效果。同时，依靠美国各基金会出力的社会募捐形式，在园林建设过程中也发挥了至关重要的作用。

另一方面，某一项目的主要投资方式并不是一成不变的，常常因为项目的具体变化，而做出动态性、适应性调整。例如，西雅图的西华园，早期属于由重庆政府和西雅图政府的合作项目，但因为中美两国客观的政治、经济原因，建设资金难以筹集，而被迫陷入停滞窘境。甚至，在20世纪90年代，由政府间合作项目变成了民间项目，实现了性质的转变。直到2006年，胡锦涛主席对美国进行国事访问，为纪念胡主席访问西雅图，重庆政府捐赠了“知春院”景区，项目才再次得到重启。2008年，即便遭到全球金融危机卷席，西华园依然能够依靠中美各知名企业、财团以及当地居民的捐赠，募集到高达500万美元的建设资金，顺利解决了财政难题。从中我们不难看到，历经二十余年，西华园的成功建造，离不开中美社会各界的通力合作与共建努力；放置于海外中国园林的发展史视野下来看，其成功建设也离不开中美两方自上而下的共同协作。

表5-15　1978—2020年美国的海外中国园林的投资方式

投资性质	投资方式	园林名称	具体资金来源
美方投资	政府出资	纽约花卉展“惜春园”	美国政府出资
	社会募捐	美国国家植物园“半园”	美国中美文化交流基金会出资
	企业出资	世界技术中心大厦“翠园”“云园”	世界技术中心大厦开发商朱塞佩·塞奇出资
	政府出资	波士顿唐人街“中国城公园”	波士顿政府投资的城市改造工程罗斯·肯尼迪绿道的一部分
	政府出资	西雅图国际街区“庆喜公园”	西雅图市政府出资300万美元
中方投资	企业出资、社会募捐	中国文化中心“和园”	中国粮油出口公司出资；当地华人社区募捐
	企业出资	锦绣中华公园“苏州苑”	香港中国旅行社集团投资1亿美元
	政府出资	密苏里植物园“友宁园”	南京市人民政府捐赠
	政府出资	波特兰唐人街“兰苏园”	苏州市人民政府捐赠
	政府出资、社会募捐	美国国家中国园	中国政府出资为主；美国国家中国园基金会民间筹资2500万美元
中美合资	政府出资、个人出资	大都会博物馆“明轩”	大都会博物馆董事会阿斯特夫人出资；中国政府出资
	政府出资、企业出资、社会募捐	斯坦顿岛植物园“寄兴园”	美国政府、中国政府、当地华人募捐各承担1/3，共计400万美元
	企业出资、个人出资、社会募捐	洛杉矶亨廷顿综合体“流芳园”	美国企业家彼得·潘纳克捐赠启动资金；美国华裔和中资企业捐赠后续建设资金
	政府出资、企业出资、社会募捐	西雅图“西华园”	重庆市人民政府和西雅图政府出资；中国知名企业和美国著名财团出资；华人社区和美国社区募捐
	政府出资、社会募捐	圣保罗费伦公园“柳明园”	政府拨款；华人社区、美国社区和苗族社区捐款

3. 营建主体

在海外中国园林的营建中，除了举足轻重的开发者、投资者，众多的参与者也同样不容忽视。参与者往往扮演着不同的角色，但是彼此之间又有着密切的联系，合力推动园林项目的顺利实施，促进最终落成。

（1）公共部门

公共部门，一般指的是政府机构，以及调节性的非营利机构。公共部门通过采用规划体系及其他控制方法，提供基础设施与配套服务，以求规范公园的开发和使用。四十多年间，在海外中国园林的建设历程中，无论是早期像明轩这类被赋予重大政治意义的建设项目，还是20世纪90年代开始兴起的友好城市园林，抑或是近年类似于波士顿中国城公园、西雅图庆喜公园这样的城市开放空间，其建设过程中不乏美国各州、市政府的公共部门以及各类基金会的参与及协助。

在海外中国园林的建设过程中，美国地方政府一般承担着审批项目的工作任务，负责建立相关园林机构以及建成后的成果验收，有时也需要利用职权解决矛盾冲突。美国虽然不设文化部，但是通过各类基金会形成一个庞大完备的体系，在文化领域发挥着重要作用。其主要特点是数量多、规模大、资金雄厚。截至2009年，根据美国基金会中心统计显示，美国共有各种基金会76545家，总资产达到5901.9亿美元，其中总捐助支出达457.8亿美元，总捐赠收入为408.6亿美元。不难看到，绝大多数海外中国园林建设，大致都得到了美国当地大型基金会的资金援助，如援助明轩的阿斯特基金会（The Astor Foundation）、援助庆喜公园的西雅图公园基金会（Seattle Parks Foundation），以及援助兰苏园的美国国家自然科学基金会（National Science Foundation）等。简而言之，通过建立规范的政策、完备的体系，美国政府和各基金会共同为海外中国园林的投资建设，提供了良好的发展环境，为项目的顺利实施保驾护航。

（2）社区

社区是一个包含多重主体的公共空间，包括了使用海外中国园林的庞大居民群体，他们也是城市空间营建的真正主体所在。因此，对于社区居民的争取，对于公众需求的回应，也是政府和开发者最应致力提升的方面。

值得一提的是，社区和公众，不再满足于扮演园林的使用者和诉求者，如今，他们在海外中国园林的建造和运营中，还扮演着更为积极、更具挑战性的角色。自从20世纪80年代开始，公众参与到了城市规划的模式运转之中，且这一模式在美国已经渐趋成熟。近年来，海外中国园林建设采用了类似的开发模式——即由设计师、景观师等专业人士牵头，联合各类公众集中进行讨论，集思广益、提出构想并制订发展策略，并参与讨论方案的可行性。从设计方案的初步提出到最终确定，西雅图的庆喜公园共耗费长达7年之久的酝酿，期间共举办了3轮社区听证会，确保当地的华人以及其他种族居民，能够尽可能积极地参与，并提出诉求。事实证明，方案最终也确实取得了令众人满意的设计效果（图5-83）。

公众不仅能够参与项目的前期开发过程，也有权利对于运营中不合理的项目，提出拒绝或接受意见。2017年，菲尼克斯市中国文化中心就因原因不明的商业因素，面临拆除的困境。对此，当地华人社区迅速成立了“挽救中国文化中心组委会”，并积极采取措施，发起了资金募捐、选举新业主、游行示威、寻求法律援助以及寻求政府帮助等相关各类措施，用以保护菲尼克斯市唯一的中国园林（图5-84）。这场由华人引发的保护中国文化中心的运动，在社会各界范围内引起了广泛关注。由此可见，社区的整合力量也成了贯穿海外中国园林运营管理中不可或缺的角色。

图5-83
社区居民参与方案意见听证会
图片来源：https://www.turenscape.com/news/detail/1547.html

图5-84
华人示威要求保留菲尼克斯市中国文化中心
图片来源：https://www.phoenixchinese culturalcenter.com/press-release/2018/8/13/where-will-the-chinese-cultural-center-in-phoenix-go

（3）设计者

设计者在开发过程中充当了“协调者”的角色。从项目提出到施工建设，设计者都能够从专业角度不断与开发者、公共部门以及社区方面展开有效的沟通协调，确保项目的成果能够满足各级的需求。根据设计单位的不同，海外中国园林的设计者可分为三类，即园林设计院、大学院校、个人设计师（表5-16）。

纵观1978—2020年，美国的海外中国园林的设计方案主要由中国的园林设计院承接，除此之外，也包括各地设计院以及少数美国设计事务所的参与及合作，而个人设计师和大学院校则参与较少。

在各地园林设计院中，苏州园林设计院承办数量居于榜首，共计5座，这与20世纪80年代中国园林正处于文化输出的起步阶段，以及明轩所带来的文化影响有着直接的关系。这一时期也兴起了两大园林公司——中外园林建设总公司和苏州园林设计院有限公司，并成为中国园林出口海外施工的中流砥柱，发挥着不可替代的重要作用。中外园林建设总公司承接了欧洲、亚洲各国的项目，而苏州园林设计院有限公司则得益于苏州园林在美国的广泛认可和赞誉，因此在四十多年间，陆续承接了来自美国的多个项目。

表5-16　四十多年来美国的海外中国园林的主要设计单位

设计单位类型	园林名称	设计年代	主要设计单位
园林设计院	大都会博物馆“明轩”	1978—1989年	苏州园林设计院
	斯坦顿岛植物园“寄兴园”	1990—2000年	苏州园林设计院
	纽约花卉展“惜春园”	1978—1989年	中外园林建设总公司
	西雅图“西华园”	1990—2001年后	1988年重庆市园林建筑规划设计院、2010年重庆市园林局
	锦绣中华公园“苏州苑”	1990—2000年	苏州园林设计院
	密苏里植物园“友宁园”	1990—2000年	南京市园林局、南京市园林规划设计院
	波特兰唐人街“兰苏园”	1990—2000年	苏州园林设计院
	洛杉矶亨廷顿综合体“流芳园”	2001年以后	苏州园林设计院
	美国国家中国园	2001年以后	扬州园林设计局
	圣保罗费伦公园“柳明园”	2001年以后	湖南建科园林有限公司
	波士顿唐人街“中国城公园”	2001年以后	北京土人景观与建筑规划设计研究院、美国CRJA事务所
	西雅图国际街区“庆喜公园”	2001年以后	北京土人景观与建筑规划设计研究院、美国SvR设计公司
个人设计师	世界技术中心大厦“翠园”“云园”	1978—1989年	华人设计师刘熙
	中国文化中心“和园”	1990—2000年	中国设计师叶菊华
大学院校	美国国家植物园“半园”	1978—1989年	同济大学

20世纪90年代开始，随着友好城市园林在全球范围内的广泛兴起，各地方性设计院也开始陆续承接中国园林的出口项目。进入21世纪后，国外主办方也与中国当代设计师和设计院加强了国际合作项目。例如，北京土人景观与建筑规划设计研究院就与美国合作设计了两座现代转译园林，这无疑展示了当代中国的国际化景观设计艺术的无穷魅力。

（4）华人华侨

自远古始，华人的步履就远涉重洋，漫步海外。时至今日，在世界五大洲140多个国家和地区，处处都有华夏子民的踪迹。华人华侨，同为炎黄子孙，通过自身的迁移潮将华夏文明的种子播撒到全球的各个角落，生根发芽。并在与附近居民和睦相处、勤俭创业的双向交流过程中，开创了海外华侨独具特色的侨居文化先河。华人华侨在继续传承并弘扬中华文化的优良传统的同时，还广采博收，汲取了旅居地区的文化精华，从而扮演了中华文化与世界文化碰撞、交流、融合过程中举足轻重的桥梁作用。

华人移民美国的风潮，始于鸦片战争（1840—1842年）末期，并且在1849年加利福尼亚州的“淘金热”盛行时迎来高潮。从1849年的“黄金潮”肇始，至1882年的三十多年间，美国国会曾通过《排华法》，严厉禁止华工入美的行为，但期间仍有37万名华工流入美国。改革开放后，很长一段时间里兴起的“美国留学热”，使得华人移民再次出现了新浪潮。由此可见，在这一百多年的历史沉浮中，美国的华人华侨曾经历风霜雨雪，但也迎来明日可期。旅美华人曾被当地政府视为“弃民”，也受到过“大熔炉”政策的排斥和冲击，但是悲惨遭遇的无情拷问从未磨灭他们骨子中华夏儿女的坚韧与不懈。因此，中华文化不但没有被美国的多族裔文化所同化、淹没，更值得欣慰的是，中华“文化之根”深扎在北美的广袤土地中，代代相传，世世承袭，绽放出了更夺目的花朵。

自1978年改革开放以来，海外移民的数量也逐步攀升，计数约为600万人。华人华侨的人数从1980年的3000万人，激增至2018年的5000万人，足可见在世界范围内增幅之剧烈。

从地区分布来看，美洲是华人华侨增长最快、最迅猛的地区。其中，北美华人华侨人数约占全球华人华侨总人数的15%，美国华人华侨近400万人，且有65% ~70%的华人华侨出生在美国。不难发现，美国的华人结构正在日新月异中悄然发生重大变化，而对于中国文化的寻根感、认同感、归属感，正是他们所需要的一份感情寄托。炎黄情、华夏志、民族魂、文化根，以不同的形式与内容渗透在文化媒介之中，而具有典型中国文化特征的中国园林，正是华人华侨安置羁旅之情、遥寄华夏之思的理想空间。华侨华人这一主体，无疑在当代的中美文化交流中发挥着血脉相连、血浓于水的中西桥梁及文化纽带的作用，甚至也是海外中国造园活动的重要出资者、推动者、参与者（表5-17）。

作为一支队伍壮大、不断崛起的东方力量，华人在美国社会的方方面面中，发挥着愈加积极、难以忽视的作用。甚至，有一小部分华人在美国的大型企业或者行政部门担任要职，拥有一定社会地位，他们在中国海外造园的整个过程中付出了大量心血与精力，或在园林陷入困难时刻，不吝帮扶、无私奉献，极大发挥了个人能力及价值，在海外中国园林的发展道路上发挥了重要作用。

1977年，时任大都会博物馆亚洲部主任的美籍华人方闻教授，鼎力支持了明轩的实践项目，为中国园林、中国艺术走向世界，做出了不可磨灭的贡献。中美建交后，中美友好城市园林逐渐兴盛，位于南西雅图社区学院的西华园，就是西雅图与重庆市友好城市关系的明证。自1988年开始，历数十几年建造过程的曲折与坎坷，园林的建设过程得到了当地华人华侨的无私帮助，他们多次参与现场工程调研，在经济危机时慷慨解囊，共同推动了项目的顺利进行。

我们可以看到，华人华侨扮演着重要的出资者角色，为海外中国园林的建设资金及筹集工作做出了卓越的贡献。举例来说，著名的美籍华人建筑师贝聿铭先生，就曾资助纽约“寄兴园”的建设，并多次到施工现场指导工匠（图5-85）。出于建设承载文化认同感的空间的客观需求，以及出于对祖国文化真挚的热爱，华人华侨往往通过私人捐款、发起社区募捐活动或成立当地花园协会等形式，筹集亟需的启动及建造资金，推动中国园林的落地生根、茁壮生长。

甚而少数华人作为海外中国园林的总设计师，能够发挥己长，贡献智慧，追求卓越。他们对中国文化艺术的研究与挚诚，呈现在海外园林平面布局的气象万千中，贯穿在掇山理水间，渗透在建筑的精雕细琢

表5-17　华人华侨在海外中国造园（美国）中扮演的角色

华人华侨的角色	园林名称	华人华侨身份
推动者	大都会博物馆“明轩”	大都会艺术博物馆特别顾问、亚洲部主任方闻
	美国西雅图“西华园”	西雅图华人华侨居民
	波士顿唐人街“中国城公园”	波士顿唐人街华人居民
	美国国家中国园	美国联邦农业部前副部长任筑山/美国华人华侨居民
	西雅图国际街区“庆喜公园”	西雅图国际街区华人居民
出资者	斯坦顿岛植物园“寄兴园”	世界建筑大师贝聿铭/斯坦顿岛华人协会
	美国西雅图“西华园”	西雅图华裔社区居民
	中国文化中心“和园”	凤凰城华人社区居民
	洛杉矶亨廷顿综合体“流芳园”	加州华人社区居民
	圣保罗费伦公园“柳明园”	圣保罗美国苗族社区居民
设计者	世界技术中心大厦“翠园”“云园”	“爱派”（AEPA）建筑设计工程公司总裁、全美亚裔共和党联盟全国主席刘熙
	洛杉矶亨廷顿综合体“流芳园”	陈从周的弟子、美籍中国园林建筑家陈劲

间。举例来说，刘熙先生设计的世界技术中心大厦的云园和翠园，采用的叠石假山技术，就体现了扬州园林的婉约雅致风格；而陈劲先生设计的流芳园，则承袭了其研究多年的苏州园林风格，素有“海外拙政园”的美誉。

（5）外国友人

文化差异和资金不足，历来是困扰中国海外造园的主要难题。因此，处在文化差异背景下的外国友人，其观点与心理的重要性也不言而喻。在美国，为中国园林文化流连忘返的外国友人数量可观，他们或慷慨解囊，或奔波宣传，或心血凝结，虽承担内容不同，但在海外造园中都扮演着不可或缺的角色（表5-18）。

图5-85
贝聿铭先生（前排右三）与纽约“寄兴园”的工匠合影
图片来源：https://www.sohu.com/a/203346954_661520

表5-18 外国友人在海外中国造园（美国）中扮演的角色

外国友人的角色	园林名称	外国友人身份
出资者	大都会博物馆“明轩”	大都会艺术博物馆董事、远东艺术部顾问委员会主席阿斯特夫人
	斯坦顿岛植物园“寄兴园”	纽约知名房地产商唐纳德·特朗普
	美国西雅图“西华园”	西雅图中国花园协会
	世界技术中心大厦“翠园”“云园”	世界技术中心大厦开发商朱塞佩·塞奇
	洛杉矶亨廷顿综合体“流芳园”	洛杉矶慈善家、亨廷顿图书馆董事潘纳克先生
	圣保罗费伦公园“柳明园”	圣保罗市美国居民
推动者	大都会博物馆“明轩”	大都会艺术博物馆董事、远东艺术部顾问委员会主席阿斯特夫人
	美国西雅图西华园	西雅图中国花园协会
	美国国家中国园	美国国家中国园基金会董事、西部房产投资公司执行总裁约翰·戈伯（John Gerber）
设计者	波士顿唐人街“中国城公园”	美国CRJA景观规划设计事务所
	西雅图国际街区“庆喜公园”	美国SvR设计公司

在20世纪70年代与80年代的美国，社会各界对中国园林的认知范围还极为局限，受众群体极为狭窄。美国的“慈善女王”布鲁克·阿斯特夫人（Brooke Astor）在童年时曾有一段在中国的生活经历，这使她非常欣赏“建造一座中国庭院”的想法，并出资支持了园林建造。她曾多次随方闻教授来华考察，且多次前往施工现场展开考察，在明轩的建设过程中扮演着出资者、推动者和联系人的多重角色。

20世纪90年代，“中国造园热”在美国逐渐兴盛，各大植物园、企业等不同主体相继筹划了一系列园林项目，包括寄兴园、西华园、兰苏园等为人们熟知的园林大批涌现。虽然这些园林均经历了长久的前期酝酿，却苦于没有足够的启动资金，遏制了进一步发展的美好蓝图。值此窘境，一些美国当地大企业家、慈善家的慷慨解囊，给予资助，无疑具有雪中送炭之意。出于对中国园林文化的强烈兴趣，海外造园才得以按照预期推进。

回望1985年到1997年，风雨兼程的13年建设，由于美方对中国园林缺乏必要了解，纽约斯坦顿岛植物园方面对于寄兴园的筹款活动一度陷入困厄。彼时还是地产巨头的特朗普对此项目产生了强烈兴趣，并在看到完整的园林设计方案后，决定给予资助支持。如此一来，寄兴园终于在1997年从图纸走向现实，破土动工。在1998年感恩节，正值竣工前夕，特朗普邀请了所有参建寄兴园的工匠共同参观位于纽约市第五大道的特朗普大厦，并在临别时相赠礼物、彼此留念[①]。

四十多年来，无论是来自外国友人自发造园的推动，还是其他形式的默默支持、高高托起，都值得点赞。毋庸置疑，海外中国园林不断向前发展的背后，离不开无数美国园林研究及爱好者的默默奉献、无私付出，正是他们的热爱与付出，给海外中国园林的明天指引了一条坦途。

四、运行机制

1. 管理体系

鉴于不同开发者对于园林的定位差异，各海外中国园林也因此形成了差别较大的园林管理体系，并且成立了不同的管理机构。这些园林的运营管理体系与国内不无类似之处，基本按照自上而下的管理体系分布——上级机构负责整体的规划、修建与运营方案的顶层制定工作，而基层机构则相对应地落实并负责园林的日常运行工作。

根据管理机构性质的差异，美国的海外中国园林的管理机构类型大致可以分为以下三类：所在地的文化机构、建设公司、由特定非营利机构以及美国城市政府部门共同参与管理的类型（表5-19）。

① 中外园林建设总公司谢永平自述：https://www.sohu.com/a/139832771_661520

第一类是由博物馆、植物园等文化机构自行开发建设的海外中国园林。这一类型园林主要由文化机构自行管理。美国作为全球博物馆业最发达的国家，其管理体制与我国依赖国家行政机构的形式迥然不同。美国各博物馆主要采用“董事会领导下的馆长负责制”。因此，董事会作为最高权力机构，主要负责总体统筹建设布局，以及抓大放小的重大事宜决策，包括制订博物馆的发展计划、进行人事任命等。因此，这类园林主要由董事会制订其长远的发展建设计划，并成立相关部门，负责日常的清洁卫生、绿化养护与活动举办事宜。举例来说，明轩所属的亚洲艺术部、友宁园所属的植物园北区管理部门，以及流芳园所属的亨廷顿图书馆八大管理部门之一的植物园等，都可以视作由文化机构自行管理的园林类型。

第二类是由中国大型公司集团投资的海外文旅项目中的园林建设项目。目前来说，美国仅建成过锦绣中华公园“苏州苑”、菲尼克斯中国文化中心“和园”等两座，但皆已拆除。这两座园林由总公司成立的海外分公司作为基层管理机构，主要负责员工招募、收入开支、日常管理与活动举办等事宜。作为营利机构，这类园林性质独特，且管理层的人员以中国人居多，而非美国当地人。

表5-19　1978—2020年美国的海外中国园林的管理机构类型

管理机构类型	园林名称	建设区位	基层管理机构 / 部门	上级管理机构 / 部门
所在文化机构	大都会博物馆“明轩”	博物馆	大都会艺术博物馆亚洲艺术部	大都会艺术博物馆董事会
	密苏里植物园“友宁园”	植物园	密苏里植物园北区管理部	密苏里植物园董事会
	洛杉矶亨廷顿图书馆“流芳园”	植物园	亨廷顿植物园	亨廷顿图书馆董事会
	斯坦顿岛植物园“寄兴园”	植物园	斯纳格港文化中心和植物园	美国史密森学会（Smithsonian Institution）
建设公司	锦绣中华公园“苏州苑”	主题公园	佛罗里达锦绣中华管理分公司	香港中国旅行社集团
	菲尼克斯中国文化中心“和园”	中国城	中国文化中心管理委员会	中国粮油出口公司
特定的非营利机构与城市政府部门	波士顿唐人街“中国城公园”	市区	罗斯·肯尼迪绿道公园保护协会	马萨诸塞州交通部
	波特兰唐人街“兰苏园”	唐人街	波特兰古典中国花园协会	波特兰市公园与游憩部
	西雅图“西华园”	市区	西华园协会	西雅图市公园与游憩部
	西雅图国际街区“庆喜公园”	唐人街	不详	西雅图市公园与游憩部
	圣保罗费伦公园“柳明园”	城市公园	明尼苏达中国友好花园协会	圣保罗市公园与游憩部

第三类海外中国园林，采用的是美国公园管理的通用模式，即由政府相关部门统一管理、调控，成立基层非营利机构，负责日常的运营管理。简明来说，美国公园管理常用的方式，是施行公园管理的私有化，即依靠民众、商业机构和非营利性机构的共同治理，有效参与，共同推进城市公园的建设管理。与美国的国家公园类似，美国城市公园的建设管理，也受到了土地私有制因素的极大制约。因此，作为罗斯·肯尼迪绿道规划设计的一部分，波士顿唐人街中国城公园（Boston Chinatown Park）由2004年成立的独立非营利机构罗斯·肯尼迪绿道公园保护协会（Rose Fitzgerald Kennedy Greenway Conservancy），专门负责公园的运营与资金筹集事宜。同时，这一机构也处于马萨诸塞州交通部的统筹管理之下[①]。

在美国，达到一定规模的城市通常都会设置城市公园和游憩部门，用以促进城市公园的良好日常运维，以及发挥游憩等功能。作为中美城市政府间的文化交流项目，兰苏园、西华园、柳明园在城市土地建设上占用的土地，往往由当地市政府出面代表、出资购买，并由市政府下的公园与游憩部，负责总体的前期规划建设，以及后期管理事宜。如波特兰市公园与游憩部（Portland Parks and Recreation Department）、西雅图市公园与游憩部、圣保罗市公园与游憩部，都可以视为这一类型的典型案例。与此同时，在园林建造后，这些城市都不约而同地成立了专门的非营利机构专门负责运营等相关事宜，如波特兰古典中国花园协会、西雅图西华园协会（The Seattle Chinese Garden Society）和明尼苏达中国友好花园协会（The Minnesota China Friendship Garden Society）。这三所机构，分别构成了园林的三层基层管理机构，并成立了相关的董事会以及各管理部门，负责招募员工等人事活动，并进行养护绿化、卫生清洁、收入支出管理和资金维护及募集等相关活动。

于2018年“改头换面”的庆喜公园，作为西雅图市政府出面募集的土地建设项目，庆喜公园创造了独特的城市公共开放空间。这一空间主要用以服务于中国城国际街区及周围辐射的社区及居民，而日常管理的范围仅限于绿化养护和清洁卫生，但是公园内大型活动的开展，则会公示在政府公园与游憩部的官网上（图5-86）。

2. 经营模式

（1）经营类型

1978—2020年间，在美国建成的海外中国园林，按照经营类型主要可以分为两类：免费开放园林以及收费开放园林（表5-20）。

① 资料来源：https://en.wikipedia.org/wiki/Rose_Fitzgerald_Kennedy_Greenway

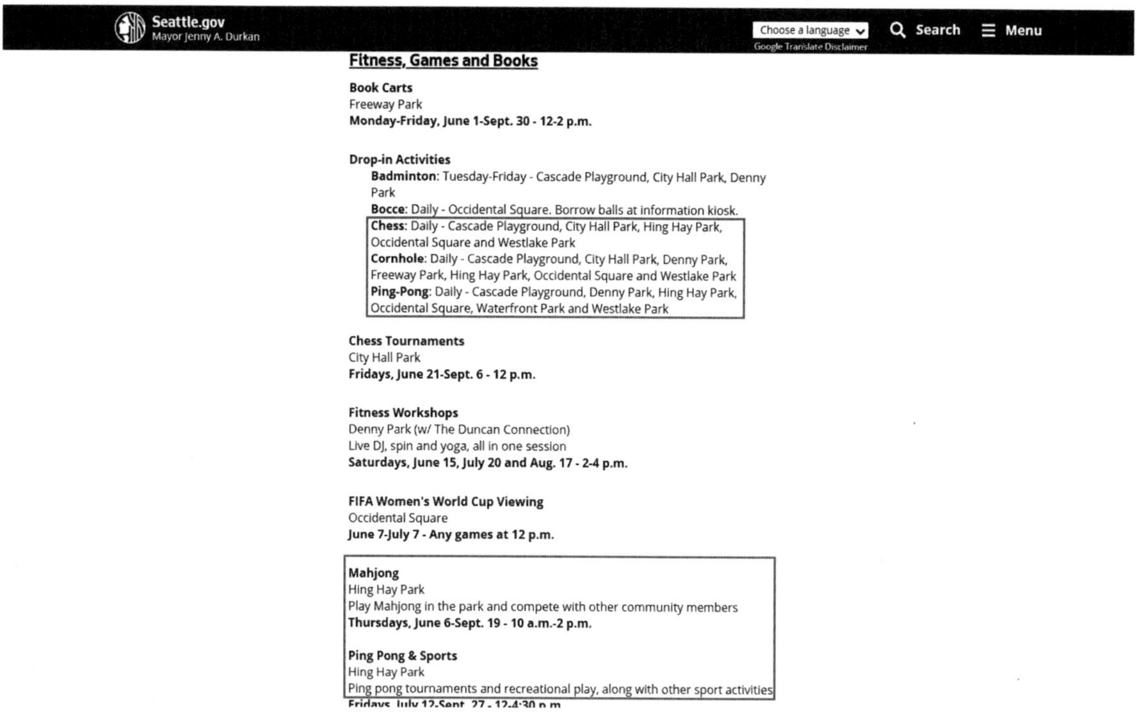

Seattle.gov
Mayor Jenny A. Durkan
Choose a language
Google Translate Disclaimer
Search
Menu

Fitness, Games and Books

Book Carts
Freeway Park
Monday-Friday, June 1-Sept. 30 - 12-2 p.m.

Drop-in Activities
Badminton: Tuesday-Friday - Cascade Playground, City Hall Park, Denny Park
Bocce: Daily - Occidental Square. Borrow balls at information kiosk.
Chess: Daily - Cascade Playground, City Hall Park, Hing Hay Park, Occidental Square and Westlake Park
Cornhole: Daily - Cascade Playground, City Hall Park, Denny Park, Freeway Park, Hing Hay Park, Occidental Square and Westlake Park
Ping-Pong: Daily - Cascade Playground, Denny Park, Hing Hay Park, Occidental Square, Waterfront Park and Westlake Park

Chess Tournaments
City Hall Park
Fridays, June 21-Sept. 6 - 12 p.m.

Fitness Workshops
Denny Park (w/ The Duncan Connection)
Live DJ, spin and yoga, all in one session
Saturdays, June 15, July 20 and Aug. 17 - 2-4 p.m.

FIFA Women's World Cup Viewing
Occidental Square
June 7-July 7 - Any games at 12 p.m.

Mahjong
Hing Hay Park
Play Mahjong in the park and compete with other community members
Thursdays, June 6-Sept. 19 - 10 a.m.-2 p.m.

Ping Pong & Sports
Hing Hay Park
Ping pong tournaments and recreational play, along with other sport activities
Fridays, July 12-Sept. 27 - 12-4:30 p.m.

图5-86
西雅图政府官网上公园与游憩部发布的庆喜公园活动开展安排表
图片来源：https://www.seattle.gov/parks/find/downtown-parks

表5-20　1978—2020年美国的海外中国园林的经营类型

经营类型	园林名称	园林开发模式	建设区位
免费开放园林	纽约花卉展“惜春园”	文化展示模式	花卉展内
	美国国家植物园“半园”	文化展示模式	植物园内
	西雅图“西华园”	文化旅游模式	植物园内
	世界技术中心大厦“翠园”“云园”	文化场所模式	写字楼内
	中国文化中心“和园”	文化场所模式	中国城内
	波士顿唐人街“中国城公园”	文化场所模式	唐人街
	西雅图国际街区“庆喜公园”	文化场所模式	唐人街
	圣保罗费伦公园“柳明园”	文化场所模式	城市公园内
收费开放园林	大都会博物馆“明轩”	文化展示模式	博物馆内
	斯坦顿岛植物园“寄兴园”	文化旅游模式	植物园内
	密苏里植物园“友宁园”	文化展示模式	植物园内
	锦绣中华公园“苏州苑”	文化旅游模式	城市公园内
	波特兰唐人街“兰苏园”	文化旅游模式	唐人街
	洛杉矶亨廷顿综合体“流芳园”	文化旅游模式	植物园内

免费开放的海外中国园林，主要是文化展示模式和文化场所模式类型。这些园林背后所属的机构和出资方不尽相同。有的园林隶属于当地政府或企业，并负责日常管理与财政拨款，如世界技术中心大厦的翠园和云园、菲尼克斯中国文化中心的和园、西雅图国际街区的庆喜公园等；有的园林属于非营利机构，主要通过收取门票、举办活动、社会募捐的形式筹集资金，用以维护园林的日常运转，如西雅图西华园、波士顿中国城公园和圣保罗市柳明园等。因此这类非营利性质的免费开放园林在一般情况下，并不会面临严峻的生存问题。

相比免费开放园林，收费开放的海外中国园林则以营利为主要目的。因此，园林的人气与游客的数量，对于营利性质的海外中国园林，存在着直接的收益影响。甚而言之，收益的多少还会直接影响园林后续的运营管理与发展。因此对于这类园林来说，园林的选址是否合宜，经营方式、消费模式等是否合理，都是需要慎重考虑、切实考量的。

由于园林自身性质的天壤之别，也会导致针对理想消费游客的客观对象差异。在经济学上，可以按照消费对象种类的单一或杂多，将消费类型分为单一消费和组合消费。单一消费，顾名思义就是指消费的对象是单一的，只涉及某一类或某一种消费品；而组合消费，则是指消费对象由两个及以上的种类组成，多种不同的消费客体共同作为一个整体参与到某一次消费过程中。因此，也可以根据收费开放的具体情况，以及消费对象种类的多寡，将海外中国园林的消费类型分为以下两类：组合消费园林和单一消费园林。

我们可以根据游客的消费对象的多寡情况，判断其是单一经济模式的园林，还是涵括多重经济模式的园林。据此，收费开放的海外中国园林涵盖单一消费和组合消费两种消费类型。参照上文对于经济学消费种类的界定及划分，我们可以得知：单一消费园林模式，是指游客以园林本身作为参观消费的对象；组合消费园林模式，则是指游客的消费对象不仅是单一纯粹的园林，而是园林所在的整个有机的文化服务机构，比如园林所属的博物馆、植物园等空间场所（表5-21）。

表5-21　1978—2020年收费开放的美国海外中国园林的消费类型

经营类型	消费类型	园林名称
收费开放园林	组合消费	大都会博物馆“明轩”
		斯坦顿岛植物园“寄兴园”
		密苏里植物园“友宁园”
		锦绣中华公园“苏州苑”
		洛杉矶亨廷顿综合体“流芳园”
	单一消费	波特兰唐人街“兰苏园”

（2）收入类型

持续、稳定的资金收入，对于收费开放的海外中国园林来说至关重要。稳定的收入来源能够维持园林常态化、可持续的良好运营，我们根据收入来源的不同，将园林收入类型分为以下两类：门票收入和服务收入（表5-22）。

然而值得引起我们关注的是，大多数单纯依靠门票收入，或以其为单一主要资金筹措渠道的海外中国园林，运营情况往往差强人意，资金短缺问题时有发生。2016年据美国《侨报》报道，纽约斯坦顿岛寄兴园，因长期以来资金用尽，无力支付修缮费用，只能面临破败的局面，因此相关部门正在积极寻求华人、华侨的救援。

寄兴园的情况并非个例，相反，这正是部分海外中国园林惨淡经营境况的高度缩影。无论是园林所隶属的政府管理部门和机构，或者是所属的博物馆、植物园等文化机构，一旦面临财政赤字、资金短缺等经济问题，都无法保障园林的日常维护。

举例来说，纽约“寄兴园”所在的斯坦顿岛植物园的门票大约是4～5美元，而年客流量大约7000人[①]，门票之外没有其他稳定服务收入。2016年，《纽约时报》也报道了美国的许多文化机构都不约而同地面临着结构性的赤字问题，甚而言之，即使是像大都会博物馆这样客流量庞大、收入可观、坐拥大笔捐赠的知名机构，其运营成本也远高于实际收益，入不敷出时有发生。在2016年，大都会博物馆也面临着高达千万美元的亏损，以及展览数量的骤减。由此可见，在致力于寻求社会各界的援助之外，文化机构自身的运营转型也迫在眉睫。

但从另一方面来说，即使是设施齐全的海外中国园林，若缺乏有效吸引外国游客的举措，人气及知名度匮乏，往往也难以维系后续的良好运营。

锦绣中华公园从璀璨登场到匆匆谢幕的嬗变，就能作为客流量对于园林必要性的极好注脚。作为20世纪90年代中国境外规模最大的文化旅游项目，在1993年开幕时，锦绣中华公园就堪称万众瞩目。遵

① 数据来源：纽约寄兴园采访节目https://www.bilibili.com/video/av57789711/

表5-22 1978—2020年收费开放的美国海外中国园林的收入类型

经营类型	收入类型	园林名称
收费开放园林	门票收入	大都会博物馆“明轩”
		斯坦顿岛植物园“寄兴园”
		密苏里植物园“友宁园”
	门票收入和服务性收入	锦绣中华公园“苏州苑”
		洛杉矶亨廷顿综合体“流芳园”
		波特兰唐人街“兰苏园”

① 数据来源：https://www.boxofficetickets.com/go/event?id=288673.

② 数据来源：兰苏园工作人员Lisa.

循原计划，锦绣中华公园初步拟定依靠迪士尼乐园的人气，带动自身发展，但是以"静态微缩景观"为主的"中国式公园"，显然并不符合美国人"喜欢热闹、游乐和购物"的旅游口味。与此同时，由于周围各大主题公园遍布，锦绣中华公园的选址也失去了优势地位，因此其知名度和人流量均不理想。客流量稀少，必然导致收入微薄，从而无法吸引企业的持续性投资，进一步限制园林的正常维护及健康发展。在这种恶性循环下，锦绣中华公园的管理及维护终于陷入了停滞状态。加之2001年"9·11"恐怖袭击事件，美国旅游经济整体受到程度不一的重创，锦绣中华公园的经营更是雪上加霜，进入收支严重失衡、极度亏损的困难时期。2004年，锦绣中华公园正式关张，潦草收尾。锦绣中华公园的不幸凋亡，给我们对于文化旅游模式园林的开发敲响了警钟——考虑到海外中国园林的持续性良好运转，在区位选址、设计风格上都需要因地制宜、适应当地国情、充分考虑当地民众的喜好。

相比之下，流芳园和兰苏园则提供了正面发展的案例，两座园林都处于良好的运营状态之中。园中都开设茶室，在传播中国文化的同时，增加了文化服务带来的经济收入。流芳园的运营维护，主要依靠亨廷顿图书馆资金可观、数目庞大的基金会支撑，而兰苏园则堪称是在美国现存海外中国园林中，运营管理最为出色的园林。桂冠的背后，得益于其精巧别致的设计施工，以及与苏州园林的深度合作。

具体来说，兰苏园学习并汲取了现代苏州园林"以园养园"的经营理念，从而形成了以园林门票收入为主，辅之园林服务收入，双轨并行的园林经济模式。目前，包括留园、网师园等在内的各苏州园林，都流行开设茶室，并将茶艺活动作为主要服务内容之一。加之配套各有千秋、特色不一的服务项目，兰苏园经由"以园养园"模式，形成了经验独到的经营理念、园林品牌。

就兰苏园而言，其门票价格大致为5.5～10美元不等，另外还有全年通用的年票，不仅涵括了60美元/年的个人基础年票，也提供了75美元/年的家庭年票等不同组合的套票计划。[①]纵观2019年全年，兰苏园的客流量为157000人[②]，我们可以看到依靠单纯的门票收入，并不能满足维护园林日常全部所需。在园林服务方面，兰苏园设有独立的礼品部，供游客和市民选购中国生产的各类纪念品、工艺品、精致摆件。除此以外，园内的"涵虚阁"另辟一层作为茶室开放，设有专人专门展示中国茶道，以及销售茶叶及苏式蒸点。在这种"以园养园"理念的观照下，许多外国游客流连驻足，忘我陶醉于神奇、秀美的中国文化之中（图5-87）。

3. 运营内容

各海外中国园林的基层管理机构的日常工作大同小异，在安排专人负责日常的园林绿化养护及卫生清洁之外，其主要的运营内容不外乎两个方面：开展信息宣传、举办社会活动。有效的文化推广活动，无疑有助于增加园林的知名度和客流量，并带来可能的服务收入与社会捐赠。这些文化效益带来的经济收入对于园林后续的维护起到了重要作用。

（1）信息宣传

根据使用宣传媒介的不同，海外中国园林的信息宣传方式具体可分为两种：线上及线下。目前阶段，在美国大部分的海外中国园林，对于传播媒介的运营尚不充分，其应用范围也未得到有效开发。目前仅存也主要是以线上各方宣传为主流渠道，辅之以线上、线下彼此结合的宣传方式。

图5-87
兰苏园“涵虚阁”
刘西航摄

首先，在线上宣传方面，海外中国园林主要通过建立官方网站的手段，在各旅游网站发布园林有关信息，同时负责游客、官方在社交网站的互动及宣传。在官网建设方面，有别于国内如苏州园林都各自建立了独立官网，在美国的很多中国园林都缺少独立的官方网站。而在业已建立的网站中，其类型主要分为两类：独立官网，以及博物馆、植物园官网的附属板块（表5-23）。

目前，仅有西华园、和园、兰苏园、美国国家中国园这4座海外中国园林建设了独立的官网。其中，和园已经楼去园空，而美国国家中国园的建设则遥遥无期。目前看来，西华园和兰苏园的官网相对较为完善。这体现在依据不同功能类别，单独设立板块，并有针对性地进行详细介绍。具体来说，网站对于门票购买、园林区位、园林景点和活动安排等内容，都分别设立了专门板块，详细而深入地展开阐述（图5-88）。

表5-23　1978—2020年美国的海外中国园林的官方网站建设情况

官网类型	园林名称	建设区位	园林官方网站
独立官网	西雅图“西华园”	植物园内	http://seattlechinesegarden.org/
	中国文化中心“和园”	中国城内	https://www.phoenixchineseculturalcenter.com/
	波特兰唐人街“兰苏园”	唐人街	https://lansugarden.org/
	美国国家中国园	植物园内	https://www.nationalchinagarden.org/
博物馆、植物园官网的单独板块	大都会博物馆“明轩”	博物馆内	https://www.metmuseum.org/art/collection/search/78870
	斯坦顿岛植物园“寄兴园”	植物园内	https://snug-harbor.org/botanical-garden/new-york-chinese-scholars-garden/
	密苏里植物园“友宁园”	植物园内	http://www.missouribotanicalgarden.org/gardens-gardening/our-garden/gardens-conservatories/international-gardens/chinese-garden.aspx
	洛杉矶亨廷顿综合体“流芳园”	植物园内	https://www.huntington.org/chinese-garden
	圣保罗费伦公园“柳明园”	城市公园内	https://www.stpaul.gov/departments/parks-recreation/design-construction/current-projects/phalen-regional-park-chinese
无官网	纽约花卉展“惜春园”	花卉展	无
	美国国家植物园“半园”	植物园内	无
	世界技术中心大厦“翠园”“云园”	写字楼内	无
	锦绣中华公园“苏州苑”	城市公园内	无
	波士顿唐人街“中国城公园”	唐人街	无
	西雅图国际街区“庆喜公园”	唐人街	无

然而，与之形成鲜明对比的是，绝大多数园林在网上鲜有介绍，如友宁园、柳明园等，曝光度较低；更有甚者，如云园和翠园，虽然保留完好如初，却几乎无人提及、鲜少关注。即使是对于流芳园、寄兴园等人气较高的中国园林，也只有在博物馆、植物园官网的小型介绍中才能略显面目一角，而这显然无法满足游客充分了解中国园林、获取园林详细信息的期望。因此，上述园林的官网建设还存在较大完善空间，在线宣传在内容与形式层面，均亟需进一步提升与丰盈（图5-89）。

图5-88
兰苏园官网
图片来源：https://lansugarden.org/

图5-89
流芳园官网
图片来源：https://www.huntington.org/chinese-garden

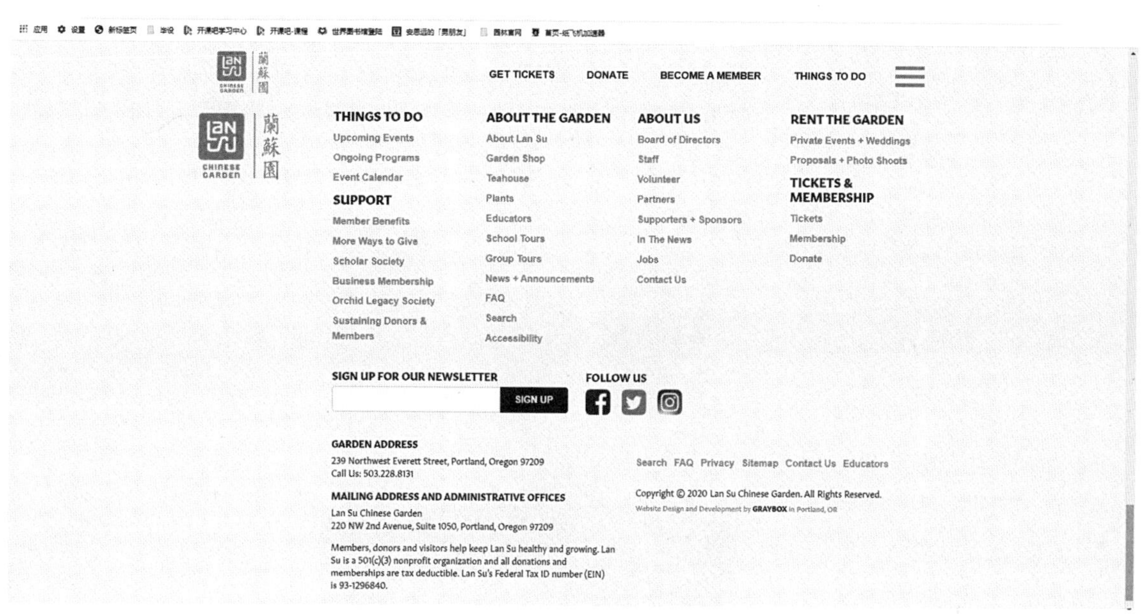

对比之下，线下宣传方式则具有更为悠久的历史，且广泛被文化旅游开发模式的园林所用。具体来说，线下宣传方式就是由园林官方制作宣传册、导览手册，以照片、文字结合园林平面图的媒介宣传形式，图文并茂地对海外中国园林的内部景点进行详尽介绍。20世纪90年代，锦绣中华公园“苏州苑”以及菲尼克斯中国文化中心“和园”，都采用了这种宣传方式（图5-90）。

近年来，海外中国园林的宣传册也与时俱进，呈现出了更为彰显中国特色的形式和内容。在形式上，兰苏园堪称别出心裁，极具创意的游客指南随园林宣传册一同制作并创意演绎。当游客翻开这本游客指南时，就会发现封面上有一个模切方形窗口。这本独特的小册子也通过“打开窗户”的方式温馨提醒游客，不妨尝试经由这个“窗口”来欣赏花园的别样风景（图5-91）。这种巧妙的“框景”设计，瞬间将单

图5-90
锦绣中华公园“苏州苑”的宣传册
图片来源：苏州园林发展股份有限公司. 海外苏州园林［M］. 北京：中国建筑工业出版社，2017.

图5-91
兰苏园的宣传册
图片来源：https://www.bureauofbetterment.com/portfolio/lan-su-chinese-garden

一向度的自然景观，提升为中国园林所强调并追求的诗情画意。换而言之，通过游客指南的文创形式，巧妙地向外国人传达了中国传统的美学思想，这种别出心裁的形式，无疑远远超越了外国游客纯粹欣赏单一山水景观的方式，从而将园林线下宣传的侧重点着眼于中国文化的传播上。

相较而言，美国大部分海外中国园林目前尚未引起线上宣传的足够重视，官网建设及其途径亦尚不完备，在各旅游网站的推广也非常匮乏。然而，多途径的线上宣传方式具有不可忽视的巨大优势，具有信息传播性强、获取方式便捷、存储信息量大的鲜明特征，因此也能够获得较为理想的宣传效果，是当代海外中国园林传播过程中最常用的途径之一。而宣传册、活页册的配套发放，则多贯穿于游客园林中观赏游览的全过程，手册的内容清晰、翔实，图文并茂，能够提高游客的游览体验。

（2）社会活动

四十多年来，随着海外中国园林的知名度、影响力不断提升，园林的使用功能不再满足于纯粹且单一向度的参观游赏功能，日常开设的游人互动体验也陆续跟进，甚至进一步开展了更为丰富多彩的节日活动。按照活动的具体内容，海外中国园林内的活动可分为以下两种类型：传统节日活动和传统文化活动（表5-24）。

表5-24　1978—2020年美国的海外中国园林的主要社会活动类型

活动类型	园林名称	典型活动
传统节日活动	斯坦顿岛植物园“寄兴园”	春节庆祝活动：舞狮、写春联、京剧；中秋庆祝活动：赏灯、吃月饼
	西雅图“西华园”	元宵节庆祝活动
	中国文化中心“和园”	端午节、中秋节、重阳节、春节庆祝活动
	锦绣中华公园“苏州苑”	春节庆祝活动：传统花灯展、少年武术表演、舞龙
	波特兰唐人街“兰苏园”	春节庆祝活动：舞狮、中国功夫、手工艺活动、中国结、书法和剪纸示范
	波士顿唐人街“中国城公园”	春节庆祝活动：舞狮、舞龙灯
	洛杉矶亨廷顿综合体“流芳园”	春节庆祝活动：古典舞、扇子舞、唢呐、民间杂技
	西雅图国际街区“庆喜公园”	春节庆祝活动：传统舞龙舞狮节目、亚洲文化演出、美食一条街
传统文化活动	大都会博物馆“明轩”	2012年昆曲演出《牡丹亭》
	斯坦顿岛植物园“寄兴园”	“2019纽约国际上巳书法雅集”书画展活动
	西雅图“西华园”	一年一度“洛阳牡丹节”：舞狮、中国功夫、旗袍秀、川剧变脸、牡丹花展；2017年“无我”茶会；2017年传统文化庆典；一年一度“风筝节”
	密苏里植物园“友宁园”	一年一度“中华日”活动：太极表演、旗袍秀、茶艺展示、琵琶演奏
	波特兰唐人街“兰苏园”	文化交流演出、茶艺展示、昆曲表演、苏绣展示、江南丝竹等非物质文化遗产展、城市图文展
	洛杉矶亨廷顿综合体“流芳园”	中国川剧演出、书法表演、琵琶演奏、中国夜美食游园会

当我们追溯中国传统节日活动的历史发展时，就会发现这些节日与中华传统文明紧密相连，源远流长、丰富纷呈。如今的中国传统节日大致有除夕、春节、人日、元宵、寒食、清明、端午、七夕、中元、中秋、重阳、冬至等，悉数承载着中国人的每一处记忆印痕。与此同时，许多身在异乡的海外华人华侨，有着高度的文化自觉，非常重视传统节日的仪式感，因此每逢佳节都有隆重的庆祝仪式，在当地社区或唐人街如火如荼地进行。

令人惊喜的是，海外中国园林为在美国的华人华侨庆祝传统节日，提供了一个崭新且别具文化意味的场所。20世纪90年代起，海外中国园林几乎无一例外都会举办庆祝传统节日的活动，对春节的庆祝，无疑是主办方投入精力与心血最多的中华盛典。春节，作为中国最重要的节日，在海外园林承办的庆祝活动中，其内容和形式层面都创造性地继承了中国传统的庆祝方式。具体来说，包括大型的民俗表演，如舞狮、舞龙等，以及民俗手工艺的展示，如写春联、学剪纸、赏花灯等。值得一提的是，近年来，春节不再仅是华人华侨专属的节日，在像洛杉矶这样的华人高度聚集的城市中，中国春节甚至已经成为各族裔共同参加的节日庆典，逐渐渗透并融入了美国主流社会的文化习俗之中。自2005年开始，亨廷顿图书馆每年都会举办盛大的活动庆祝中国春节，在流芳园内中国功夫、音乐演奏、昆曲等一系列文化活动的轮番上演，让美国人在声色兼具的艺术演绎中，提升了对于中国民俗的兴趣，加深了对于中国文化的了解，甚至无形之中增进了两国人民的友谊（图5-92）。

除了上述的传统节日庆祝活动，部分海外中国园林也陆续尝试纵深开拓园林的独特环境和文化氛围，并通过开展与中国传统文化相关的

图5-92
美西昆曲社在流芳园表演
美西昆曲社提供

活动，包括承办传统文化演出、展览和举办传统园林活动等，进一步宣传中国文化。

2012年，中国艺术家谭盾和张军，共同筹划了昆曲《牡丹亭》的精彩演出，这也是大都会博物馆明轩第一次承办大型中国演出，用以推介中国文化更好地走向世界。“昆曲是流动的园林，园林是凝固的昆曲。”明轩的这场演出，巧妙融合了中国物质和非物质文化遗产，赋予园林“活”的生命源泉，让西方观众充分感受到了当代中国艺术的旺盛生命力（图5-93）。

2018年，赖声川编剧、执导的戏剧新作《游园·流芳》在流芳园全球首演。戏剧兼用了东西方两种语境，以双语对话的创造性形式，共同呈现了《牡丹亭》的“新”故事。东线、西线双轨推进，各自演绎了别样版本：一个是身着古装的“中国版”，而另一个是以20世纪20年代洛杉矶为背景的“加州版”。基于传统《牡丹亭》的故事，赖声川进行了大胆新颖的改编和再创作，堪称经典戏剧作品在东西碰撞过程中的一次创新型传承与生长。

一如海外中国园林强调因地制宜的造园理念，赖声川也出于相同的设计初衷，“打造《游园·流芳》是为增进跨文化的理解做出努力。不同文化之间，可以碰撞出瑰丽、奇迹和许多耐人寻味的思考，最终达成某种精神层面的共识，让中西方观众都能产生共情，是我的初衷”。从2018年9月21日演出至10月26日，《游园·流芳》首轮演出共计上演31场，并在此过程中深深折服了美国观众。“一个浪漫的庭园，一折中国昆曲，与这一小群‘被选中’的观众，畅游在加利福尼亚璀璨的星空下。”《纽约时报》如是高度评价，不吝溢美之词。

图5-93
2012年，大都会博物馆明轩的《牡丹亭》演出
图片来源：https://www.douban.com/note/248967435/

与此同时，波特兰“兰苏园”与波特兰州立大学孔子学院，在近年来都会在兰苏园开展月度和季度中国文化活动。其主要活动形式，包括了剪纸艺术、中国结、京剧脸谱涂色等具有典型中国文化特色的艺术活动，此外还有毽子、皮筋儿等中国传统民间游戏点缀其中。如此一来，兰苏园不仅成了当地的热门景点，甚至让波特兰市民流连忘返在这片和平静谧、充满东方魅力的“城市山林”中。与此同时，兰苏园在傍晚闭园后举行的婚礼也大受欢迎：古筝湖上的锁月亭，见证了无数新人们喜结连理（图5-94），甚至波特兰前市长希尔斯（Charlie Hales）与其夫人，就是在兰苏园举办的婚礼。

结合网络渠道和定期举办具有中国特色的活动对中国文化进行宣传，使得海外中国园林在美国更具有广泛参与性，不仅成为海外华人的日常与节日活动的聚集地，也能够吸引当地人群参与其中。海外中国园林为中国文化的展示创造了良好的体验交流平台，通过多种形式的媒介进行传播，促进了美国人民对于中华文化的进一步了解和中美的互动交流。

图5-94
兰苏园中举办婚礼
图片来源：https://www.kimsmithmiller.com/wedding/lan-su-chinese-garden-wedding/

五、发展特征总结

1978年至今，中国在美国造园的实践，翻过了悠远的历史篇章，在海外中国园林的发展历程中，内容与形式也渐趋丰富、成熟，写下了光彩夺目的一笔。海外中国园林在美国的发展轨迹，得益于两国政府和社会各界的通力合作，也得益于在政治、经济和文化三方面的共荣共建。回望来路，其发展阶段可分为三部分：起步阶段（1978—1989年）、繁荣发展阶段（1990—2000年）、稳定阶段（2001年至今）。自明轩开中国园林“出口”之先河，四十多年来，中国文化外交从被动“输入”一改为主动“输出”。“在美国造园”的主办性质，也由官方项目主导，逐步实现了兼有民间文化交流促进的转变。进入21世纪后，海外中国园林又得到中国政府的大力支持，形式的嬗变与物质的鼎助，二者相辅相成。

在园林内容上，海外中国造园的内容呈现出丰盈多姿的景观。由室内展园到各文化机构的“园中园”，再到独立完整的城市公园，这种转变过程不仅体现在园林规模扩大、质量提高，还体现在造园动机和造园风格的多样化发展趋势——两国及地区的持续性、深入化的合作展开，开创了地方园林“文化出口”的新局面。中国本土的风景园林设计师也开始登上国际舞台，向世界充分展现了当代中国在国际化景观设计领域所取得的不俗成绩。四十多年来，中国在美国的造园合作模式日趋完善、成熟。中外园林建设总公司、苏州园林发展股份有限公司多次承接了园林的设计和具体工程任务，并涌现出刘少宗、张慰人、陆耀祖等一大批卓越的工程师、匠师。在他们身上，中国“匠人精神”的传统优秀品质得到了完美诠释，园林传统营造的技艺得到了创造性传承。与此同时，这更是中国设计师主动走出国门，与美国的设计师、工程师沟通、交流，在异域文化中展现中国园林的魅力及原貌的良好开端。

四十多年间，海外中国园林在美国的地理分布，也呈现出散布广泛与相对集中彼此结合的分布趋势。由于城市经济发展、文化氛围等客观差异带来的影响，以及在美聚居华人、友好城市缔结等社会因素的助推，园林的分布也呈现出由客观差异与人为因素双重塑造的特色——集中分布在美国东北部和西部繁华地区的大城市中，又零散分布在少数中美友好城市之中。

1. 传承创新：海外中国园林的意匠营求

1978年至今，建于美国的海外中国园林可谓风格多样、异彩纷呈。与此同时，由于场地面积限制、外国喜好等客观因素影响，又以江南私家园林风格为主流，其设计手法主要包括复制、仿建与转译三种类型。其中，又以仿建类型为主导，具有发展时间最长、数量最多的鲜明特征。近年来，也有中国设计事务所与美国设计事务所合作设计的转译型现代园林作品陆续建成，在融汇古今中诠释着创造性继承的内涵。

海外中国园林传承自中国园林的传统营造手法，并且能够因地制宜、加以创新，在美国展现出原汁原味的中国特色，但也仍存在着很多上升空间。

首先，在叠山、置石技艺运用方面，主要通过特置、散置的湖石假山，烘托出中国古典园林的意境与氛围。但由于美国安全规范的客观限制，海外掇山难度大、工程复杂，作品最终呈现的效果往往不尽如人意。

其次，在理水方面，主要通过因地制宜布置水面和水景形式，通常采用中国传统园林“狭长形”或是“以聚为主”的池面处理方法。通过水面架桥的技艺分隔空间，营造出中国园林的理水意境。但也要注意水面分隔的艺术尺度把握，譬如流芳园的大水面处理，景色略显空旷。

再次，在建筑的形式与内涵表达方面，作为中心和主体的表达承载体，建筑在海外中国园林中，通常被寄托了传达中国韵味的重任。一方面，建筑具有形式多样的特色，包括传统的厅、堂、轩、榭、舫、亭、廊等，且建造技艺高超、匠心独运，各单体建筑做工精细、尺度合宜；另一方面，海外园林中的建筑在营造手法创新方面，也取得了亮眼成绩。既能将传统韵致与现代材料、技术有机结合，又兼顾了中国园林艺术表达与美国现代建筑规范的平衡，做到了安全与美观的有机统一。

与此同时，在花木树植配置等方面，因为受到国际移植规定、自然条件的客观限制，园林植物的栽植在遵循“因地制宜”的必要前提下，尽力在许可范围内，营造出中国植物景观意象的山野之趣，如广泛运用松、竹、梅等中国审美元素及古典意象。

最后，在园林文化的内涵阐释方面，园林命名以最为直观的形式，传达着纪念事件或表达意境的深刻内蕴。纵观不同园林的命名形式，既有直接强调国家友谊、以城市直接命名的园林，如“兰苏园”；也有着重意境传达、含蓄委婉的园林，如“明轩”。通过中国传统园林中常见的匾联题刻、石雕小品、漏窗铺地等意境烘托，以及入口石狮子、石灯笼等各种样式的细节营造，进一步完善了中国园林文化氛围的营造。值得注意的是，海外园林中的楹联诗画都是传统古典的中国诗文，因此，美国民众对古典诗词的理解以及对中国园林的意蕴感知，势必存在东西文化间较大的隔阂。即便对于国人而言，古人的生活方式也相去甚远，准确理解古典诗词中的古典意境谈何容易。诗词书画等中国文化艺术的传承，无疑正面临着被淡忘、忽视的难题，而各种中国传统文化形式在海外中国园林中的应用、推广与适应性发展，都是值得我们深思的问题。

2. 纷繁多样：海外中国园林的营建运行

1978年至今，美国的海外中国园林已经形成了一套较为完整的营建机制。其结构主要包括了政府、机构和私人三个主体的开发筹划维度，中美合作的资金筹集工作、多元营建主体的通力建设过程。由于造园动机不同和开发主体的差异，因此呈现出来的园林开发模式也不尽相同。从海外中国园林开发模式的历史嬗变来看，从早期的文化展示模式到后来的文化旅游模式，再到如今突出强调的文化场所模式，我们可以看到，海外中国园林正在逐渐走向美国的城市和社区。与此同时，建设资金来源和参与者也呈现出多元化、多主体参与的增长趋势。具体来说，建设资金的筹措不再仅仅依靠中美政府出力或是外国友人、华人的慈善募捐，而是充分发挥两国社会各界的集资优势，从个人到组织、企业，社会环节的各个链条都逐渐参与其中，这都充分证明了海外中国园林在美国的影响力与内在魅力都在不断扩大。

在现代，海外中国园林具有政治、文化、商业等更为多样的功能。有的（如兰苏园）经久不衰，遂成为不容置喙的经典流传，有的（如锦绣中华公园）建园之初声势浩大，却因得不到各界支持而逐渐衰败。那么，面对如此纷繁且各异的造园动机、开发模式、运行目标，海外中国园林在美国的未来营建该何去何从？

二十多年前，陈从周先生曾谈到对海外造园的理想态度，或许能给予迷茫中的我们一些启迪。“前两年接到一封美国来信，邀我去造园，说我是中国园林之祖父（grandfather），我也只一笑了之。美国人还要找我去造园，我不去；茅以升只造一座钱塘江大桥，陈从周在美国也只造一个花园（指纽约大都会艺术博物馆明轩）。我传至大洋彼岸的是中国引以为豪的园林艺术，不是去送礼品，送花送画。”①从中，或许我们能得到一些启发：应当适时转变、及时更新对海外中国园林的态度及功能定位。文化输出的首要前提，在于对其内在价值及意蕴的充分认同。无论是开发者、政府还是各参与者，各方都应当充分重视海外园林的内外价值取向，在精心设计营建的同时，也要重视良好的后期维护管理系统。如此，内外兼修，自上而下与自下而上形成合力，海外中国园林才能充分发挥其综合价值。

3. 前景朗阔：海外中国园林的输出模式

在中国传统文化的国际化传播领域，海外中国园林无疑具有重要性和别样潜力。近年来，我国高度注重传统文化的海外传播事业，其传播主要有两种形式。

一方面，是通过构建以孔子学院为主体的有效平台，用以搭建理想的官方传播、沟通平台，以此整合、协调各类资源。并且以学术交流、文化互通为主要的运作途径，为美国民众提供了最直接获取并了解中国传统文化的有效平台。另一方面，以民间为主体的传媒形式，构成了当前美国市场的产品主流。譬如，以传统文化为内核的广播影视作品、艺术表演等，如近几年网络上火热的“李子柒系列视频”、纽约时代广场的中国广告，一定程度上确实抓住了当地民众的强烈好奇心，点燃了他们了解中国文化以及中国艺术品的兴趣及热情。

但是，这两种模式都有其自身的局限性。前者，在一定程度上限制了中国本土文化企业的输出渠道，也多次被部分不怀好意的西方群体贴上“泛政治化”的文化标签；后者，则因为中西文化的天然差异，以及西方对中国文化先天缺乏认知基础，因此必然会出现东西文化产品

① 路秉杰等. 陈从周纪念文集［M］. 上海：上海科学技术出版社，2002：169-205.

之间适应性、契合性、感召力不足的难题。因此，也往往会面临事倍功半的尴尬局面，大量的文化输出及投资，却往往无法产生预期的理想效应，这一局面显然令人扼腕。

正值中国传统文化面临着进一步国际传播困境，此时海外中国园林的蓬勃发展，无疑为中国传统文化的输出提供了一个良好的平台。正如西雅图西华园的工程师冯大成所持有的观点，“重庆到西雅图的文化交流项目很多，但多是以表演和歌舞为主，表演过了就走了，没留下什么；但是园林是一个永久保存的实物，人们可以时时进去和中国风情、巴渝园林亲密接触”[①]。以海外中国园林为实物载体，让美国民众对中国文化内涵具备一定近距离接触的契机和尝试型科普理解后，再通过结合丰富的艺术表演、影视作品等文艺形式，最终实现提高中国传统文化产品在海外的感召力与认同度的旨归。近年来，大都会博物馆、亨廷顿图书馆等多个文化机构都以“中国园”为媒介传播，陆续开展了各类中国文化活动，这在无形之中吸引了大量的民众和游客，极好地传播了中国文化。

举例来说，兰苏园可以视作一个成功的典范。精致典雅的中国园林，隽永奇巧的精雕细琢，都让俄勒冈州的游客在不出国门的前提下，便能在园林山水之间体验真正的中国文化。同时，“兰苏园中文会话园地”“涵虚阁茶道表演”以及与波特兰州立大学孔子学院、苏州各文化协会等组织展开的长期、密切合作，无疑为美国民众开启了一扇窥探中国文化及孔子学院的“文化之窗”。

以海外中国园林为载体的文化输出现象，既能被普通民众在潜移默化之中接受、认同、内化，也避免了被西方不怀好意的群体扣上“文化渗透”的歪曲之辞，可以说是我国跨文化传播的理想途径之一。

① 项菲菲. 西华园：巴渝园林惊艳美国［N］. 重庆日报，2011-02-22（004）.

第六章 觅迹：海外中国园林在德国的发展

众所周知，希腊文化、西亚文化、印度文化和中国文化，并称人类文明的四大起源。其中，西亚文化与印度文化曾在历史发展的进程中，先后出现过不止一次的历史性中断，只有以希腊文化肇始的欧洲文化，以及具有五千年辉煌灿烂历史的中国文化，始终保持着不可中断、一脉相承的历史连贯性。

不同于与美洲短暂的交流史，中国与欧洲这两大文化板块之间素有交流，并且可能是人类历史诞生以来最悠久且最重要的文化交流活动。漫溯数千年的文化积淀，中欧人类智慧与文明的传播互通，牵动着各民族历史的发展。

沿着中国与欧洲文化交流史回溯，如果将公元前7世纪欧洲文献中最早出现有关中国的吉光片羽视为开端，那么至少已有2600余年辉煌且漫长的厚重历史。从汉唐的东西始通、商贾往返，到明清之际的器物往来、科技文明，甚至是贯穿在宗教、哲学、思想观念等抽象层面的文明光芒，东西文化彼此相互渗透，再到近代以来的中西文化融汇，作为东西方文化的重要发祥地，如今中国正与欧洲以平等、开放的对话姿态，在世界范围内，建立起全新的全面战略伙伴关系。

一、发展历程

具体到中国与德国的文化交流史层面，中德两国分列亚洲东部和欧洲中部，两国之间的文化交流堪称源远流长、素有交好：早在13世纪末，便已有德国的传教士远渡重洋，来到中国。18世纪后期，传教运动掀起了热潮，促使大量德籍传教士怀揣东西互通的神圣使命，来到中国播撒信仰的种子。19世纪，德国传教士进一步促进德意志文化在中国的广泛传播，同时也助推了中国在教育、军事等领域的近代化进程。同时，德国汉学家在研究汉学方面兢兢业业、励精图治，也取得了突出的学术成就，给予当时的德国人认知中国的更多可能途径。早期的文化往来，无疑为近现代的中德文化交流起到了卓越的铺垫作用。

中华人民共和国成立以来，在中德正式建交以后，也正逢我国实行改革开放政策，中德的文化交流又迈上了新的征途。中德之间的园林交流也是在这个阶段恰逢东风，迎来新的发展：1983年，第一座在德国的中国园林——慕尼黑芳华园建成，从此揭开了海外中国园林在德国发展的序幕，无疑具有里程碑的意义。随着两德重新统一以及冷战结束带来的世界格局渐趋稳定，中德之间的交流合作更加融洽、频繁、深入、全面，愈来愈多的中国园林进入德国民众的视野范围。经过将近四十年的发展，迄今已有15座海外中国园林在德国建成，彰显着近四十年两国人民的不懈努力。从全球的海外中国园林分布数量上来看，坐落在欧洲的海外中国园林分布较为集中，而德国更是欧洲地区中别具殊荣的国家：最早建造中国园林，且建成数量最多。因此，深入研究在德海外中国园林的发展与建设历程，呈现在德海外中国园林的历史起承转合，对于我们认知海外中国园林在欧洲范围内的传播实践，无疑具有重要的现实性意义。

作为中德文化交流的重要组成部分，海外中国园林在德国的建设发展，为中华传统文化的国际化传播，无疑做出了非同小可的贡献。与此同时，这与中德两国之间长期以来的友好政治环境、良好文化交流氛围也密不可分。

1. 中德两国文化交流实践概貌

（1）早期中德文化交流

中德两国之间的文化交流历史源远流长，民间自发的文化交流活动，堪称最早拉开了中德文化交流的精彩序幕。

1303年，来自德国科隆（Köln）的传教士阿诺尔德兄弟（Arnold），作为首批德国人代表在北京定居；30年后，名为“阿拉曼尼亚”（Alemania）的德国，首次出现在中国编订的世界地图上。这是中德两国的首次文化接触，无疑具有重大的文明传播史里程碑意义，从此也翻开了中德文化交流与碰撞的辉煌历史篇章。

1477年，德文版《马可·波罗游记》问世，这是东方面纱徐徐揭开，第一次展现在德国民众面前，神秘的中国东方文化在当时吸引了众多德国人好奇的目光。16世纪末，两国之间开始有了更为深入的商贸往来，这在一定程度上拓宽了文化交流的渠道。17世纪，在如火如荼的传教运动热潮中，大量的德籍传教士带着播撒宗教信仰的使命，漂洋过海来到中国，更是极大地推动了中德文化交流的文明进程。在早期的中德文化交流中，德国传教士无疑扮演了主要推动者的角色。

最早来华的德国传教士邓玉函（Johann Schreck）和汤若望（Johann Adam Schall von Bell），为中德两国的文化交流，做出了不可磨灭的深远贡献。1620年，邓玉函和汤若望跟随法国传教士来到中国。邓玉函精通医学、天文和数学，在华传教期间被朝廷招至北京，协助明朝官员徐光启制造天文仪器、修订历法，参与翻译、撰写天文学和医学等方面的相关书籍，这一举措给明朝的中国输送了科学文化的新鲜空气，并且将当时天文学、医学的科学技术知识，传入大洋彼岸的中国。汤若望是在邓玉函去世后被明朝宫廷招至北京的另一位德国传教士，他协同中国学者合作译介了矿冶专业相关知识，并且参与制定了新历法，监制了西式火炮。与此同时，汤若望还独立撰写了《远镜说》一书，书中重点介绍了伽利略望远镜的制作原理与功能，在中国传播了西方光学理论和望远镜技术，堪称点燃了西方科学文明的火种。

以邓玉函、汤若望为代表的德国传教士，为了完成传教使命，主动学习中国的语言和文化，无形之中打破了语言传播的界限，也穿越了东西文化的分野。他们通过著书、翻译等手段，将西方先进的科学和技术播撒到中国，同时也将中国的传统文化、风俗习惯带回德国。那些传播到德国的中国文化，引起了德国哲学家、文学家的高度关注与热烈兴趣。德国哲学家莱布尼茨（Gottfried Wilhelm Leibniz）便是典型的一例，他通过与往返于中德两国的传教士交流，了解并学习了中国文化。在1697年发表的《中国近事》（*Novissima Sinica*）一书，可以视作莱布尼茨对于东方文明的心得集成——书中收录了5篇来华传教士的书信，和1篇俄罗斯考察团来华期间的报告，并向德国人介绍了当时中国的最新信息。莱布尼茨对中国文化的推崇与引荐，引发了德国人研究中国的新热潮。德国诗人歌德（Johann Wolfgang von Goethe）通过德译本读到了《诗经》《好逑传》《玉娇梨》等中国经典文学作品，并在中国小说的启发下，创作了著名组诗《中德四季晨昏杂咏》（***Gedichte Chinesisch-deutsche Jahres–und Tageszeiten***），堪称东西文化交流的佳话。德国哲学家沃尔夫（Christian Wolff）、舒尔茨（Walter Schulz）和康德（Immanuel Kant）也在不同程度上汲取了中国儒家的哲学思想，并将其运用到了德国古典哲学的纵深发展中。

17世纪以来，欧洲"中国热"的风潮开始盛行。中国的瓷器、丝绸、工艺品也陆续漂洋过海，出口德国，"中国热"的影响渗透在艺术风格的方方面面，成为炙手可热的"舶来品"。当时在欧洲国家兴起的"中国式"或"英中式"园林，在德国也有不俗表现，譬如中式建筑中的塔、亭等传统建筑，开始陆续出现在德国的一些公园内。1755年，波茨坦"中国茶亭"（Chinesisches Teehaus）落地建成，选址位于距柏林西南35千米的勃兰登堡州首府波茨坦市无忧宫（Sanssouci Palace）。该建筑充分采用了中国传统建筑的经典元素，如碧绿筒瓦、金黄色柱、伞状盖顶、落地圆柱等精巧结构。同时，亭内桌椅皆仿照东方式样制造，亭前则矗立着中国式香鼎，成为当年普鲁士国王品茗、消遣的处所（图6-1）。

但我们必须承认的是，当时欧洲国家对中国的历史及社会情况其实知之甚少，所以对中国艺术品的欣赏与借鉴，也是浅尝辄止、缺乏深度。作为商品输入欧洲的中国艺术品，只能粗浅地维系在德国人猎奇的心理需求之下。因此，与其说是中德文化的双向交流，更应该说是欧洲艺术创作在特定中国文化表征的短暂影响下，自身学习、发展、演变的结果。但不可否认，这一文化交流行为具有里程碑式的意义，此后中德民间文化交流的内容与形式也在此基础上逐渐拓展，文化交流的影响力和辐射范围也逐渐扩大，这种民间文化交流形式，也最终得到了官方的关注、回应。

1861年，普鲁士和清朝政府签订协约，首次建立起中德两国之间的官方文书协定。1866年，清政府首次派出同文馆学生赴欧洲考察，拉开中德之间留学生交流的序幕。随着留德人员数量的增多，中德之间的往来更加频繁，文化交流程度也日益加深。

（2）现代中德文化交流

1972年10月11日，中国与联邦德国签署了两国建立外交关系的联合公报，从此揭开了双边外交关系的新篇章。两国建交以后，中国与联邦德国的文化交流规模逐渐壮大。自中国实施改革开放政策以来，以及德国联邦结束分裂、重新统一之后，双方的文化交流更是达到了空前繁荣的水平，这背后离不开双边交流协议的保障。

1979年10月，中德两国签署了《中华人民共和国政府和德意志联邦共和国政府文化合作协定》，这是中德两国在正式建交后，最早签署的双边合作协定之一，也是中德两国在文化交流与合作方面正式签署的第一个双边协定。顺应时代发展的大潮，2005年两国在柏林重新签订了新的《文化合作协定》，近年来的文化交流愈发频繁，更加活跃。

图6-1
波茨坦“中国茶亭”
图片来源：https://www.spsg.de/schloesser-gaerten/objekt/chinesisches-haus-im-park-sanssouci/

建交以来，中德两国文化交流与合作活动呈现出持续且稳定的发展步调。截至2017年中德建交45周年，共有超过13万名中国学生留学德国，超过8万名德国学生留学中国，中国在德留学生连续多年占据德外国留学生中比重最大群体。建交以来，中德两国互相设立海外文化宣传机构（孔子学院、歌德学院），截至2019年，中国在德建立19所孔子学院和6所孔子课堂，德国在中国建立了2所歌德学院，两国共缔结了94对友好省州关系，还不定期举办国家旅游年、文化年、中德语言年、中德创新年等文化庆典，并且，通过艺术作品展出、艺术团体出访演出等形式，深化了两国交流的质与量，文化交流的层次不断深入。

随着两国文化交流程度的加深，也在双向传递过程中，逐渐显示出彼此的文化认知存在客观的“文化逆差”现象：中德的文化交流主要局限于政府层级的组织举办方，因此一线文化交流者主要是政府官员、学者、艺术家等社会精英，而普通民众的参与较少，这种文化传播断层的现象，呈现出鲜明的“官热民冷”特点。

2014年，华为发布了《中国与德国——感知与现实》研究报告，在调查访问的1000个样本中，有57%的德国人认为中国文化对他们而言是陌生的存在，有38%的德国人表示喜欢中国文化。我们不难得出结论，目前阶段传播到德国的中国文化影响力还比较有限，德国普通民众对中国文化的理解与学习有待深入；但有幸传播到德国的中国文化能够收获超过1/3德国民众的真诚喜爱，这证明在不久的未来，中国文化的传播影响还有巨大的潜力。

2. 海外中国园林在德发展概貌

自改革开放以来，中德两国文化交流的持续加深为中德之间的园林文化交流创造了良好的前提条件；与此同时，海外中国园林的文化传播实践，又进一步加深了中德文化交流的深度，拓宽了其广度。根据北京大学新闻与传播学院于2016年年底发布的《德国的认知度和喜爱度名列前三——中华文化国际影响力问卷调查之五》报告，不难看出，在对中国文化有一定了解的德国民众中，文化项目喜爱度排名占据前五的分别是：中国饮食、长城、中国园林、丝绸、中华医药。进一步说，在1004份有效样本中，830名受访者知晓中国园林，其中230名明确表示喜爱中国园林，德国民众对中国园林在认知度与喜爱度意向的比例约为4∶1。纵观整个有关中华文化符号的调查问卷，中国园林文化符号的认知度排名位居第八，位置居中，然而喜爱度却排名第三。换而言之，中国园林虽然在德国尚未具有广泛的认知度，却能受到来自海外群体的由衷喜爱。上述结论的获得，与海外中国园林在德国的陆续建成不无关系。

从海外中国园林在全球范围内的分布数量上来看，德国是海外排名第三的国家，仅次于日本，与美国并列第二，同时也是欧洲地区建造中国园林数量最多的国家。自1983年德国慕尼黑国际园林博览会上中国园林芳华园（Garten von Duft und Pracht）惊艳大众以来，中国已经在德国10个州和州级市内，陆续建造了15座中国园林。

那么，德国是如何实现中国园林从无到有的突破，再到今日成为欧洲国家中建成中国园林数量最多的国家的？中国园林在德国的建造过程又经历了哪些"入乡随俗"的适应性变化？

（1）开园林外交之先河：美国大都会博物院明轩

1980年5月，中国古典庭园明轩竣工，这是由中国官方与美国纽约大都会艺术博物馆共同建造的第一座海外中国园林。这项海外园林工程一经投用，便受到了来自海内外的高度关注。在明轩建成后的仅仅三个月之内，1980年8月，德方园艺展负责人到广州洽谈相关事宜，并真挚邀请中国参展，希望中国园林可以出现在下一届慕尼黑国际园林博览会上。可见，以明轩为代表的中国文化"走出去"成功典范，在海外带来了强烈反响与溢美涟漪，直接影响并形塑了欧美国家对中国园林的接受姿态。

（2）欧洲园林展：中国园林在欧洲发展的绝佳契机

以园林、园艺展览作为主要内容的园林展，根植于18世纪具体的欧洲社会背景，最早滥觞于19世纪初的欧洲。当时大众对植物的兴趣增加，因此有关植物方面的科学研究蜂起，许多欧洲国家也纷纷建立了植物协会、基金会。更具有深远影响的是，随着法国大革命的胜利成果确立，以及中产阶层的迅速崛起，许多历史园林逐渐开始向公众开放；而当时新建的园林也多以"大众公园"的新面目实现了性质层面的改头换面。例如，1789年在慕尼黑开始建造的"英国园"（Englischer Garten）就是德国最早建设的公园。园林展的诞生，便在这样的内外推动综合环境下应运而生，愈演愈烈。1809年，自比利时举办了欧洲第一次大型园艺展开始，形成了有关园林展览的雏形观念与初步格局。1907年，德国曼海姆市为纪念建城300周年，举办了大型国际艺术与园林展览，在短短半年的展览时间里，游客就高达600万人次，展览与游人次数均与今天的园林展规模相近。毋庸置疑，这次展览成为德国园林展的里程碑，从此园林展在德国也得到了更为广阔的前瞻性、创新性空间。

迄今为止，德国是世界上最早举办园林展的国家之一，也是承办各种高级别的园林展最多的国家。自1951年起，德国就以每两年举办一次的频次，参与大规模、综合性园林展览的承办活动——联邦园林展（Bundesgartenschau，BUGA），截至2019年已成功举办39届；从1953年开始，德国申办国际园林博览会（Internationale Gartenbauausstellung，IGA），邀请部分国家参加，分别在1953年、1963年、1973年、1983年、1993年、2003年、2017年成功举办了7届国际园林博览会，成绩亮眼，影响卓越。

1951年，受到德国联邦园林展的影响，荷兰、英国等其他欧洲国家也陆续兴起了承办园林展的热潮。比如，地处欧洲西北部的荷兰，在国土面积和人口数量上虽然远少于德国，但荷兰能够凭借自身繁荣的园艺产业，自1960年开始就举办了5届国际园林博览会，甚至国际级别的园林展，这使得荷兰举办的园林展拥有了不俗且深远的影响力，只是在数量上略逊于德国。相比于德国园林展，英国园林展的源起则以1984

年的利物浦国际园林节（Liverpool International Garden Festivals）为标志，但遗憾的是，英国园林展在连续举办5届之后便停止了，因此影响力也比较有限。

相比国家层面举办的园林展，例如德国联邦园林展和英国利物浦国际园林节，举办国际园林博览会则需要获得更高的权限，如获得国际展览机构（BIE）的批准。因此，其展览级别无疑更高，也具有更加广泛的国际影响力。在欧洲建成的第一座中国园林“芳华园”，便是为参加1983年德国慕尼黑市举办的国际园林博览会而建设的。

在欧洲的园林展中，各类展览园林大多数具有临时性特征。鉴于西方社会的政治体制，决定了政府不可能投入过多资金来建造、维护这类展园，所以在园林展结束后，大多数展览园林都面临被拆除的命运，譬如，于1992年参加荷兰阿姆斯特丹举办的国际园林博览会的中国园。而参加1983年德国慕尼黑国际园林展的芳华园，虽然在原计划框架内也要拆除，但慕尼黑市民们自发组织了“保留东亚建筑群”的倡议，这才使得芳华园得以永久保留。

（3）建筑规范：中国园林踏入德国大门的“门槛”

在中国古典园林中，建筑的营建是不可或缺的重要组成部分。小则点一亭，大则添一楼，背后都折射着中国造园的营造智慧，在古建之中，则更是有传统的营建法式渗透其中。假山的营建，对于中国园林的意境营造及氛围烘托也有画龙点睛的作用。中国古典园林的造园讲究的是诗意山水、随物赋形之意趣；而西方建筑讲究的是标准化、结构化、统一化的标准程式。在中国人的眼中，德国人拥有严谨、专注的建造态度，以及堪称业界标杆的诚信、敬业的责任态度，这一令世界瞩目的匠人精神，同样也表现在德国的建筑规范上。

在德国的建筑标准《DIN 18032》中，对于建筑空间的规范有着非常详细且严苛的标准。以多功能性体育馆为例，首先在定义上，德国建筑标准《DIN 18032》对其有明确的释义：“场地划分符合相关规定，空间设备设施等满足要求，包含一个或多个运动大厅的，能够通过场地的混合使用和扩大，进行球类、体操、舞蹈、武术、拳击、击剑、有氧训练等多项室内运动的体育建筑。”其次，在德国的建筑规范中，对多功能性体育馆的空间布局、场地尺寸，甚至是场地画线、边缘空间等建造，都有明文规定且高度规范的文字要求，德国建筑标准的规范化、严谨性可见一斑。而这一点也成为中国海外造园不得不面临的现实拷问，即中国园林必须跨越的国别“门槛”。从第一座在德国落地的中国园林芳华园开始算起，德国的建筑规范便成了中国园林迈进德国国界时，一道无形但具有约束力的“门槛”。

玛丽安娜·鲍榭蒂女士（Marianne Beuchert）在其著作《中国园林》（*Die Gärten Chinas*）一书中，详尽阐述了德国的建筑规范和严苛条框给海外中国园林建造带来的“困扰”：“德国有关当局完全清楚地知道，如果根据德国的建筑法规，几乎是不可能颁发建筑许可证给芳华园的，因为这里规定，任何结构必须做详细的静力计算，而中国的木结构建筑是根据长期历史传统的经验，不做这样的计算。”面对这一严苛标准，或许是考虑到中国园林在德国初次亮相的特殊性，以及出于对中国传统文化的尊重，德方在建筑规范层面，稍做了条律内的妥协与媾和，允许缺少静力计算的中国建筑在一定限度内完成建造（图6-2）。

上述的“门槛”困扰，也同样发生在1989年法兰克福“春华园”（Chinesischer Garten，Bethmann Park）的建造过程中——春华园在结构计算上和建筑结构技术方面，皆不符合德国的建筑规范，不具备落地建设的基础“门槛”。“以至最后的建筑许可证是在落成典礼举行两年以后，在建筑物经受住了狂风暴雨之后才予颁发的。”

早期的海外中国园林，主要是以展示中华文化的身份进入德国的，因此德方对其建筑规范要求并未施加那么严苛的条条框框。但随着海外

图6-2
慕尼黑芳华园中的木结构建筑
图片来源：https://commons.wikimedia.org/wiki/File:M%C3%BCnchen，_Westpark_Garten_von_Duft_und_Pracht，_Pavillon_des_Sommers_（9247803178）.jpg

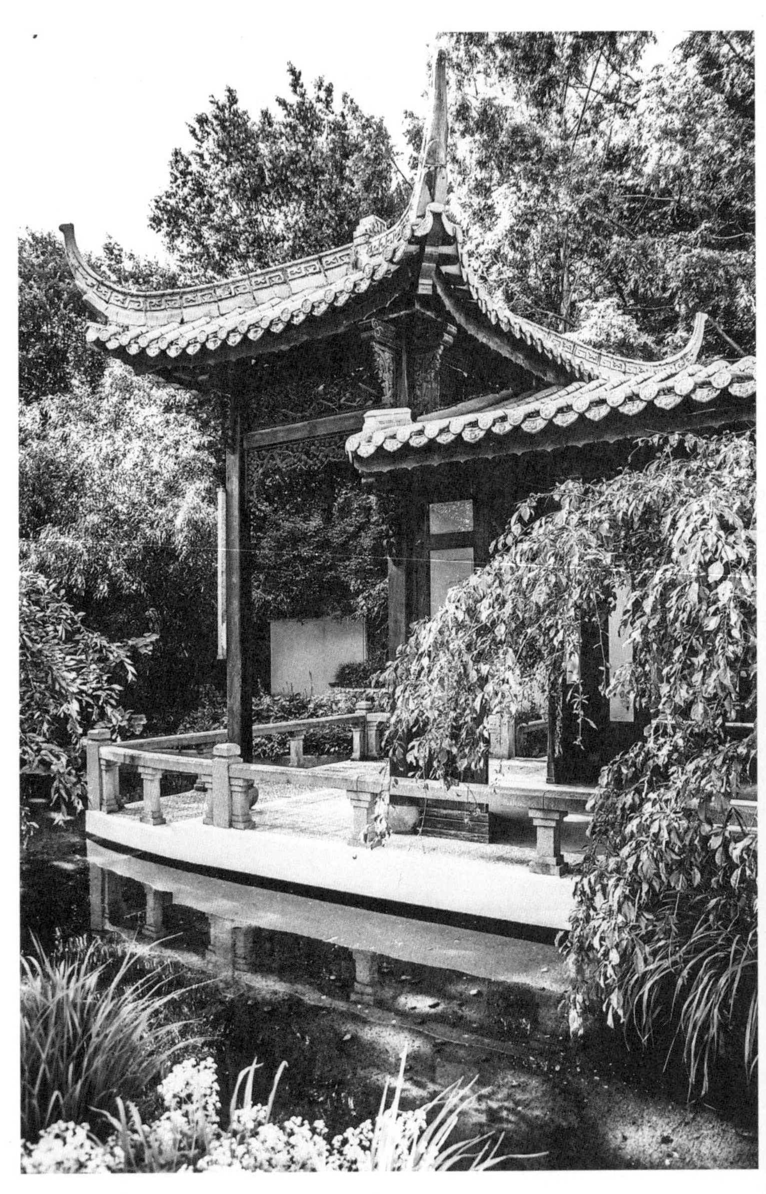

中国园林在德国的建造数量逐次增多，中国园林的建造标准也必须面对“入乡随俗”的要求。1990年，建成于波鸿鲁尔大学植物园内的中国园林“潜园”（Chinesischer Garten Qian Yuan）便是“入乡随俗”的典例（图6-3）。潜园内有一建筑小品草棚，根据传统中国园林中的经典意象，草棚的木柱直接落地即可，而最终潜园中的草棚却是地道的德国做派（图6-4）。因为根据严格的德国的建筑规范，木柱在室外不能直接落地，因此草棚的木柱是由镀锌铁件将其架起，并且将其固定在石头上，以防受雨水浸蚀而腐烂。

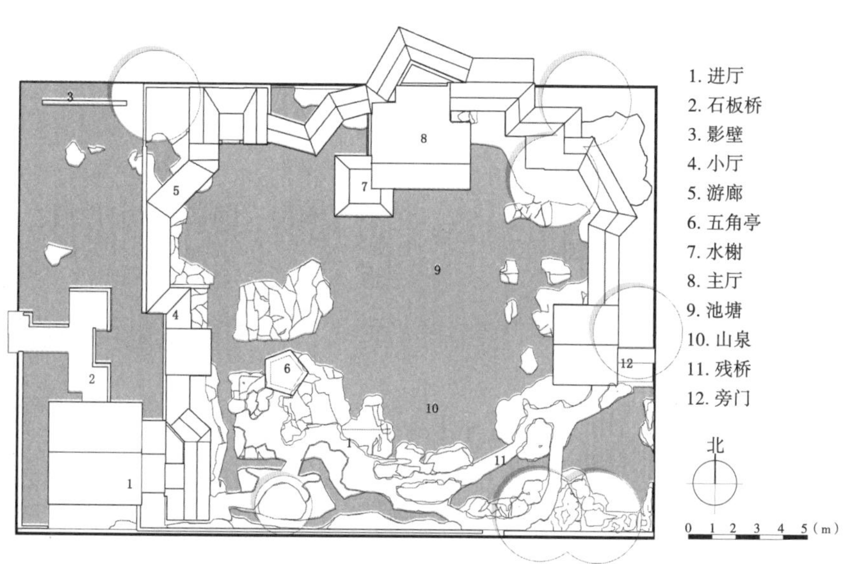

图6-3
潜园平面
底图摹自：张振山. 画谈潜园——记建在德国的一处中国园［M］. 北京：中国建筑工业出版社，2014

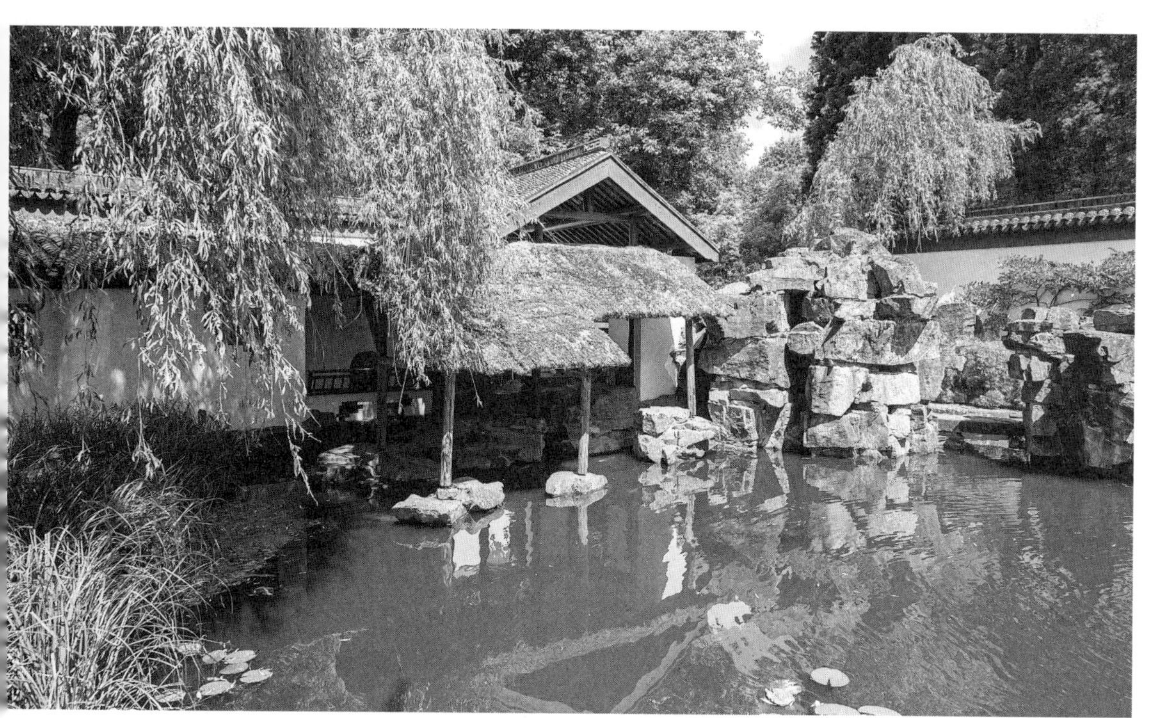

图6-4
潜园内的草棚
图片来源：https://www.boga.ruhr-uni-bochum.de/garten/chinagarten/index.html.de

同样的情况也发生在1995年建成的大实中国中心（Dashi China Center）内的一座中国茶楼身上。这座中国茶楼作为商业建筑对外开放，具有很强的实用功能。然而，在建设过程中，同样遇到了部分与德国建筑规范冲突的难题。譬如，由于必须在中国古典建筑内部安置残疾人通道，设计人员因地制宜、采取措施，将前廊侧面座凳取消，转而改为残疾人通道。同时，德国规范非常注意节能与建筑保温等问题，甚至连一块小小的柱础石也要求增加保温措施，而按照中国园林中的建筑条例，传统的屋面、门窗、围护墙的做法均不满足德国的规范要求。因此，为满足德国建筑规范，更好地“入乡随俗”，上述建筑都做了保温处理。

由此可见，中国园林在德国的建造过程中，国别间的规范差异对施工进展和最终园林的呈现效果，有着直接的形塑力量。由于客观条律的国别差异，一些建筑规范、条框限制，确实对中国园林的最终呈现造成了影响。举例来说，以2001年建成于曼海姆市的多景园为例，由于多景园的占地规模及空间布局均较小，遵循中国的传统建筑审美，曲桥的栏杆理应设计得较低一些。如此一来，既能营造空间内部的扩充感，同时，游人还可以坐在桥栏杆上，或休憩，或观景，各自相宜，两相呼应。然而，德国专家却对此有异议，因为如果严格遵照德国的建筑规范，为了保证行人的安全，桥栏杆的设计高度不能低于1.1米（图6-5）。“于是多景园中就有了一条像坑道那样幽深的石桥”。这不能不说是中国古典园林在“漂洋过海”旅途中的“入乡随俗”。

（4）修缮与维护：持续性发展的拷问

1983年，以最早在德国建成的中国园林芳华园为里程碑，迄今已有将近40年的厚重历史。与此同时，建设年限高达20年以上的海外中国园林，也达到了8座，数量几乎占据了在德中国园林的半数，颇具规模。

图6-5
多景园内的石桥
图片来源：https://www.regenbogen.de/blogs/kategorie-blog/ottis-weltreise/20200721/ein-stueck-china-mannheim

园林，作为一个具有生命温度的综合载体，在其内的建筑、生物都会随着岁月变迁而物换轮转。在二十年的发展历程中，建筑的变化可以视作园林发展中最明显的部分。相对现代建筑材料的自由选择，中国古典园林中的建筑多偏好采用木材，因此必须考虑木材极易受外界影响的建造特点——如自然因素、人为活动等因素，均会给中国园林的后续修缮、保护带来不容忽视的影响。建成以后的中国园林，关于建筑的维护与修缮问题，则成为其能否在德国长期可持续发展的重要考察维度。

纵览在德国已建成的15座中国园林，有一半以上都经历过或轻或浅、或大或小的修缮工作。以1989年建成于法兰克福的春华园为例，由于大量采用木结构（图6-6），到2007年时，建成已逾18年“高龄”的春华园因年久失修、损耗严重，不得不进行一次大规模的修缮及“抢救”（图6-7）。

图6-6
法兰克福春华园入口
图片来源：https://dehttps://alisajordanwrites.com/2020/11/02/outdoor-spaces-in-frankfurt-to-explore-during-lockdown/

图6-7
修复后的春华园
图片来源：https://de.wikipedia.org/wiki/Garten_des_Himmlischen_Friedens

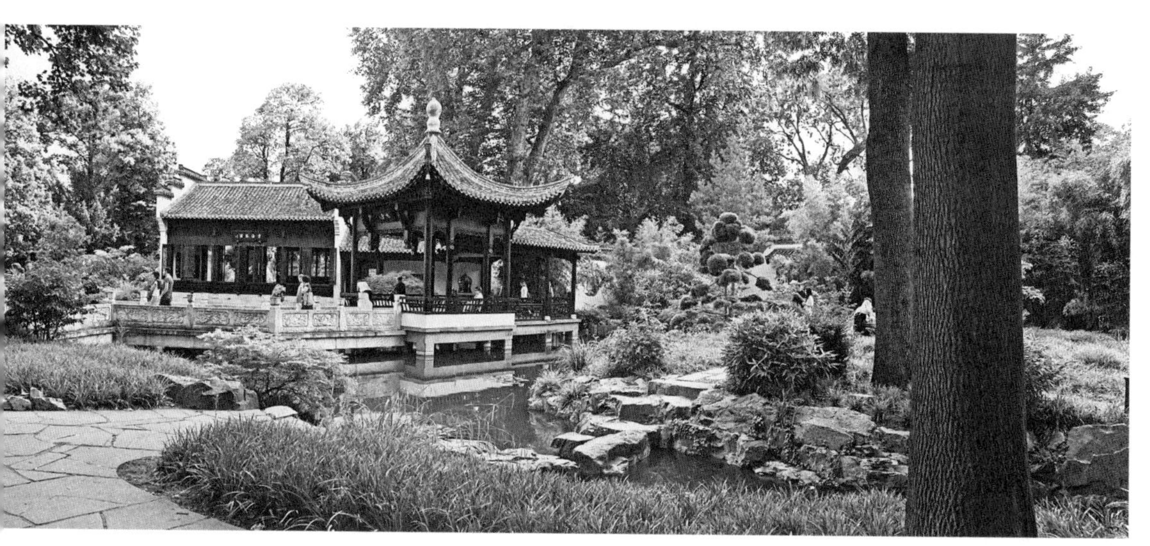

这是由于当年施工过程中，春华园工程的主体构配件均在徽州动工制作，并由安徽省徽州古典园林建设公司派遣相关技术人员组建、实施、落成。相比之下，德国当地的施工队伍对于建筑情况缺乏必要了解，因此无法顺利进行修缮工作。因此在2007年，法兰克福市政府向当年的施工公司——中外园林建设有限公司发出正式邀请，协助并完成了春华园的具体修缮工作。收到正式邀请后，中外园林建设有限公司立即派出中国专业团队赴德开展了修缮工程，并且对园内的部分木构件进行拆卸，如木门窗、屋面、木雕、砖雕等都得到了不同程度的修缮、置换、更新，并且追加安装了木构件及油漆等维护工作。通过一系列的抢救及修葺，才使春华园又恢复昔日风貌。然而好景不长，天灾突降，2017年法兰克福的贝特曼花园（Bethmann Park）园区又遭火灾，位于园内的春华园再度罹难——由于园林大量采用木结构，春华园遭受毁灭性的重创。次年，法兰克福市政府正式启动“春华园修复工程”，再度邀请中外园林建设有限公司承接春华园的相关复建工程。于2018年9月，中德双方签订了“春华园复建项目”合同，象征着复建工程的正式启幕。为顺利完成此次复建工作，中外园林建设有限公司派出专项工作组赴中国安徽，聘请30年前担任春华园总设计师的徽派建筑专家程极悦先生，担任此次修复工程的顾问，并再次寻觅当年为春华园提供并制作材料的厂家、工匠，力求不计代价、原汁原味地恢复春华园的韵味及本色（图6-8）。浩荡的复建施工工程于2019年6月终于完成。

图6-8
2018年中国匠人在春华园复建施工现场
图片来源：https://www.fr.de/frankfurt/bethmannpark-wiederaufbau-chinesischer-pavillons-12103404.html

木质材料作为一种选材自天然、师法自天工的建筑素材，具有贴近自然、返璞归真的美学意味。在园林建筑中木质材料的选用，引进了隽永悠远的自然气息，同时，作为我国传统建筑文化的一种文化传承，木结构在海外中国园林的使用，也直观彰显了中国园林的独特东方内涵。但鉴于木材材质自身的属性限制，在材质的选择方面必须高度严谨，譬如防腐、防蚁、防火等预防措施处理必须时刻到位，科学地处理木材含水率等方面的隐患影响，在确保使用年限的同时，尽量降低木结构建筑的安全困扰，并尽力减少受极端天气、外部因素的干扰及影响。值得我们高度重视的是，一旦木结构开始出现损坏的端倪，如不马上采取科学措施，木结构的损坏将呈现出几何倍数的蔓延速度。换言之，鉴于采取木结构的建筑存在较大的损坏概率，后续维护成本及频率也不容乐观。这也成为中国园林在海外建成后的一个重点技术维护突破口：如何维护海外已建成的，且主要采用木结构的中国园林？

从春华园的两次修缮历程中，我们也许能发现一些园林存在“旅外”的“不适症”。由于中国园林自古以来具有的独特营造法式，在德国的中国园林修缮工作中，往往无法由当地的施工队伍独立完成全部环节，因此必须要国内的专业技术团队提供修缮工作上的技术支持。同样的情况也出现在其他海外中国园林的维护过程中，如波鸿的潜园以及杜伊斯堡的郢趣园（Chinesischer Garten，Zoo Duisburge），分别在2001年和2017年进行了不同程度的修缮工作。2001年，落地11年之久的波鸿潜园进行了庞大的屋顶翻修工程，由当年造园时的施工团队来落实完成，并增加了防水层，重铺了瓦片。屋顶翻修的隐患，主要是由于潜园屋顶铺瓦的初始季节引起——当初建造时在冬季，过低的温度使得屋顶的砂浆结冰，初始粘结强度受损，再加上多年的风雨侵蚀，屋顶已多处破损。在此次屋顶翻修之前，潜园曾出现过因屋顶漏水而闭园等严重情况。若是在国内，园林的瓦片以每3～5年的频率进行修补，但由于德国的工种划分细致，缺少能够胜任更换瓦片工作的技术人员，潜园屋顶的瓦片也错过了及时的更换。

一方面，这无疑展示出了中国园林文化难以复刻的独特价值；另一方面，这也说明中国园林作为文化输出的实物载体，园林后期的维护与修缮工作必须得到各环节的高度重视，不容半点纰漏与隐患。

（5）从仿建到转译：海外中国园林的嬗变

纵观德国的海外中国园林的风格，主要呈现为江南私家园林、北方园林、现代园林、其他地域园林4种类型。其中，江南私家园林风格，主要包括苏州园林风格和扬州园林风格，而北方园林风格又可细分为北方私家园林风格和北方皇家园林风格。由于荆楚园林风格、徽州水口园林风格、岭南园林风格、宋代园林风格的海外中国园林皆仅有1座，故而此处将其整合为其他地域园林风格（表6-1）。

梳理上述各类海外造园风格可知，江南园林的数量无疑占据绝对优势，而江南园林中又以苏州园林为主导，蔚为大观。近年来，在德国也建造了数座现代园林风格的转译作品。如2009年落成的措伊藤镇"九曲十八弯"（Neun Krümmungen und achtzehn Windungen），在造园初期，设计师之一的阿克塞尔（Axel Hermening）就曾指出，"这个中国园林不应该也不需要建成很传统的中国式园林，它应该能够与措伊藤镇，与附近的民居以及当地的风光很好地融合在一起"。在最

表6-1　1978—2020年德国的海外中国园林造园风格

园林风格（一级）	园林名称	建成时间	园林风格（二级）	园林面积（m^2）
江南园林	德国汉堡"豫园" Yu Garten Hamburg	2008年	苏州园林	1000
	德国曼海姆"多景园" Chinesischer Garten，Luisenpark	2001年	扬州园林	6000
	德国斯图加特"清音园" Chinesischer Garten Stuttgurt	1993年	扬州园林	2000
	德国波鸿"潜园" Chinesischer Garten Qian Yuan	1990年	苏州园林	1000
	德国白湖"怡园" Chinesischer Garten，Weissensee	2011年	苏州园林	5400
	德国杜塞尔多夫"帼园" Glagow Garden	1985年	苏州园林	60
北方园林	德国柏林"得月园" Garten des wiedergewonnenen Mondes	2000年	北方私家园林	30000
	德国佛莱贝格"大实中国中心" Dashi China Center	1995年	北方皇家园林	2000
现代园林	德国柏林措伊藤"九曲十八弯" Neun Krümmungen und achtzehn Windungen	2009年	现代园林	1500
	德国特里尔"厦门园" Chinesischer Garten，Petrispark	2018年	现代园林	8600
	德国柏林"独乐园" Dule Garden of IGA2017 Berlin	2017年	现代园林	不详
其他地域园林	德国杜伊斯堡"郢趣园" Chinesischer Garten，Zoo Duisburge	1988年	荆楚园林	5400
	德国法兰克福"春华园" Chinesischer Garten，Bethmann Park	1989年	徽州水口园林	4400
	德国慕尼黑"芳华园" Garten von Duft und Pracht	1982年	岭南园林为主	540
	德国罗斯托克"瑞华园" Ruihua Garden of IGA2003 Rostock	2002年	宋代园林	2024

终呈现的蓝图上，设计师也将园林分为风格不一的三种视觉呈现，并与措伊藤的天然风格进行深度融合，在园林中融入“母亲河”、中国书法、古典诗词等中国传统美学元素，使得游园者能在移步换景中，漫步在中国的文化氛围中，如临佳境。2017年落成的柏林“独乐园”（Dule Garden of IGA2017 Berlin），将中国古典园林的传统气质与现代设计技法有机结合，充分利用园中的竹径与流水等自然元素，营造出别具一格的几何轴线；并且充分运用镜面效应，消融人与自然之间的隔阂与界限，营造了现代与古典交相辉映，多重元素彼此流动、往复的无限艺术空间，从而对中国传统文化的独特精神气韵进行了美轮美奂的展现。2018年落成的特里尔“厦门园”（Chinesischer Garten, Petrispark），则在充分尊重原有景观结构的基础上，就地取材、因地制宜，将厦门当地的材料和元素与特里尔场地的现有设计相结合，在东西精髓的巧妙化用中，实现了古今设计理念的高度结合（图6-9、图6-10）。

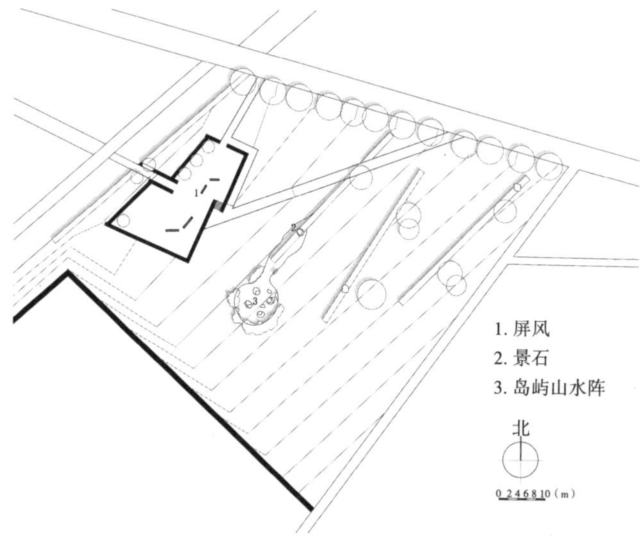

图6-9
特里尔“厦门园”平面
底图摹自：厦门都市环境设计工程有限公司

图6-10
特里尔“厦门园”
图片来源：https://www.chinesischergarten-trier.de/eintrag/tag-der-architektur

3. 园林地理区域分布特征

按照德国行政区的分布划分，德国主要分为联邦、州、市镇的三级垂直样态，共有16个州，13175个市镇。目前，坐落于德国的海外中国园林，主要分布在德国的10个州和州级市内，从覆盖情况来看，占据德国半数以上的州。

不同于我国对于城市的明确分类，德国对小城镇并无明确的定义。因此，这里对于德国城市的分类及划定，采用目前学界较为权威的分类标准，即德国联邦建筑、城市和空间规划研究院（BBSR）对德国城市与乡镇的分类界定（表6-2）。

截至2013年，德国的大城市共计81个，中等城市611个，小城市1584个，分别占总数的3.6%、26.8%和69.6%。中小城市、小城镇不仅在数量上占据着绝对优势，而且以星罗棋布之姿，散落于德国各地。透析这种分布态势，其背后的主要逻辑源于德国高度的城镇化发展水平。鉴于德国的工业化、城镇化起步较早，目前德国城镇化已步入较为成熟的发展阶段。

自20世纪60年代起，德国便开始规划并建设互补共生的“区域城市圈”——以大城市为龙头，以中小城市为主体，区域城市圈内部形成了规模不等的11个城市圈。同时，德国城市化发展也总体呈现出均衡分布的特点，其城乡一体化的程度也发展较为充分。20世纪中后期至21世纪初，得益于中小型城市完善的基础设施，以及德国完善的法制体系，甚至出现了“郊区化”现象，顾名思义即德国大城市的人口向中小城市流动的“逆城市化”现象。

中国园林作为可游、可居、可观的综合性艺术空间，为漫步其中的旅人提供了理想的场所空间。因此，德国人口分布、流动的整体趋势也直接影响了中国园林在德国的分布趋势——整体来说，中国园林在德国分布均衡，在大中城市基本都有分布（表6-3）。

我们可以看到，大型园林与中型园林的分布，往往以原有城市的规模体例及城市人口为参数，两者存在密切联系。譬如，既有坐落于大型城市的园林，如柏林的得月园、独乐园，汉堡的豫园等，这些城市的人口往往达到了1000万人以上；同时，也有坐落在中型城市的海

表6-2　德国城市分类标准

城市类型	人口数量	城市功能	备注
大城市 Groβstadt	10万人以上	这些城镇通常具有一级中心功能，或者至少具有二级中心功能	人口在50万人及以上的为大型大城市，小于50万人的为小型大城市
中型城市 Mittelstadt	2万~10万人	这些城市大多具有中心的功能	人口在5万人及以上的为大型中型城市，小于5万人的为小型中型城市
小城镇 Kleinstadt	5000~2万人	具有基层中心功能的城市或乡镇	人口在1万人及以上的为大型小城镇，小于1万人的为小型小城镇
乡村社区 Landgemeinde	小于5000人	不具有任何中心功能的社区	无

外中国园林，如1995年建成的中国大实中心，就位于萨克森州（Free State of Saxony）一座叫弗莱贝格（Freiberg）的小县，这是一座较为偏僻的山城，地广人稀，人口仅10万人，且人口密度仅为每平方公里150人；与之类似，2011年建成的白湖怡园（Chinesischer Garten, Weissensee）就坐落于图林根州的白湖市（Weimar），也是一座人口仅6万人的中型城市。

此外，德国的中国园林在区位分布上还有一个非常突出的特点：中国园林主要集中分布在原西德地区城市、柏林市，而原东德地区的城市明显建设较少。结合东西德统一后的发展情况来看，虽然东德并入西德，但德国为使全区域生活水准相对公平，因此设立了团结税，甚至每年拨出5000亿欧元对原东德地区投资并补贴，与此同时，在原东德地区修建大量基础设施，用以缩小东西部的先天差距。然而也必须承认东

表6-3　1978—2020年德国的海外中国园林地区分布

园林名称	所在城市 / 县 / 镇	所属地区	城市规模
德国慕尼黑“芳华园” Garten von Duft und Pracht	慕尼黑市	原西德地区	大型城市
德国杜塞尔多夫“帼园” Glagow Garden	杜塞尔多夫	原西德地区	大型城市
德国杜伊斯堡“郢趣园” Garten des Kranichs	杜伊斯堡市	原西德地区	大型城市
德国法兰克福“春华园” Chunhua Garden	法兰克福市	原西德地区	大型城市
德国波鸿“潜园” Chinesischer Garten Qian Yuan	波鸿市	原西德地区	大型城市
德国斯图加特“清音园” Garten der schönen Melodie	斯图加特市	原西德地区	大型城市
德国“大实中国中心” Dashi China Center	弗德堡市	原东德地区	大型城市
德国柏林“得月园” Garten des wiedergewonnenen Mondes	柏林市	原东德地区	大型城市
德国曼海姆“多景园” Garten der vielen Ansichten	曼海姆市	原西德地区	大型城市
德国罗斯托克“瑞华园” Ruihua Garden	罗斯托克市	原东德地区	大型城市
德国汉堡“豫园” Yu Garden	汉堡市	原东德地区	大型城市
德国柏林措伊藤“九曲十八弯” Neun Krümmungen und achtzehn Windungen	措伊藤镇	原东德地区	小城市
德国图林根州白湖“怡园” Garten des ewigen Glücks	白湖市	原西德地区	中等城市
德国柏林“独乐园” Dule Garden	柏林市	原东德地区	大型城市
德国特里尔“厦门园” Chinese Garden	特里尔市	原西德地区	大型城市

西德的资源客观分布不均，原西德地区的城市发展水平显然远在东部之上，在经济实力、人口数量等量化维度上，原西德相较于原东德地区的城市也占据明显优势。而柏林，作为德国统一后的新首都，自2003年迁都之后，其经济实力和国际影响力也稳步攀升。从前文的营建概览中我们可以得知，海外中国园林的顺利建造，绝大部分有赖于当地政府在资金方面的有力支持。因此，建造中国园林需要政府有必要且雄厚的经济实力作为基础，总体来说，坐落在德国的海外中国园林，便形成了具有鲜明国别特色、区域发展特色的分布特征。

二、营建机制

1. 开发筹划

四十多年来，中国在德国的海外造园动机主要有三个（表6-4）：

表6-4 1978—2020年德国的海外中国园林建设动机

建设动机	园林名称	建成时间	具体缘由
国家或地方政府间的“园林外交”	德国杜伊斯堡“郢趣园” Chinesischer Garten，Zoo Duisburge	1988年	纪念友好城市（武汉—杜伊斯堡）
	德国法兰克福“春华园” Chinesischer Garten，Bethmann Park	1989年	纪念友好城市（广州—法兰克福）
	德国汉堡“豫园” Yu Garten Hamburg	2008年	纪念友好城市（上海—汉堡）
	德国柏林“得月园” Garten des wiedergewonnenen Mondes	2000年	纪念友好城市（北京—柏林）
	德国曼海姆“多景园” Chinesischer Garten，Luisenpark	2001年	纪念友好城市（镇江—曼海姆）
	德国特里尔“厦门园” Chinesischer Garten，Petrispark	2018年	纪念友好城市（厦门—特里尔）
	德国柏林措伊藤“九曲十八弯” Neun Krümmungen und achtzehn Windungen	2009年	纪念友好城市（不详）
国际博览会参展	德国慕尼黑“芳华园” Garten von Duft und Pracht	1982年	1983年慕尼黑国际博览会参展
	德国罗斯托克“瑞华园” Ruihua Garden of IGA2003 Rostock	2002年	2003年罗斯托克国际博览会参展
	德国柏林“独乐园” DULE Garden of IGA2017 Berlin	2017年	2017年柏林国际博览会参展
	德国斯图加特“清音园” Chinesischer Garten Stuttgurt	1993年	1993年斯图加特国际博览会参展
私人层面邀建或自筹建	德国波鸿“潜园” Chinesischer Garten Qian Yuan	1990年	校际友好往来
	德国白湖“怡园” Chinesischer Garten，Weissensee	2011年	当地建筑师发起的地方旅游景点开发
	德国杜塞尔多夫“帼园” Glagow Garden	1985年	国外个人邀建
	德国佛莱贝格“大实中国中心” Dashi China Center	1995年	不详

其一是国家或地方政府间通过“园林外交”建立友好关系而进行海外造园。此类园林大部分是因中德地方政府为进行文化交流、开展经济合作而缔结友好城市，为纪念城市之间的友谊而开展建造。1985年，中德之间的第一对友好城市——武汉市与杜伊斯堡市达成协议，由武汉市向杜伊斯堡市赠建一座中国园林，建于杜伊斯堡市动物园内，名为“郢趣园”（图6-11、图6-12）。此后，愈来愈多的地方政府纷纷效仿，将赠建园林作为缔结友好城市协议中的合作项目之一，如法兰克福春华园、汉堡豫园、柏林得月园、曼海姆多景园等。

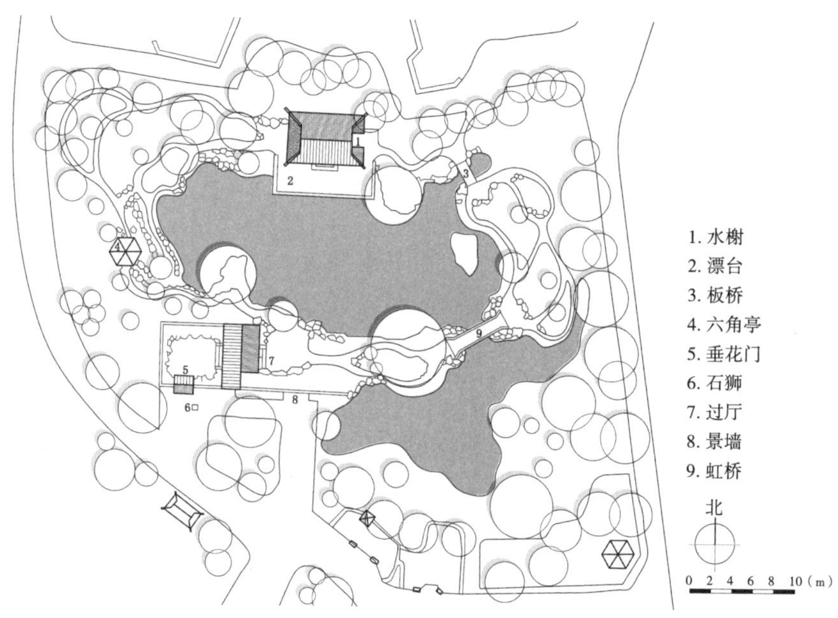

图6-11
杜伊斯堡市“郢趣园”平面
底图摹自：中国园林设计优秀作品集锦：海外篇［M］. 北京：中国建筑工业出版社，1999.

图6-12
杜伊斯堡市“郢趣园”
图片来源：https://www.bergwelten.com/t/w/29360

其二是园林作为文化展示产品参与国际博览会。自1983年我国所设计建造的芳华园在慕尼黑国际园艺博览会上一鸣惊人并夺得双项大奖后，我国又陆续参加了1993年斯图加特市、2003年罗斯托克市、2017年柏林市举办的国际园艺博览会，清音园（图6-13、图6-14）、瑞华园（Ruihua Garden of IGA2003 Rostock）、独乐园便是国际博览会参展的产物。

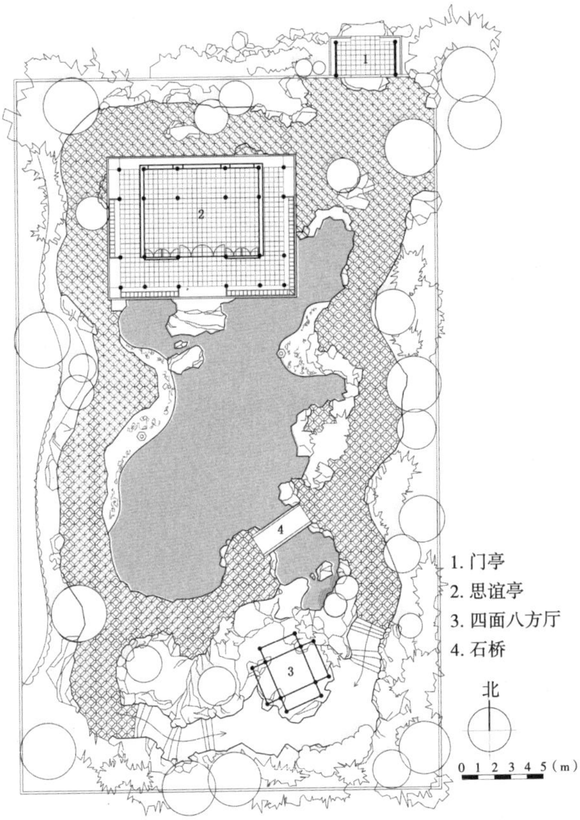

1. 门亭
2. 思谊亭
3. 四面八方厅
4. 石桥

北

0 1 2 3 4 5（m）

图6-13
斯图加特市“清音园”平面
底图摹自：中国园林设计优秀作品集锦：海外篇［M］. 北京：中国建筑工业出版社，1999.

图6-14
斯图加特市“清音园”
图片来源：https://www.fotocommunity.de/photo/stuttgart-chinesischer-garten-gumabe/38820819

其三是私人层面的建设。具体包括海外企业邀建、国际友人出于中国情结而进行的自发筹建与邀建等。如建设于德国波鸿鲁尔大学内的潜园，正是鲁尔大学校长为表达对中国园林文化的热爱，与其友好高校上海同济大学共同商议，在鲁尔大学校园内设计建造的。2011年揭幕于德国图林根州白湖市的怡园，则是由当地建筑师以地方旅游景点开发为目的，自发设计建造的（图6-15、图6-16）。而1985年建于杜塞尔多夫的私人园林帼园（Glagow Garden），则是杜塞尔多夫市民帼娜歌女士为纪念其中国情结而进行的私人层面邀建。

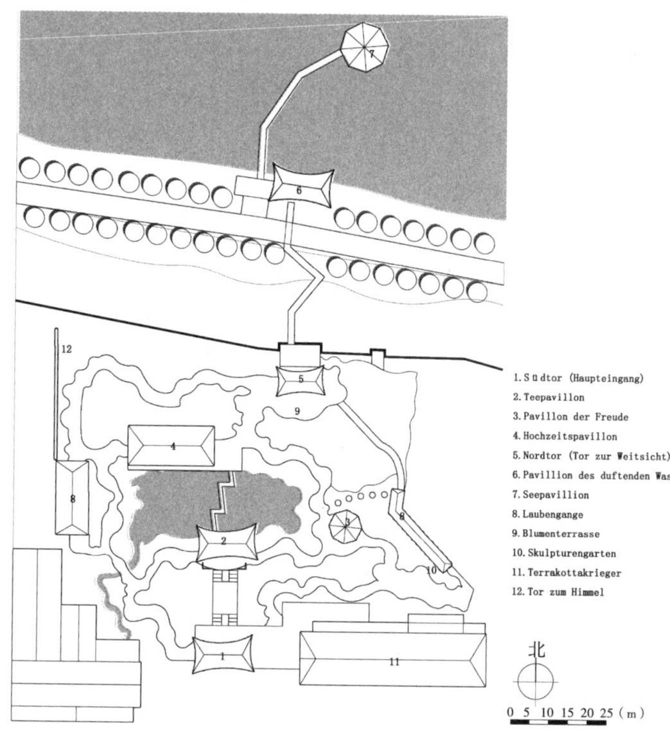

图6-15
白湖“怡园”平面

图6-16
白湖“怡园”
图片来源：https://www.touren-lutherland-thueringen.de/de/unterkunft/wohnmobilstellplatz/campingplatz-weissensee/19522834/#dmlb=1

2. 营建主体与资金筹集

四十多年来，中国园林在德国建设的资金来源主要有中方出资、外方出资及中外合资三种类型，而建造主体则大多以我国设计院为主，也有少部分来源于外方设计院及设计师事务所（表6-5）。

从资金来源看，一般而言，国际博览会参展园林由参展方出资，故此类园林以我方企业投资为主。值得一提的是，1983年首次参展的慕尼黑芳华园在筹建时，由于我国正处于经济复苏期，故德国策展方破例承担了一部分造园费用。而因缔结友好城市所建造的海外园林，出资方基本为国内外地方政府，如杜伊斯堡郢趣园为武汉市与杜伊斯堡市共同出资，而曼海姆市多景园则为曼海姆市出资建造。此外，国外所进行的私人层面邀建或自筹建则基本以外方出资为主，如怡园、帼园等。

表6-5 1978—2020年德国的海外中国园林建造主体及建设资金来源

园林名称	出资方式	具体出资方式	建造主体
德国杜伊斯堡“郢趣园” Chinesischer Garten，Zoo Duisburge	中外合资	武汉市与杜伊斯堡市合资	中建公司园林建筑公司武汉分公司
德国法兰克福“春华园” Chinesischer Garten，Bethmann Park	外方出资	法兰克福政府出资320万马克	中建公司园林建筑公司安徽分公司
德国波鸿“潜园” Chinesischer Garten Qian Yuan	外方出资	波鸿市政府和当地储蓄银行文化基金会	同济大学设计院；德国工程师配合施工
德国慕尼黑“芳华园” Garten von Duft und Pracht	中外合资	德国策展方与我方各承担部分费用	中建公司园林建筑公司广州分公司
德国罗斯托克“瑞华园” Ruihua Garden of IGA2003 Rostock	中方出资	中方企业出资造园参展	中外园林建设总公司
德国汉堡“豫园” Yu Garten Hamburg	中外合资	汉堡市政府提供30年土地免费使用权，上海豫园（欧洲）公司贷款800万欧元	上海市园林工程有限公司
德国柏林“得月园” Garten des wiedergewonnenen Mondes	中外合资	双方政府出资210万欧元，企业出资240万欧元	北京市园林古建设计研究院
德国柏林“独乐园” DULE Garden of IGA2017 Berlin	中方出资	中方企业出资造园参展	朱育帆教授负责设计，当地工人配合施工
德国特里尔“厦门园” Chinesischer Garten，Petrispark	中外合资	厦门市与特里尔市共同出资，中方出资35万欧元，德方出资55万欧元	厦门都市环境设计工程有限公司
德国柏林措伊藤“九曲十八弯” Neun Krümmungen und achtzehn Windungen	外方出资	当地居民自发筹款25万欧元	来维墨西尼景观设计公司
德国斯图加特“清音园” Chinesischer Garten Stuttgurt	中方出资	中方企业出资造园参展	中外园林建设总公司
德国曼海姆“多景园” Chinesischer Garten，Luisenpark	外方出资	德国曼海姆市企业及社会团体出资	镇江国际经济技术合作公司与巴符州曼海姆城市公园有限公司合作
德国白湖“怡园” Chinesischer Garten，Weissensee	外方出资	德方当地政府出资208万欧元	中德合作完成设计施工
德国佛莱贝格“大实中国中心” Dashi China Center	不详	不详	中外园林建设总公司；部分结构由德国工程师负责设计
德国杜塞尔多夫“帼园” Glagow Garden	外方出资	园主个人出资15万马克	中外园林建设总公司

3. 建设区位

四十多年来建设于德国的中国园林，主要有建于城市公园、动物园、植物园与其他特定机构如美术馆等内，以及独立建设于城市之中两种选址方式（表6-6）。其中，建设于城市公园内的如郢趣园、春华园、芳华园、瑞华园、多景园、得月园，建设于美术馆内的如中国潜园。部分园林因其性质特殊，属于个人筹建的私人园林，故位于园主私人宅园内，如建设于杜塞尔多夫的帼园。

值得一提的是，出于参加博览会缘故而作为展园的中国园林与日本园林，在展览结束后一般以拆除与原地保留两种去向为主，而中国在德国参展的园林全部予以保留，如慕尼黑芳华园、斯图加特清音园、罗斯托克瑞华园均在国际博览会结束后，全园原址保留。

表6-6　1978—2020年德国的海外中国园林建设区位

园林名称	区位条件	可达性
德国杜伊斯堡“郢趣园” Chinesischer Garten，Zoo Duisburge	杜伊斯堡城东郊野地带，动物园内	一般
德国法兰克福“春华园” Chinesischer Garten，Bethmann Park	法兰克福东北郊野地带，贝特曼公园内	良好
德国波鸿“潜园” Chinesischer Garten Qian Yuan	鲁尔大学城南山林地，鲁尔大学植物园内	较差
德国慕尼黑“芳华园” Garten von Duft und Pracht	慕尼黑西南郊野地带，西公园内	较差
德国罗斯托克“瑞华园” Ruihua Garden of IGA2003 Rostock	罗斯托克城北郊野地带，公园内	较差
德国汉堡“豫园” Yu Garten Hamburg	市中心，毗邻富人区	良好
德国柏林“得月园” Garten des wiedergewonnenen Mondes	柏林城郊，世界公园内	较差
德国柏林措伊藤“九曲十八弯” Neun Krümmungen und achtzehn Windungen	距柏林40余千米的措伊藤镇	极差
德国柏林“独乐园” DULE Garden of IGA2017 Berlin	柏林城郊，世界公园内	较差
德国特里尔“厦门园” Chinesischer Garten，Petrispark	特里尔大学西北侧	良好
德国斯图加特“清音园” Chinesischer Garten Stuttgurt	城区绿化带山坡地带	良好
德国曼海姆“多景园” Chinesischer Garten，Luisenpark	市中心附近，路易森公园内	良好
德国白湖“怡园” Chinesischer Garten，Weissensee	图林根州白湖市魏森塞	较差
德国佛莱贝格“大实中国中心” Dashi China Center	路德维希堡西北，毗邻交通干道	良好
德国杜塞尔多夫“帼园” Glagow Garden	小型私家花园	无

从园林可达性来看，德国的大多数海外中国园林都位于比较偏远的郊野地带，可达性相对较差，尤其是位于措伊藤的“九曲十八弯”与位于白湖的怡园甚至由市中心出发需耗时数小时，十分偏远闭塞。汉堡豫园虽然建设于汉堡市中心，却因位于高档居民区地带，附近人口密度较小而造成客流量不佳的情况。

三、运行机制

1. 管理体系

中国园林在德国的管理机构与其造园动机和建设区位都有一定的联系（表6-7）。一般而言，建于动物园、植物园及其他公园、校园内的“园中园”由其公园管理处进行统一管理维护，同时地方政府作为上

表6-7　1978—2020年德国的海外中国园林管理机构及运行资金来源

园林名称	管理机构	资金来源
德国杜伊斯堡“郢趣园” Chinesischer Garten，Zoo Duisburge	由杜伊斯堡市动物园管理处进行统一管理，杜伊斯堡市埃森大学（University of Duisburg-Essen）退休教师自发组织志愿者团队维护	由杜伊斯堡地方政府与动物园管理处进行拨款维护
德国法兰克福“春华园” Chinesischer Garten，Bethmann Park	由法兰克福贝特曼公园管理处进行统一管理	由法兰克福地方政府与贝特曼公园管理处进行拨款维护
德国波鸿“潜园” Chinesischer Garten Qian Yuan	由德国波鸿鲁尔大学（Ruhr-Universität Bochum）与当地中国花园协会共同进行管理维护	由波鸿鲁尔大学植物园管理处与当地中国花园协会共同赞助
德国慕尼黑“芳华园” Garten von Duft und Pracht	由慕尼黑西公园（Munich Westpark）管理处进行统一管理，慕尼黑当地政府参与管理并组织活动	由慕尼黑当地政府与西公园管理处进行拨款维护
德国罗斯托克“瑞华园” Ruihua Garden of IGA2003 Rostock	由所在公园管理处进行统一管理	由当地政府及所在公园管理处统一拨款维护
德国柏林“得月园” Garten des wiedergewonnenen Mondes	由绿色柏林股份有限公司统一管理	由绿色柏林股份有限公司进行拨款维护
德国杜塞尔多夫“帼园” Glagow Garden	私人宅园，由园主个人进行管理维护	不详
德国斯图加特“清音园” Chinesischer Garten Stuttgurt	由斯图加特中国园协会进行管理维护	由斯图加特中国园协会向各界人士筹款，斯图加特政府拨款赞助
德国特里尔“厦门园” Chinesischer Garten，Petrispark	由专门的特里尔市中国花园协会进行管理维护	主要由特里尔中国花园协会通过会费、捐赠和赠款提供资金
德国柏林“独乐园” DULE Garden of IGA2017 Berlin	由绿色柏林股份有限公司统一管理	由绿色柏林股份有限公司进行拨款维护
德国曼海姆“多景园” Chinesischer Garten，Luisenpark	由路易森公园（Luisenpark）管理处进行统一管理，曼海姆中国花园协会会员自愿参与管理	由路易森公园管理处进行拨款维护，曼海姆地方政府给予赞助，曼海姆中国花园协会自发筹款
德国白湖“怡园” Chinesischer Garten，Weissensee	由图林根州白湖市魏森塞（Weiensee）地方政府进行管理	全部由白湖市魏森塞地方政府出资进行维护
德国佛莱贝格“大实中国中心” Dashi China Center	大实中国中心有限公司破产后，由明泽·绍曼购入并进行管理	不详
德国柏林措伊藤“九曲十八弯” Neun Krümmungen und achtzehn Windungen	由当地政府进行统一管理	当地政府与居民筹款进行维护
德国汉堡“豫园” Yu Garten Hamburg	上海豫园（欧洲）有限公司与汉堡当地政府共同参与管理，汉堡大学市场推广公司参与合作管理，当地孔子学院参与运营维护工作	主要由上海豫园（欧洲）有限公司投资进行运营维护

级管理机构，参与整体规划管理。这类公园的管理资金一般来源于当地政府与所属公园、动植物园管理处的拨款，如郢趣园、春华园、潜园、芳华园、瑞华园等；也有此类公园除地方政府与公园管理处拨款之外，还在官方网站上向社会各界人士募捐筹款，如多景园。

资金管理对海外中国园林的未来经营和发展影响日益加深。非营利性质的德国中国园林并不面临严峻的生存问题，因为它的管理经费来自地方政府或者直接管辖部门的拨款，如上文提到的法兰克福春华园，其建成后作为一所免费公园向公众开放，虽然没有门票收入来支持后期的运营管理，但由于是政府出资建设，春华园一直由法兰克福政府负责运营，维护和修缮的资金也都来源于政府。

此外，也有公园单独成立管理协会以负责后期的运营维护工作，如清音园修缮时成立的“斯图加特中国园协会”，不仅负责公园后期的管理维护工作，还曾争取斯图加特市政府拨款以供后期运营，亦在官方网站向社会各界人士募捐筹资（图6-17）；特里尔厦门园亦属此类。而独立建设于城市之中的公园则一般由当地政府直属的公园管理机构进行统一管理，如九曲十八弯、白湖怡园等，由地方政府或地方政府与当地居民共同出资维护。而建于私人宅园内的私人园林则由园主个人或雇佣工人承担养护管理工作，如帼园。

汉堡豫园后期的管理运营几乎全部由上海豫园（欧洲）有限公司进行投资，然而，其营业额几乎无法补偿运营资金的投入，导致汉堡豫园曾一度因无法负担推广费用与日常运营费用而亏损关停。

图6-17
斯图加特“清音园”官网的筹款信息
图片来源：http://www.chinagarten-stuttgart.de/index.php?article_id=35

2. 经营模式

四十多年来，德国的海外中国园林依照经营模式可分为免费开放园林与收费开放园林两类，其中收费开放园林可依照消费对象的不同分为单一消费园林与组合消费园林两类，单一消费指游客针对园林本身进行消费，而组合消费指游客针对园林所属的公园、动植物园与美术馆等特定文化服务机构进行消费；而依照收入来源不同，又可分为仅门票收入、仅服务性收入，以及门票收入与服务性收入兼具三种类型（表6-8）。

表6-8　1978—2020年德国的海外中国园林经营模式

经营类型	园林名称	消费类型	收入来源
免费开放园林	德国慕尼黑“芳华园” Garten von Duft und Pracht	无	无
	德国柏林“得月园” Garten des wiedergewonnenen Mondes		
	德国罗斯托克“瑞华园” Ruihua Garden of IGA2003 Rostock		
	德国法兰克福“春华园” Chinesischer Garten，Bethmann Park		
	德国波鸿“潜园” Chinesischer Garten Qian Yuan		
	德国斯图加特“清音园” Chinesischer Garten Stuttgurt		
	德国柏林措伊藤“九曲十八弯” Neun Krümmungen und achtzehn Windungen		
收费开放园林	德国杜伊斯堡“郢趣园” Chinesischer Garten，Zoo Duisburge	组合消费	门票收入
	德国汉堡“豫园” Yu Garten Hamburg	单一消费	服务性收入
	德国曼海姆“多景园” Chinesischer Garten，Luisenpark	组合消费	门票收入
	德国特里尔“厦门园” Chinesischer Garten，Petrispark	不详	门票收入不详，具有服务性收入
	德国柏林“独乐园” DULE Garden of IGA2017 Berlin	单一消费	门票收入
	德国白湖“怡园” Chinesischer Garten，Weissensee	单一消费	门票收入
	德国佛莱贝格“大实中国中心” Dashi China Center	单一消费	服务性收入

在德国的中国园林中，由于后期运营不力以致园林破败的情况时有发生。如1993年建于斯图加特的清音园。清音园是我国参与1993年斯图加特主办的国际园林博览会而建的。园林展后的园子一般都会拆除，但清音园因为得到了斯图加特-中国园艺协会（der Verein Chinagar- ten Stuttgart）的支持，在国际园林展结束后得以移建到市区，被永久保留下来。从那时起斯图加特-中国园艺协会便是清音园的所有者，也负责清音园的后期维护。由于协会是由市民自发组成的，人员流动不定，到2007年，协会内成员越来越少，无力支撑清音园的后期维护，清音园便被转让给斯图加特美化协会（des Verschönerungsvereins Stuttgart）。转让之后，清音园才得到翻新维修。

值得一提的是，部分在德中国园林因高昂的运营成本而被迫暂时停业。2011年，据《新浪财经日报》报道，曾作为上海与汉堡两姐妹城市关系见证的汉堡豫园因运营举步维艰，其经营主体“绿波廊”已经闭门谢客。

而营利性质的中国园林，虽然在设计之初已考量了各类消费活动来支持其运营，但鉴于国内外文化的差异、文化市场的不同，实际建成后的情况也会有所出入，进而影响了其后续的运营管理与发展。如2008年建成于汉堡的豫园，其以上海豫园为蓝本，按照1：0.8的比例建设，是上海和汉堡两市政府的友好合作项目。2006年，上海市旅游委与汉堡市文化部签署的有关文化旅游交流项目意向书，汉堡市免费提供面积约3400平方米、使用期限为30年的土地，由上海市出资在该地建设“汉堡—上海欧洲旅游中心”。上海市旅游委于2006年4月委托上海豫园旅游商城（集团）股份有限公司（下文称豫园商城）投资开发并经营该项目。汉堡豫园作为上海市在欧洲的对外窗口，旨在促进中欧文化交流、增进中德人民的相互了解和友谊。这里更是一个中德文化的交流中心、沟通桥梁，开业后定期举办的品茶论道等活动，分为T&Talk（品茶论道）、T&Taste（美食文化）、T&Tradition（传统文化）等，活动内容涉及中国传统文化和现代生活，涵盖文学、艺术、美食、品茶、哲学、旅游、民俗、健身等多个主题，让西方人从不同角度领略东方文化。虽然以弘扬中国文化为重要目的，但是运营汉堡豫园的资金来源于豫园商城的投资，起先豫园商城是想要延续国内上海豫园的商业定位，也将汉堡豫园打造成一个以营利为目的的旅游中心，希望通过园内的“绿波廊”中国餐厅、“湖心亭”中国茶楼来营利，支撑文化活动的举办。然而现实情况是，由于文化的差异性，“绿波廊”餐厅在2011年暂停营业，“湖心亭”茶楼虽仍在对外营业，但经营状况也不好。汉堡豫园的业务收入主要以经营中国式餐厅、举办多种文化活动所带来的服务性收入为主，却因入不敷出而难以维持。上海豫园（欧洲）股份有限公司曾自掏腰包在汉堡豫园多次举办文化活动，但难以见到商业回报，公司一再亏损，捉襟见肘的运营经费无力负担高昂的推广费用，又迫于亏损压力而不得不保持高昂的消费水准，以防收入进一步减少，最终形成恶性循环，导致作为私人企业的上海豫园（欧洲）公司难以支撑而做出关停的决定。数据显示，2010年汉堡豫园主营业务收入约410万元，较2009年减少近100万元，而此时距离汉堡豫园开业不过三年。德国汉堡大学教授关愚谦在接受采访时曾言，“唯有承担国家使命的国有企业才能做到不计成本地投入，而非私人企业，因而，想要彻底改变汉堡豫园的命运，体制的转型已然迫在眉睫”。2018年，汉堡豫园闭馆整修，在德国汉堡市政府和上海市政府的大力支持下，2020年1月17日重新对外开放（图6-18）。汉堡市市长琛彻尔先生（Dr. Peter Tschentscher）在开幕致辞上指出，“汉堡豫园为当地民众提供了一个近距离感知中国的可能性，将继续为拓展与深化两座城市、两个国家的友谊做出贡献”[①]。可见，重新开放后的汉堡豫园仍被期待作为促进中德文化交流的媒介而继续发展，但如何确保汉堡豫园后期得到更好的运营，仍需观望。

① https://www.sohu.com/a/367637878_115239

中国园林作为有生命的空间，随着时间的流逝，其后期的修缮和管理成为日益突出的问题。中国园林要想在德国持续发挥弘扬中国文化的作用，也不能只完成“建成”的任务，后期的运营和管理也应纳入考虑。

3. 运营内容

（1）园林信息宣传

随着互联网时代的到来，第二次世界大战后海外中国园林在德国的信息宣传方式以线上宣传为主，主要通过建立官方网站来进行信息宣传推广、在旅游网站上发布园林游览信息及在社交平台上更新相关信息。其中，从官方网站建设方面来看，又分为独立官网与附属板块两种类型。独立官网指园林本身所具有的专属官方网站，而附属板块则指园林在其所附属的公园、动植物园或美术馆等文化机构、负责其运营管理的管理协会或其所在城市的官方网站中占据一个独立的宣传板块（表6-9）。

图6-18
2020年汉堡“豫园”重新开张
图片来源：https://www.hamburg.de/pressearchiv-fhh/13493692/2019-01-17-bkm-yu-garden/#detailLayer

表6-9 1978—2020年德国的海外中国园林官方网站及社交网站官方平台建设情况

官网类型	园林名称	建设区位	园林官方网站	社交网站官方平台（Facebook）
独立官网	德国汉堡“豫园” Yu Garten Hamburg	独立建造	https://www.yugarden.hamburg/	https://www.facebook.com/YU-Garden-Hamburg-102155384697488/
	德国白湖“怡园” Chinesischer Garten，Weissensee	独立建造	https://www.chinagarten-tourismus.de/	无
	德国佛莱贝格“大实中国中心” Dashi China Center	独立建造	https://www.chinacenter.de/	https://www.facebook.com/MingChinaCenter-158390427581262/
	德国特里尔“厦门园” Chinesischer Garten，Petrispark	独立建造	https://www.chinesischergarten-trier.de/	无
	德国斯图加特“清音园” Chinesischer Garten Stuttgurt	独立建造	http://www.chinagarten-stuttgart.de/index.php?article_id=18	无
文化机构、管理协会或城市官网的单独板块	德国柏林“得月园” Garten des wiedergewonnenen Mondes	柏林世界花园内	柏林世界花园官网https://www.gaertenderwelt.de/gaerten-architektur/themengaerten/chinesischer-garten/	无
	德国罗斯托克“瑞华园” Ruihua Garden of IGA2003 Rostock	罗斯托克公园内	罗斯托克世界园艺博览会官网https://iga-park-rostock.de/event-location/chinesischer-garten/	无
	德国法兰克福“春华园” Chinesischer Garten，Bethmann Park	法兰克福贝特曼公园内	法兰克福官网https://frankfurt.de/themen/umwelt-und-gruen/orte/gaerten/chinesischer-garten	无
	德国杜伊斯堡“郢趣园” Chinesischer Garten，Zoo Duisburge	杜伊斯堡动物园内	杜伊斯堡动物园官网https://zoo-duisburg.de/	无
	德国波鸿“潜园” Chinesischer Garten Qian Yuan	波鸿鲁尔大学植物园内	波鸿鲁尔大学中国花园协会官网https://www.ruhr-uni-bochum.de/cgev/index.html.de	无
	德国曼海姆“多景园” Chinesischer Garten，Luisenpark	曼海姆路易森公园内	路易森公园官网https://www.luisenpark.de/mein-luisenpark/chinesischer-garten	https://www.facebook.com/Das-Teehaus-im-Chinesischen-Garten-des-Luisenpark-Mannheim-239207432790773/
	德国柏林措伊藤“九曲十八弯” Neun Krümmungen und achtzehn Windungen	独立建造	措伊藤官网https://www.zeuthen.de/Chinesischer-Garten-620124.html	—
无官网	德国慕尼黑“芳华园” Garten von Duft und Pracht	慕尼黑西园内	无	https://www.facebook.com/Chinesischer-Garten-658796977597455/
	德国杜塞尔多夫“帼园” Glagow Garden	私人宅园内	无	无
	德国柏林“独乐园” Dule Garden of IGA2017 Berlin	柏林世界花园内	无	无

德国现存的海外中国园林中，仅有少数园林拥有独立官网，大部分园林以在其所属的文化机构、管理协会或所在城市官网上占据一个板块的情况为主。部分园林的独立官网建设比较完善，如斯图加特清音园，其独立官网对园林的总体概况、游览信息以及重点区域设计手法均设置单独的板块并进行较为详细的介绍，并设置园林图库，储存园中各个重要景点的实景照片（图6-19）。大部分海外中国园林仅在附属官网上占据一个单独的板块或页面，信息量相对不足，有待进一步完善；而部分海外中国园林不仅没有官方网站，还鲜有网络介绍，难以获知相关信息，如杜塞尔多夫帼园。

就社交网站官方平台而言，大部分德国的海外中国园林并无独立的官方社交平台。除汉堡豫园的Facebook更新良好（图6-20）外，慕尼黑芳华园、曼海姆多景园及佛莱贝格大实中国中心的社交网站官方平台数年未有更新。

除线上宣传方式外，部分海外中国园林也采用了线下宣传的方式，一般以宣传册、传单等为主，图文并茂地对园林展开各方面介绍，如清音园、怡园等（图6-21）。

- Garten
- Pavillon und Halle
- Wege und Wasserfall
- Steinbogen und Figur
- Geschichte (IGA)

Der Chinesische Garten Stuttgart ist eine Aussichtsanlage auf der Halbhöhe mit Blick über den Talkessel der Kernstadt. Er ist Eigentum des Verschönerungsvereins Stuttgart e. V.. Der Garten steht den Bürgern und Besuchern der Stadt täglich zur kostenlosen Benutzung zur Verfügung. Bitte beachten Sie für Anfragen jeder Art unsere **Hinweise**.

Klassische chinesische Gärten sind Welten im kleinen Maßstab, Mikrokosmen mit den Elementen der Schöpfung: Steinschichtungen stellen Gebirge dar, Teiche oder Seen entsprechen den Meeren, Gartenpflanzen der natürlichen Vegetation. Diese Nachschöpfung der Landschaft soll dem Besucher die Natur und deren Schönheiten zeigen.

Im Garten soll das Wesen der Welt erfahrbar werden, der zyklische Ablauf im Kosmos, das Aufgehen und Vergehen, Frühling und Herbst und die Welt mit ihren vielfältigen Gegensätzen wie Leben und Tod, hart und weich, Steinen und Wasser. Das alles symbolisiert das kieselsteingepflasterte Yin und Yang-Symbol am Garteneingang. Die umschließende Gartenmauer trennt diese ideale Welt von der realen Außenwelt.

Mit den hochgezogenen Dachenden der Gebäude, der leichten Architektur und den kunstvollen Detailausbildungen stellt der Garten der schönen Melodie einen typisch südchinesischen Garten dar. Der Name entstammt einem alten chinesischen Gedicht, nach dem nicht nur Flöte und Laute, sondern auch Berg und Wasser eine schöne Melodie ergeben.

Ein Wasserfall über Felsschichtungen hinweg übersetzt diese Poesie in die Wirklichkeit. Gebäude, bildhafte Szenerien und Gedichttexte mit chinesischen Schriftzeichen verdeutlichen, dass die Gartenkunst Chinas ein Gesamtkunstwerk von Architektur, Malerei, Dichtung und Schönschreibkunst (Kalligraphie) ist.

Damit sich alle noch lange an dem schönen Anblick erfreuen können, erklärt sich jeder Besucher beim Betreten mit der » **Gartenordnung** einverstanden, die an einer Tafel am Eingang nicht zu übersehen ist. Erfahren Sie mehr über den Garten auf den folgenden Seiten und aus zwei » chinesischen Publikationen.

图6-19
斯图加特“清音园”官网
图片来源：http://www.chinagarten-stuttgart.de/index.php?article_id=18

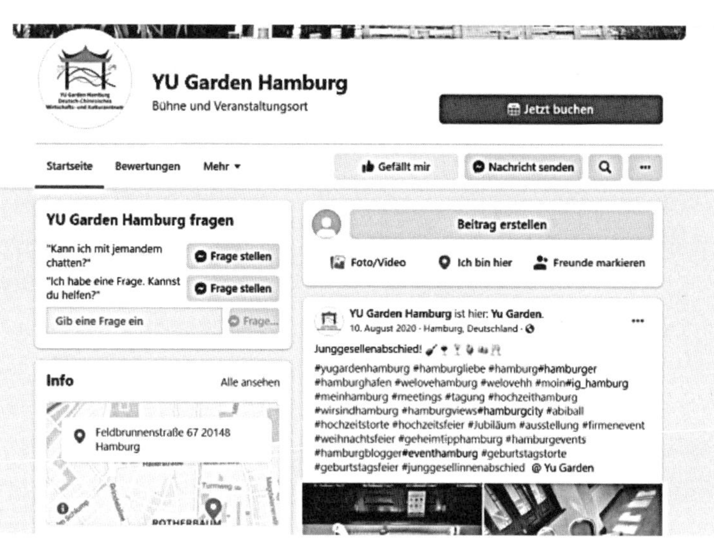

图6-20
汉堡“豫园”Facebook
图片来源：https://www.facebook.com/YU-Garden-Hamburg-102155384697488/

图6-21
斯图加特“清音园”宣传册
图片来源：http://www.chinagarten-stuttgart.de/files/faltblatt-chinagarten-2.aufl.2008.pdf

（2）园林社会活动

随着海外影响力的扩大，部分海外中国园林不再局限于静态观赏，更开展了较为丰富的文化活动与节日活动，供游人互动取乐，体验中国传统文化，包括茶道活动、曲艺戏剧观赏、书法绘画体验、皮影戏等等，特里尔厦门园还与当地孔子学院开展合作，宣传孔子文化（表6-10）。

在活动方面，目前大部分在德国的中国园林其使用功能还是以供游人参观游赏为主，体验互动较少，如1983年建成的慕尼黑芳华园、1985建成的杜伊斯堡郢趣园。小部分的园林开展了更为丰富的活动，如2008年建成的汉堡豫园，每年推出十多项中国民俗活动，并与孔子学院合作举办了很多教学活动，整修后的汉堡豫园更宣称要打造为中德文化交流的首选地。

表6-10　1978—2020年德国的海外中国园林开展的社会活动类型

园林名称	活动类型
德国慕尼黑“芳华园” Garten von Duft und Pracht	静态观赏
德国柏林“得月园” Garten des wiedergewonnenen Mondes	茶馆内可体验中国茶道活动
德国罗斯托克“瑞华园” Ruihua Garden of IGA2003 Rostock	静态观赏
德国法兰克福“春华园” Chinesischer Garten，Bethmann Park	曾举办中国传统曲艺、戏剧、舞蹈等活动，但不频繁
德国杜伊斯堡“郢趣园” Chinesischer Garten，Zoo Duisburge	曾开展“生机勃勃中国园”系列活动，邀请德国民众体验书法、绘画、茶艺、手工、武术、传统服装和传统节日民俗
德国汉堡“豫园” Yu Garten Hamburg	举办“汉堡豫园中国节”，依照中国传统节日定期举办多种大型文化活动、展览等，内容丰富多样，并建有特色中国餐厅，举办商品展销会出售特色文化产品
德国波鸿“潜园” Chinesischer Garten Qian Yuan	静态观赏
德国柏林“独乐园” DULE Garden of IGA2017 Berlin	静态观赏
德国特里尔“厦门园” Chinesischer Garten，Petrispark	不定期举办孔子学院文化节、夏日祭、建筑日等多种活动
德国斯图加特“清音园” Chinesischer Garten Stuttgurt	静态观赏
德国曼海姆“多景园” Chinesischer Garten，Luisenpark	不定期举办中国舞蹈、皮影等传统文化活动，太极拳、气功等传统文化课程及中国文化讲座；茶馆内可体验中国茶道与各品种中国茶，并举办工艺品展览
德国白湖“怡园” Chinesischer Garten，Weissensee	茶馆内可体验中国茶道活动，并可承接婚礼活动
德国柏林措伊藤“九曲十八弯” Neun Krümmungen und achtzehn Windungen	静态观赏
德国佛莱贝格“大实中国中心” Dashi China Center	中国花园内举办茶道活动，并布置传统艺术展
德国杜塞尔多夫“帼园” Glagow Garden	私人宅园，无活动

曼海姆多景园作为目前欧洲规模最大、保存最为完整的古典江南园林建筑群体。自2001年开园的二十年间，借助园中的牌楼、茶楼、戏台组织开展了一系列中国传统文化活动，接待游客近千万人次（图6-22）。2019年，由上海市人民政府新闻办公室、上海市人民政府外事办公室、中华人民共和国驻汉堡总领馆主办的“艺江南汉堡豫园之约”文化体验活动在汉堡豫园举行，将江南文化中特色的剪纸、纸翻花、葫芦雕刻、熏香制作、丝竹演绎介绍给了外国游客。与此同时，汉堡豫园也筹划开放了茶馆与中餐厅，承接商务午餐、圣诞节、生日或婚礼派对等不同活动（图6-23）。

图6-22
曼海姆多景园中的茶会
图片来源：https://commons.wikimedia.org/wiki/File：%C4%88ina_te-paviliono_Mannheim_5.jpg

图6-23
汉堡豫园中的江南文化体验活动
图片来源：https://www.paynoweatlater.de/at/yu-garden/

四、典型个案

慕尼黑“芳华园”，作为第一座在德国建成的海外中国园林，拥有鲜明且典型的岭南园林风格。自1983年建成以来，一举摘得当年慕尼黑国际园林展上的两项大奖，芳华园为中国园林的海外传播做出了不可替代的贡献。然而，时隔三十多年的岁月变迁，芳华园目前的管理状况如何？是否仍保持着诞生伊始时的蓬勃影响力，乃至影响力更甚？

与此同时，位于柏林的得月园，占地约2.7万平方米，也是目前德国乃至欧洲境内占地规模最大的中国园林。每年都有众多海外游客络绎不绝地慕名而来，参观到访，那么，得月园又是如何保持中国园林历久弥新的文化魅力呢？

再次，柏林独乐园作为参与2017年柏林国际园林展的中国园林，以转译的手法呈现了现代风格的中国园林文化，也是自海外中国园林输出历史开篇以来，为数不多的现代风格展园。那么，针对新时期现代风格的中国园林鳞次栉比的萌芽现象，对于海外造园的意匠营求，又会有何启发？

鉴于以上原因，本节将重点选取慕尼黑芳华园、柏林得月园、柏林独乐园三座海外中国园林作为代表性研究案例，尝试从发展历程、设计手法、影响评价三个维度，对其进行全面探讨，以历时性和共时性的眼光来看待在德中国园林的文化传播影响力。

1. 芳华园：第一座在德国建成的中国园林

芳华园坐落于慕尼黑国际园林展亚洲区内，总面积540平方米，长27米，宽20米，是一座具有鲜明岭南园林风格特色的中国园林。该园的设计初拟工作完成于1981年，于1982年10月正式竣工，并参与了1983年慕尼黑国际园林展览会（IGA）的展出活动。

（1）建设历程

在第一步决定造园的草创阶段，芳华园就经历了崎岖且漫长的过程。1972年，中德两国正式建交，放眼整个20世纪70年代，中德双方签署了许多贸易合作、文化交流方面的协定，就一些重要问题达成了共识。1979年10月24日，我国与联邦德国在波恩签署了《中华人民共和国政府和德意志联邦共和国文化交流往来协议》，协定的签署也彰显着两国的民间交往正式迈入了政策上的支持。随着1978年改革开放政策的普遍实行，两国之间的交流更加频繁。

1978年，正值我国改革开放政策之初。这个阶段的中国，百废待兴，前景无限，各个行业都在探索适合自身的发展道路，对于北京市园林局来说也是如此。园林管理部门在1978年前后面临整体性重新组建的难题，园林工作者也在废墟之上开始了工作的新进程，希冀在摸索中尽快找到适合我国国情的中国园林发展道路。与此同时，面对全球化逐渐渗透、全面深入的新格局、新契机，中国园林文化的前进航向也亟需与国际接轨。

官方政策的支持，为中德两国民间的友好往来营造了良好的政治环境。由于良好政策的助推作用，20世纪70年代以来，中德两国人民也逐渐有了愈加频繁的话语交流及合作往来。举例来说，玛丽安娜·鲍榭蒂（Marianne Beuchert）女士便作为20世纪70年代多次访问中国的德国友人之一，为两国的文艺事业做出了卓越贡献。鲍榭蒂女士酷爱中国文化，尤其对中国园林艺术颇有造诣，她曾6次受邀于中国园林管理部门，踏足中国进行实地考察访问。

毋庸置疑，鲍榭蒂女士为中国园林文化在海外的传播，做出了无可替代的贡献。1997年，她用德文撰写的《中国园林》（*Die Gärten Chinas*）一书得以出版，书中详尽介绍了中国园林的造园特点，及其在历史、文化、思想等多方面的内容，较为全面、系统地阐述了中国园林文化的方方面面。《中国园林》这本书为欧洲国家打开了一扇窗，也让德国民众乃至西方民众，得以认识并了解中国园林文化（图6-24）。

1978年秋，鲍榭蒂女士终于被准许到中国参加广交会，第一次正式踏上中国的土地。会后，也就是1978年12月底，中国园林管理部门向鲍榭蒂女士发出正式的邀请邮件，邀请她实地参观中国园林。重新组建园林管理部门后，中国园林开始处于重新发展的关键时期。因此，如何真正落实改革开放政策所说的“走出去”，还在从理论到实践逐步迈进的摸索阶段。正是鲍榭蒂女士的访华之旅，为中国园林的“走出去”提供了绝佳契机。

图6-24
鲍榭蒂著《中国园林》中译版

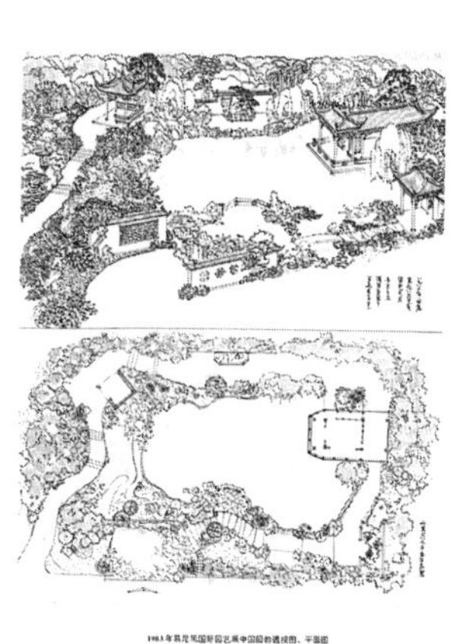

在结束1979年的访问之旅后，鲍榭蒂女士作为邀请方，邀请中国的园林代表团回访德国，希望在双向互动中促进两国的园林文化交流。正是这次回访，为海外中国园林的建造奠定了良好的文化互动基础。1979年11月，鲍榭蒂女士带领中国代表团，参观了当时正在波恩举办的联邦园艺展，并带领中国代表团前往慕尼黑，与后来任1983年国际园林展理事会主席的马克斯博士，开展了良好的会晤洽谈。此次会谈中，中国代表团争取到了参加1983年慕尼黑国际园林展的机会，并初步框定了展园的选址问题和面积规划细节——即一块面积约为650平方米的临湖场地。

1980年8月，马克斯博士来到中国广州，就1983年国际园林展的问题与我国进行洽谈。1981年4月，慕尼黑市市长基斯勒一行访华，基斯勒先生对在德国建造中国园林怀有很高的期待。这是因为在1973年汉堡举办的国际园林展上，日本代表团夺得金牌，使东方园林在国际上声名鹊起，获得广泛关注。作为日本园林滥觞之地的中国园林，理应获得更为广泛的关注度。基斯勒先生还慷慨地表示可以承担我国参展的部分费用。正是在官方和民间的共同推动下，国务院最终决定同意参展，并将建园参展的光荣任务郑重地交给了广州市园林局。

从1979年到1981年，历经三年时间，在德国的第一座中国园林于迎来了从理论到实际的落地生根，并且确定建造的机会。

当时我国刚刚拉开改革开放的序幕，正是迈出了“万物复苏、万象更新”的第一步，值此时期受邀参与一个国际级的园林展，自然意义重大。因此国家也相当重视，甚至成立了专门的领导小组，并且制定了初步草拟方案，一切都在有条不紊地逐步推进。

在我国高度重视下，中国园林芳华园的设计过程及施工过程也在稳步推进：1981年，完成了设计图纸的蓝图构建，国家城建总局组织了汪菊渊、孙筱祥、郑孝燮等专家教授进行方案评审和修改；1982年，在广州兰圃率先建造了实体样板园（图6-25），同年9月派出技术组前往慕尼黑指导施工，历时一个月竣工；1983年4月至10月，芳华园在国际园林展中展出，惊艳四座。

（2）造园意匠

芳华园坐落在慕尼黑国际园林展亚洲区内，方位朝南，整体呈现出北高南低的态势，高差约8米，东西山坡高起约3~5米，形成马蹄形小谷地（图6-26）。毗邻东西高坡上的尼泊尔园和印度园，立足南临公园干道丁字交叉口，西南面约20米处的人工湖边坐落着日本园。

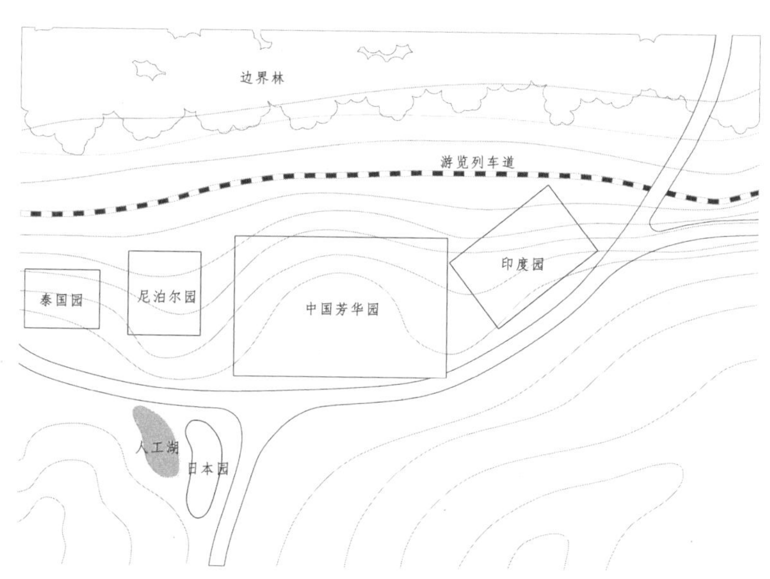

图6-25
广州兰圃内的样板园
沈子晗摄

图6-26
芳华园区位
底图摹自：吴泽椿．“芳华园”规划设计［J］．中国园林，1985（07）：1-2.

图6-27
芳华园平面
底图摹自：吴泽椿."芳华园"规划设计[J]. 中国园林，1985（07）：1-2.

图6-28
芳华园内建筑
图片来源：https://mapio.net/pic/p-92285754/

图6-29
芳华园内具有岭南特色的木雕
图片来源：https://mapio.net/pic/p-92285754/

在整体布局上，芳华园仿建中国古典园林的做法，从"相地合宜"的造园智慧开始，充分结合当地的地形地貌、自然环境，在南侧地势低处挖湖开源。芳华园总面积仅540平方米，鉴于园地整体面积规模较小，因此园林别出心裁，以水为中心，布置成一个不闭合式、单环路系统的自然山水园，占尽山水之趣（图6-27）。

全园建筑涵纳定舫、景门廊、方亭在内，全部采用浅黄色琉璃瓦，浅棕色的木构屋架更增添厚重底蕴，柱梁交角处都用木刻雕花雀替或木刻花罩装饰，平增精雕镂刻之精美。选材上，主要采用广州地区的木雕、砖雕、刻花玻璃、琉璃花窗、琉璃瓦等手工艺品，对于园林建筑展开精雕细琢，充分借用岭南风物来表现岭南风格，堪称原汁原味（图6-28、图6-29）。

1. 前庭
2. 钓鱼台
3. 景门廊
4. 壁水池
5. 廊桥
6. 定舫
7. 牡丹台
8. 方亭
9. 瀑布
10. 竹径

在植物造景方面，慕尼黑市为了尽善尽美地呈现国际园艺展的风采，早在展览前四年，就预先在园中栽植了很多大树，包括水杉、枫香、银杏、锻、橡、七叶树、紫杉、红豆杉、卫茅、云杉、栒子及松柏等，一片青翠茂盛的人工植被也颇具规模。德国现有园林观赏植物中，近五成是从我国引种栽培的。更为令人欣喜的是，我国长江流域以及北方的耐寒植物，近七成都能在此园露地越冬，这无疑也为芳华园的植物配景跨越时空限制提供了极大的便利。

芳华园的植物，主要选用了我国园林中的传统花木，如松、梅、白仃、芙蓉、丹桂、玉兰、紫藤、槐、柳、迎春、桃、石榴、紫薇、牡丹、丁香、连翘等，再搭配上一些颇具亚热带风情的植物，使得园林在具有强烈中国风格的同时，也呈现出些许异域特色。

总体来看，芳华园并未照搬或者简单复制任何一个古典园林中的小庭院，也没有完全仿建某座岭南私家园林中的局部景观，而是立足“相地合宜”的造园宗旨，并充分结合当地的地形地貌、自然环境，吸取我国传统造园的优良技艺和布局手法，在继承传统精粹中，兼采东方文化和西方地域的专长，在满足基本样式和功能要求的同时，创造性地阐释了文化交流的内涵。

芳华园建成后，时任联邦德国总统卡斯滕斯（Karl Carstens）曾亲自为芳华园剪彩，极具殊荣。在6个月的展出期间，游览观众达800万人次，成绩斐然。在1983年的慕尼黑国际园林展上，芳华园获得了“德意志联邦共和国大金奖”和“联邦德国园艺建设中央联合会大金质奖章”两枚金牌，这也是我国第一次亮相国际舞台参加国际园林展，并一举夺得金牌的园林作品。芳华园的成果展出，获得了国际范围内的许多掌声和盛誉，甚至连联邦德国总理也在参观展园时，赞叹于中国园林的璀璨夺目。时任主办园艺展的慕尼黑市长、1983年国际园艺展理事会主席基斯勒，不禁连声赞叹说：“中国是园林的摇篮，中国园是我们园林展上的一颗明珠！”芳华园在国内外获得一致好评，这也极大推动了芳华园及后续园林在德国的长足发展。

按照国际上的惯例，国际园林展上的园林都具有临时性，因此除了园内的餐厅Rosengarten和浮动舞台外，IGA的所有设施，包括参展的园林，都应在展览结束时旋即拆除。然而，展览上的东亚建筑群——中国园、日本园、尼泊尔阁和泰国亭，因为得到了慕尼黑市民们的由衷喜爱，甚至市民们自发组织了一个“保留西园里东亚建筑群”的倡议，并且共收集到了65000个签名。最终，慕尼黑政府顺民意而为，打破了临时展园拆除的惯例，将包括芳华园在内的东亚建筑群永久地保留在西园公园（West Park）内。

此次中国园林在国际上的惊艳亮相取得了成功，并进一步推动了中国园林在德国的后续发展。甚至，间接影响了法兰克福春华园的建成。春华园坐落于德国法兰克福市贝特曼公园内，是一座典型的徽派园林，面积共有4000平方米。

自从芳华园在慕尼黑展出获得轰动效应之后，时任法兰克福市园林局局长的弗朗克·布莱肯也萌生了在法兰克福市建一座中国园林的想法。布莱肯最初的计划是等待1983年慕尼黑国际园林展结束并拆除后，将芳华园移建到法兰克福。但由于慕尼黑市打破先例，最终将芳华园保留在市域内，布莱肯的最初愿望落空了。

于是，法兰克福市在这之后转向了直接与中国园林公司开展合作及会谈工作。1985年5月，布莱肯率领市政园林考察团来到中国，此一行考察了许多地方的园林，包括安徽、北京、杭州、广州及黄山，充分了解了具有不同中国地域风格的园林分布。最终，结合审美体验与实际情况，布莱肯选择在德国营建一座徽州水口园林风格的中国园林，并邀请了安徽省古建筑研究所、安徽省徽州古典园林建设公司全权承担并实施此项工程。1988年，园林及其部件已在安徽省黄山市歙县预制完成。1989年1月，我国的甘伟林先生和德国的道姆先生，在法兰克福签署正式合同，随后对建筑构部件进行验收工作。同年5月底，所有的建筑构部件通过直链海运的方式，抵达大洋彼岸的德国。1989年9月，一座名为“春华园”的中国园林，终于在德国法兰克福市的贝特曼公园内惊艳亮相，随之惊喜叠起（图6-30）。春华园的诞生，也获得了法兰克福市民的真挚喜爱，前来观赏的市民和游人络绎不绝，甚至成为法兰克福市的新婚夫妇拍照的首选景点，见证了无数浪漫盟誓的缔结。

（3）运营现状

现今的芳华园坐落于西园公园内，因此其管理体系也附属于西园公园，并据此展开相关工作的运转。在1983年展览会期间（4月至10月），游客需支付20马克的入场费进入西园公园。展览会期间的入场门票收入，则用于支付建造展园的部分费用，以此形成良好的资金链。慕尼黑展览期间，西园公园共获得了大约3500万德国马克的入场费收入，但这部分收入其实并不存在盈余，甚至入不敷出，只能大致抵消当初为举办园林展移植老树的费用。

图6-30
法兰克福春华园婚礼
图片来源：https://www.direktpositiv.de/hochzeit-frankfurt-chinesischer-garten/

1983年国际园林展结束后，西园公园便作为一座非营利公园，无偿向公众开放。因此，公园内未被拆除的东亚园林部分，尤其是园林后期的管理工作，就主要由慕尼黑政府出资支持。

1983年12月，西园公园在园林展结束后重新开放，其内的中国园林芳华园仅在白天开放，甚至在冬季完全关闭。这样的园林开放时间或许与经营费用存在密切联系。慕尼黑市位于德国南部，阿尔卑斯山西北麓，地理位置为北纬48°，与我国的内蒙古呼伦贝尔处在同一纬度上。慕尼黑市每年11月开始降雪，冬季气温最低更是达-15℃，远远低于我国广州冬季宜人的气温。鉴于当地冬季温度太低，园林的闭馆大致有以下两点顾虑：一是园内中心的水面结冰，流水潺潺、水波荡漾的情致不再，园内冬态景观的观赏性不足；与此同时，园内的岭南风格建筑，在冬季极低气温下也容易产生使用及安全方面的隐患。总而言之，考虑到审美性欠佳，并出于避免额外的维护、修缮费用的考虑，权衡利弊之后，冬季闭园可能是更加经济且理性的选择。

2003年，投入使用已有20年的西园公园，准备进行一次大规模的修缮工作，这也是建园以来第一次大型的维修工程。此次修缮的初衷，主要是为在慕尼黑的里默公园举行的2005年联邦花园展览造势，并且对园内芳华园所在的东亚花园和部分小路进行了整修翻新工作，园林为之焕然一新，总费用约为310万欧元。而费用来源主要是在举办联邦花园展中所筹集到的资金。

由于公园的维护管理主要依靠政府资金的监管及投入，因此，有限的资金支持使得芳华园的后期运营和维护工作也受到了很多客观限制。因此，出于降低运营成本的考虑，管理层选择在冬季关闭园林、延长修缮的间隔时间。直面问题症结所在，在后期的管理和维护工作上，如何提出更适宜的解决方法，权衡利弊、整合各方力量，是芳华园的辉煌与尴尬留给我们的思考空间。

2. 得月园：迄今为止德国最大的中国园林

（1）建设历程

1994年4月5日，柏林与北京结为友好城市，并郑重签署缔结友好城市的官方协议。协议中有一项重要内容——在柏林建造一座中国式园林。这座中国式园林便是2000年竣工的得月园。

1990年10月3日，东德并入西德，德国重新统一。1994年，德国联邦议会通过《波恩—柏林法》，正式规定从波恩到柏林的迁都工作将在1998年至2000年期间逐步分阶段完成。德国统一之前，西德的首都一直设在波恩，而柏林作为德国的首都，拥有一段漫长的历史。因此，在德国统一后，德国民众便强烈要求政府迁回柏林。在德国联邦议会确定迁都工作的同年，北京与柏林签订了缔结友好城市的官方协议。这背后的重要原因就是德国统一后，重新将柏林定为首都。出于中德两国长期性的友好外交关系考虑，将两国的首都缔结成为友好城市一事成为现实所需也是理所当然的趋势。

基于上述历史背景，得月园的设计建造过程无疑具有重大意义。得月园的顺利建成，既是中国庆祝德国统一的外交礼节性礼物，同时也具有中国园林文化传播的深远意义。因此在命名上，中方建议将这座中国园林的中文名字定为“得月园”。因为在中国，月亮作为美好团圆的象征，素有“千里共婵娟”的美好企盼，也有“海上生明月”的遥远诗意，也是中国园林从自然中得到美感和诗意源泉的明证。在当代德国统一的语境之下，又有庆贺重新统一、破镜重圆的团聚、修好的深刻含义，所以“得月”的背后洋溢着中国式的美好祝福与真挚情感，充满了诗情画意的东方气息。

作为德国最大的中国园林，得月园占地约2.7万平方米，同时也是欧洲目前规模最大的中国园林。得月园由北京园林古建设计研究院承担了全部设计工作，并且由金柏苓先生担任主设计师，从1994年开工设计。庞大的建设工程于1997年开始，共计分为三期，最后一期于2000年10月完工。在大众汽车公司、汉莎航空公司、中国国际航空公司和北京市政府的联合赞助下，耗资达900万马克，投入了大量财力和精力，也是当之无愧的心血之作。

得月园建造于柏林的世界公园（Gärten der Welt）内，作为第一座园中园落户其内。之后其他国家的园林也循此足迹，开始陆续入驻。迄今为止，柏林世界公园内有日本、韩国、印度尼西亚、意大利等国家的园林，蔚然大观，颇成气候。

（2）造园意匠

得月园的诞生，是基于中国江南园林风格的基础，中西结合而成的中国园林。总计2.7公顷的面积也使其拥有充分的规模和空间，以及完善的外在条件，来反映中国古典自然山水园的艺术特色，表达自身的独特主题。

首先，有关得月园的选址问题。得月园的整体规划位置，拟定位于柏林世界公园的东南部，其入口北向，与公园的主路直接相通。东部紧邻一座高约50米的土山，西南部对着一片开阔的低洼地。这是一个良好的环境条件，既具有相对的区域独立性，又能够使得月园有充分表现艺术特色的空间。得月园作为园中园，不仅能够与原有的世界公园保持彼此自然、和谐互融的关系，同时又能作为一个独立且完整的个体来设计。

其次，有关得月园的布局选择。虽然，得月园的总用地面积接近3公顷，但是最终的建筑面积仅600平方米。其背后的原因在于德方曾明确提出要求，得月园的主要功能是为游人提供观览休息和艺术享受的场所，而不是经商谋利、攫取利益的地方。因此，园内不需要集中大量且密集的建筑物，而是以绿化和水面的精心营造为主体，建筑物的排布只起到搭建基础框架、画龙点睛的作用。这就使得得月园虽然建筑面积较小，但具备成为反映中国古典园林艺术精神及代表性自然山水园的内在条件（图6-31）。

得月园的全园主体，以一个占地约4500平方米的湖体作为中心辐射四周，四座亭台围绕主体结构，如众星拱月般零星分散在岸边，其间多以桥梁结构来进行连接，并且提供给游客各具特色的欣赏视点（图6-32、图6-33）。山水、亭台、瀑布等不同主体相互辉映，浑然一体，充分体现出中国古典园林所蕴含的和谐之美。

图6-31
得月园平面
底图摹自：金柏苓，丘荣，张新宇，高煜. 德国柏林“得月园”[J]. 城市住宅，2005（03）：90-99.

图6-32
得月园中心湖南侧草坪上向北望茶室
郭湧摄

可以看到，在主水面上有一曲桥横跨（图6-34），将水面分为大小不一的两部分，两水面中分别漂浮着若干小岛，岛上安放石塔、假山等小品（图6-35）。小岛与水面，一动一静间彼此辉映，相映成趣，也能够起到分隔空间、延长透视线、增加园内景观层次的效果。

总体来说，得月园的山水布局注重利用原有的环境优势，汲取中国传统园林“相地合宜”的造园理法，并且充分发挥原有场地的绿化点缀作用，发挥细节之处在构图中画龙点睛的作用，使得园林整体能够舒朗、精巧而结构严谨、布局紧凑。

图6-33
得月园中心湖西侧“静照轩”
郭湧摄

图6-34
得月园中心湖上曲桥
郭湧摄

在不同建筑主体的营造方面，得月园内东部建有一座名为“桂露山房”的茶室，也是园内规模最大、功能最为复杂的建筑，可容纳40~50名游客在同一空间进行品茗、休憩等活动，并且可通过定期的茶艺表演，加深对中国茶文化的了解（图6-36）。茶室的窗户选取均以鲜明的中国明清风格的窗花为装饰，门框和走廊上的装饰则采用镂空的木纹花雕，而檐角处悬挂着点缀中国结的宫灯，设计者可谓极为注重细节之处的巧思营造，充分把握建筑的细部来展示中华文化。

图6-35
得月园中心湖上的石塔、假山
郭湧摄

图6-36
得月园“桂露山房”茶室
郭湧摄

南部的石舫本体呈现为一个造型优美的水中建筑，室内布置着小型展览、阅览图书（图6-37）。鉴于得月园的建筑主要集中分布在北部，因此石舫的选址，无疑对全园的构图均衡性起着至关重要的作用。在选材上，园中的山石材料、建筑材料绝大部分来自中国，当年装载奇石异树、珍贵建材的海运集装箱，总容量甚至高达100个，可谓不辞辛劳、不远万里，致力于充分还原中国园林的本真意味。

在遴选植物方面，放眼得月园内外，涵盖从园界到园内主环路之间的所有空间，这部分主要以群植加混植的植被形式为主，因此也形成了颇具规模的树群。得月园整体强调植物配置必须错落有致，适应季相变化，追求咫尺间营造出“自然山林”的效果，这就使得月园形成了一个相对独立的园林空间。游客在园外欣赏得月园，透过林冠线变化丰富的树丛，以及精心预留的透景线，就可以若隐若现地看到园中的主体建筑（图6-38）。如此一来，既不破坏得月园与世界公园局部与整体的二元关系，又能够使游客在园外就欣赏到花园建筑的内部片段，起到一定的视觉引导、整散结合的导向作用。

在中国园林中，植物的种植配置必须结合整体造景及布局的考虑，并由此在相互碰撞中，形成欣赏与选择植物的一些固定标准。举例来说，树木选择讲求“古、奇、雅”，花木讲求“色、香、姿”。配置的主要方法有孤植、丛植、群植及混植，并充分采取不整形、不对称的自然式布置。纵览得月园内环水和主建筑周围的种植设计，多采用孤植、丛植的手法，并且与建筑、水体共同构成一幅具有鲜明特色的中国园林画卷。

图6-37
得月园石舫
郭湧摄

遵从中国园林的传统习惯，得月园的绿化种植设计致力于营造园内整体意境与局部配置的深入融合，以突出鲜明的中国特色。举例来说，如石舫室内题联为“杨柳风千树，笙歌月一船”，在石舫外的水池岸边则种植迎风探水的柳树，垂柳依依，风月无边，巧妙地点出联中主题。再比如，在茶楼对面的湖中种植荷花朵朵，岸上则植垂柳数棵，敞轩外侧种植修竹，从而达到“柳占三春色，荷香四座风”的诗画意境（图6-39）。

图6-38
得月园西入口处透过林冠线抬头可见邀月亭
图片来源：https://commons.m.wikimedia.org/wiki/Category: Garten_des_wiedergewonnenen_Mondes?uselang=de

图6-39
“柳占三春色，荷香四座风”
郭湧摄

（3）运营现状

得月园落成以来，德国民众踊跃参观。甚至于柏林西部、柏林以外的游客也慕名前来，对得月园呈现的精致典雅的中国园林文化赞赏有加。得月园作为欧洲建成规模最大的中国古典园林，并且占据德国首都柏林这一极大的区位优势，其影响力与发展前景定位应该远非止步于此。

得月园作为收费的世界公园的园中园，定位了以营利为主的园林性质，园林的人气与游客的数量直接影响着公园的收益和运转情况。因此，公园后续的运营管理，长期以来都是必须高度重视的方面。

自2000年建成至今，得月园已走过20多年的旅程。目前，得月园的管理维护主要由柏林当地的园艺协会永久负责。换而言之，园内的树木维护、技术系统（如水系统、电气系统）的检查维修工作，以及园内建筑的维修工作，如屋顶的修缮，都会择定固定日期进行。自园林开放以来的20年间，园内建筑的木构件几经更替，甚至建筑的墙壁也曾粉刷一新。得月园的后期管理，也安排了指定部门进行定期维护工作，因此能够尽可能地得到完善保存。

与此同时，为了充分吸引游客的目光，得月园每年都会定期举办活动。每年4月，得月园会与日本园、韩国园展开园林间合作，如举办樱花节等盛大活动。樱花节，作为世界公园规模最大的节日之一，节日当天的客流量最多时可达到3万人次。相比之下，作为中国园林，得月园也为传播中华文化做出了举足轻重的贡献。自建园以来，得月园就自觉担当起许多活动的承办场地功能。举例来说，2015年柏林亚太周的中国文化节、2016年中德文化交流的“感知中国”活动，无一不是在得月园顺利举行。此外，每年在得月园举办的小型文化活动也不胜枚举，如木偶戏演出、昆剧表演、时装表演、太极拳表演、杂技表演、武术表演、烹调艺术展示等，种类繁多，琳琅满目。甚至每逢中秋，得月园也会联合当地孔子学院举办相关庆祝活动，并在中秋节当天将开园时间延长至晚上（图6-40），极大地提升了游客的游览兴趣及参与热情。

此外，柏林世界公园也提供了游客提前预约、自行前往的服务。比如游客可预约有导游带领参观的游园活动，通过对园内建筑、山水、文化历史背景等的详尽讲解，深入了解各个国家展园。

自2003年起，得月园的石舫内入驻了名为Marzahn-Hellersdorf的公司，以承办婚礼为主要业务，开始在能够容纳50人规模的石舫上举行小型婚礼，当地的德国情侣可以选择在这座具有中国特色的园林内举办一场别样的婚礼，这无疑是令人难以忘怀的一场浪漫邂逅。而得月园背后的象征意义，也与婚礼的浪漫承诺完美契合：花园内的各种设计元素，正象征着团结、幸福、和谐。这不仅是中国园林踏入德国之后，东西方文化彼此交融互通的过程，也是一个中德文化彼此交流渗透、互相参照的双向选择——中国园林被赋予了全新的使用契机，拥有了区别于国内中国古典园林的焕然一新的使用场景。目前阶段，得月园的运营

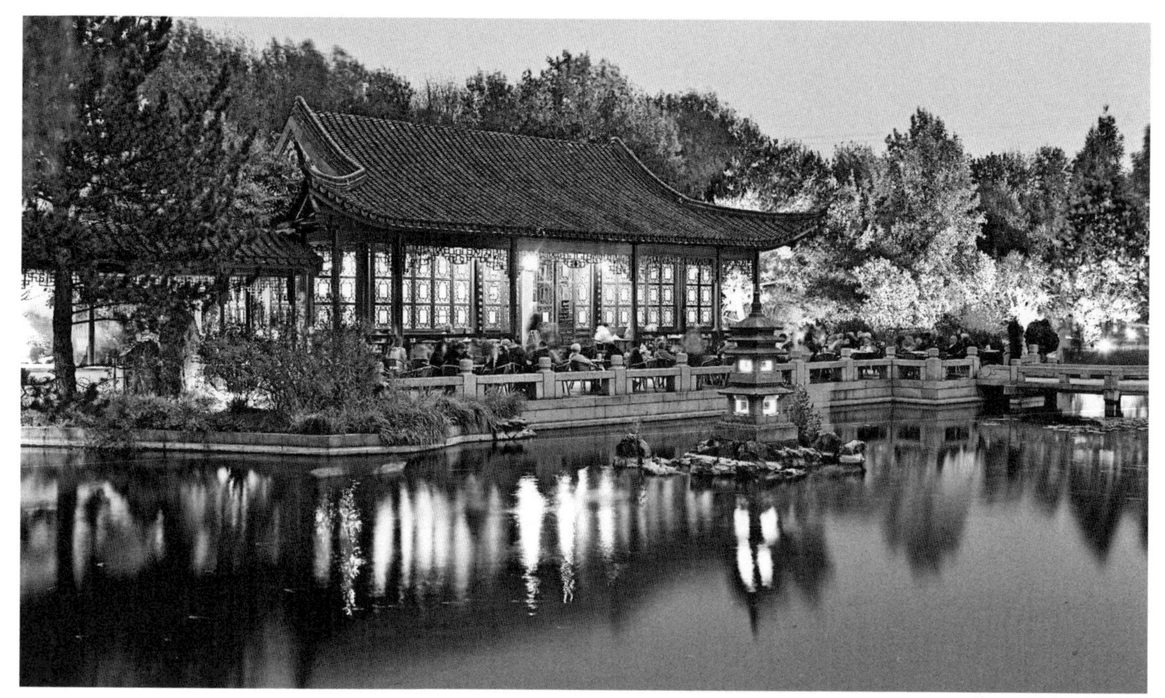

图6-40
中秋节夜晚开放的得月园
得月园工作人员摄

状况良好，同时保持着蓬勃的生命力，这也为海外中国园林的未来发展和运营前景，提供了一个可参照及学习的范本。

3. 独乐园：转译的海外中国园林

（1）建设历程

2017年，柏林国际园林展会址最终选定在柏林东部的世界公园举办。为了保证有足够的规模举办此届国际园林展，世界公园场地面积甚至由原先的21公顷扩大到104公顷。园林展结束后，大部分新增场地仍从公园内谢幕退出，最终公园的地域扩大至43公顷。世界公园内原有的主题园林，其中分别有中国、日本、韩国、印度尼西亚、意大利等十余个国家别具特色、能够诠释文化意境的园林。

在2017年柏林国际园林展上，共有来自世界各国的9位风景园林设计大师应邀设计了大师主题园，并永久保留在园内。国际园林展主办方要求大师园必须通过现代手法来表现展园的特色，而这9个具有现代风格的大师主题园，则与园内原有的主题园林，产生了传统与现代之间彼此碰撞、交相辉映的园林艺术对话效果。

作为大师主题园之一的中国园林“独乐园”，占地面积共计385平方米，主体由清华大学的朱育帆教授进行设计，并由德方团队施工完成。

（2）造园意匠

独乐园可以视为清华大学朱育帆教授的经典之作，其灵感来源于宋代画家仇英的绘画作品《独乐园图》，其主题是描绘了司马光的私人庭园（图6-41）。

独乐园将中国传统园林的精神气韵与现代崭新的设计手法完美结合，通过竹径与流水的有机组合，营造出了别有意趣的几何轴线。并且充分运用镜面的模糊效应，消泯、淡化了人与自然之间的界限。换而言之，以流动、往复、无限的空间构建，展现出了当代语境下中国文化的精神实质（图6-42）。

有关独乐园的设计思路，朱育帆教授早在2012年设计的南京九间堂别墅景观项目中，就有所应用。该项目占地面积约950平方米，并获得了2016年度英国BALI国家景观奖国际类设计金奖。柏林国际园林展上的独乐园，在其原型上做了调整改动，使之更加适用于大师主题园的绿篱围合状态下的场地实景，并与国际园林展的主题高度契合。

首先有关选址，在2017年柏林国际园林展中，主办方为每一个大

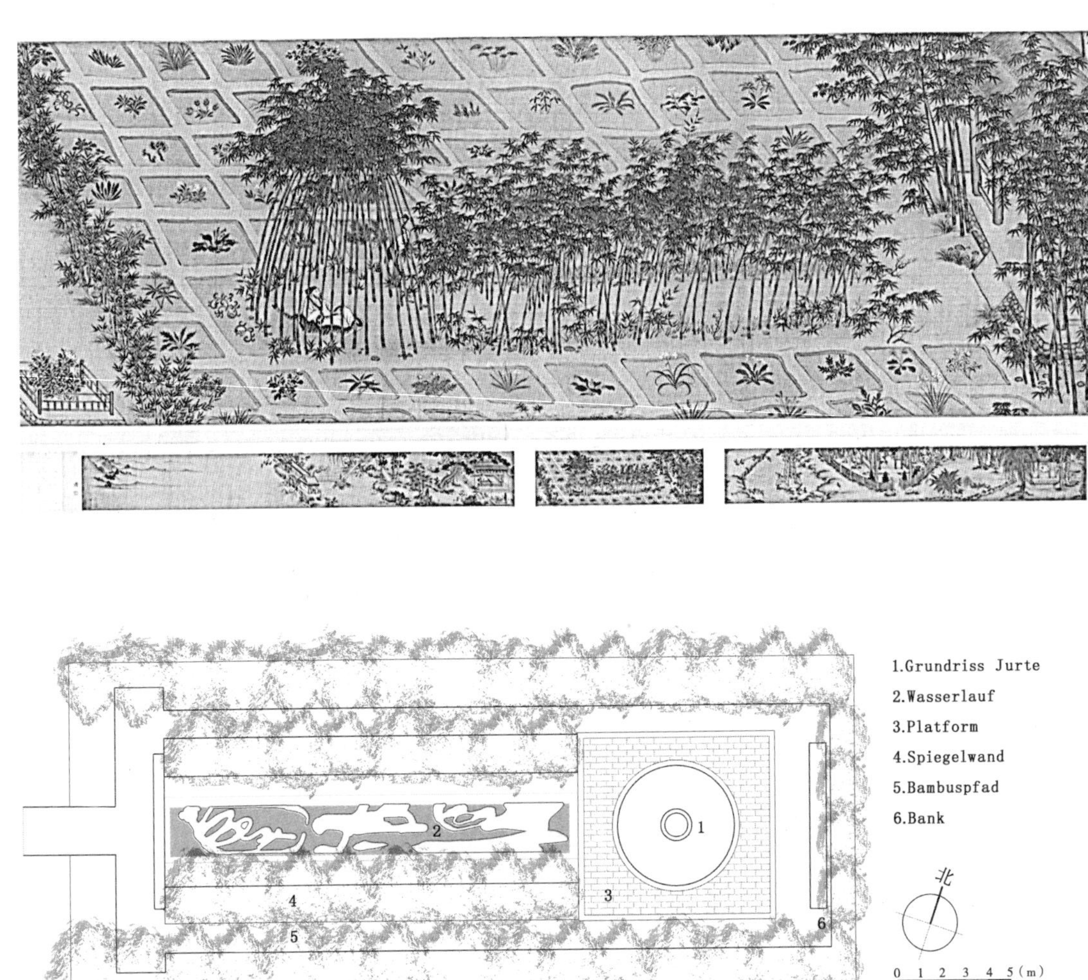

图6-41
明代仇英绘《独乐园图》
图片来源：https://www.deutscher-landschaftsarchitektur-preis.de/nominierungen?detail=78

图6-42
独乐园平面
底图摹自：https://www.deutscher-landschaftsarchitektur-preis.de/nominierungen?detail=78

师主题园均提供了32米×32米的绿篱围合场地。相比之下，独乐园所在的场地空间小且平，缺乏起伏的地形作为造势依托，且周围的绿篱将设计场地团团围起，形成相对密闭的空间。

其次在布局层面，设计师更希望结合当代东西方的共同语境，使得最终设计的蓝图能够打破东西文化之间的隔阂。设计者选取了《独乐园图》的案例，聚焦于作品中所描绘的“种竹斋”到“采药圃”的景象，并进行现代化语境下的转译——以“种竹斋”中的竹径作视线引导，通过图像节点布置，将《独乐园图》的平面化画轴形象，转译为一幅立体的景观，实现了从二维平面到三维立体的跨越。

在独乐园入口，首先映入眼帘的是仇英绘制的《独乐园图》长卷镶嵌的影壁（图6-43），左右为对称的竹林夹道（图6-44）。游客置身其中，视线因受到竹林遮挡，只听潺潺流水入耳，却不见水的踪影。走到终点，豁然开朗，只见筠庐入怀，波影泛泛，波光粼粼。虽然这幅景象并非自然界的实体，而是用钢材抽象表现，或者利用镜墙布置、反射影像等手段，在现代化的技术层面，实现了逝去已久的诗情画意（图6-45）。

图6-43
独乐园入口
马珂摄

图6-44
独乐园入口处的竹林夹道
黄思寒摄

图6-45
透过“筠庐”看到的镜墙
吴丹子摄

西方古典园林注重几何关系，以轴线型园林为代表，其视觉引导往往非常明确。相比之下，传统中国园林讲究曲径通幽、步移景异的意趣，两者存在明显差异。具体到独乐园的设计手法，其主要采用西方古典园林轴线型的设计手法（图6-46），看似违背了中国的传统造园理法，但是落实在游客的观览体验中，游客却能够感受到自然元素所营造的宁静氛围，沉浸式体验到东方文化的熏染。更具慧心之处在于，此举无疑弱化了文化符号的烙印与不适感，但中国园林文化的内涵与气魄却能在整体氛围的烘托中得到体现，这无疑能够作为当代语境下中国园林转译样本的绝佳注脚。

在园林构筑及材料选择方面，节点的材料转译无疑是园林意境致力于营造的重点。传统中式园林的精心布置，多以自然山水为骨架，充分利用石材、植物的巧妙布置营造出“虽由人作，宛自天开”的自然意境之美。然而，如今园林建造材料的多样化、工艺的现代化，无疑提供了全新的演绎方法。设计者将现代材料创造性地运用在钢制“�庐”和其对面镜墙的设计中。钢制“筠庐”能巧妙地呈现出竹子的形态，同时拥有竹庐所缺乏的坚固、耐用属性。换而言之，是科技的进步促进了园林搭建材料的更新迭代，从而实现了更加精准且耐用的效果（图6-47、图6-48）。而在镜墙的设计中，通过反射铺装等技术，将刻有独乐园行草书法的字体演绎出来，营造出深邃悠远的空间效果。中国古典园林在“天人合一”的理念观照下，高度讲究“回归自然”的身心冶游之趣。因此，独乐园无疑试图延续并演绎此文化内涵，营造出使人身心舒展、寄情于景的天人佳境，致力于打造“回归自然”的灵魂皈依之所。人们走在园中，恍惚以精神与自然对话、共舞，这种轻松愉悦的身心感受，无疑代表着中国园林诗性转译后的精神实质彰显。

图6-46
独乐园的轴线设计
马珂摄

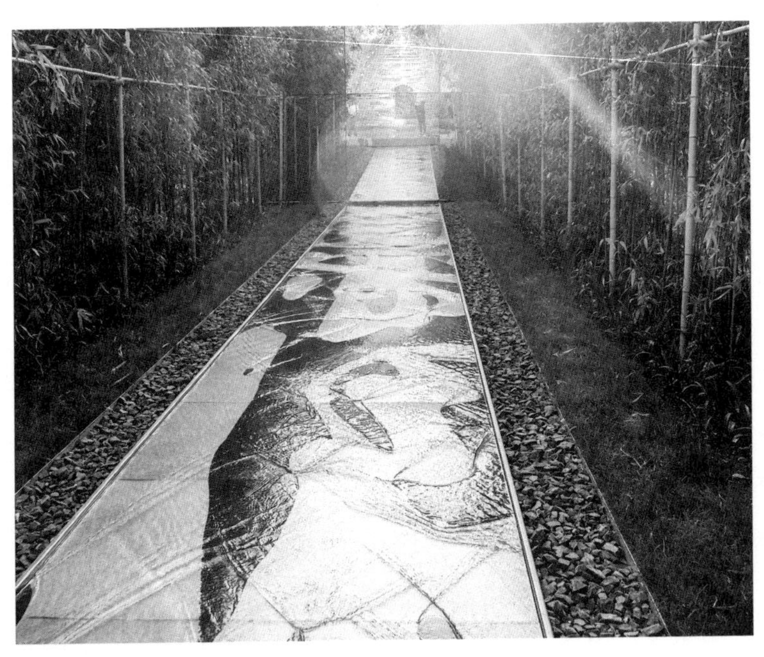

尽管独乐园中的植物取材较为单一，仅有竹子一种材料。但这既是真实转译了司马光《独乐园图》中的意味，也是巧妙利用竹景诠释中国文化韵味的样本。中国古典园林中对于竹景的营造，堪称驾轻就熟、比比皆是。譬如，扬州个园中的“百竹园”造景，就采用了40余种高低错落、不同层高的观赏竹品种，精心打造了尽善尽美的竹文化观赏区。中国深厚的竹文化，在耳濡目染间更加深化了竹景观所展现的文化内涵。因此，独乐园在代表中国文化方面，同样不失文化审美优势。

图6-47
独乐园钢制“筠庐”
许愿摄

图6-48
独乐园钢制“筠庐”内部
孔洞一摄

在德国柏林的园林博览会展园中，具有中国现代园林风格的独乐园，与具有古典园林特征的得月园遥相辉映、彼此呼应，在异国的土地上以连贯古今、纵横穹宇的姿态，向世界展示着中国园林文化在当下语境中焕发的别样生机。

（3）影响评价

在2017年的柏林国际园林展上，“风景园林新青年”曾做过一次现场采访，此次采访访问了一些具有代表性的游客对于新式中国园林的真实感受，最终也得到了不同文化背景下的游客对于独乐园的真切评价。从采访实录来看，大多数游人表示能够直观感受到园林氛围烘托之下，呼之欲出的静谧舒适，并表达出对独乐园的由衷喜爱。在设计师引导参观过程中，独乐园也受到了诸多德国专业同行的高度评价，大家纷纷表示对这一作品的喜爱，并盛赞其“让人印象深刻”。独乐园优美的钢庐造型，也被柏林国际园林展广泛应用在多种宣传媒介上，甚至成为2017年柏林国际园林展世界花园对外宣传的一张“名片”。

五、发展特征总结

1. 发展态势：在蜿蜒盘曲中前行

从整体上来看，海外中国园林在德国的发展于曲折中蜿蜒前进，总体呈现平稳增长的趋势，这离不开中德之间长期友好的文化交流背景，正是稳定良好的国际关系，为两国的文化、艺术交流奠定了基础。

早期的中德文化交流主要以民间自发的形式展开，在前行途中，逐渐得到官方的关注、回应。在这一基础上，现代的中德文化互通交流，有了进一步的深入发展。随着中德建交的政治语境建立，以及中国改革开放的政策支撑，中德之间的文化交流形式也更加多样纷繁，海外中国园林也在这一阶段得到兼具质与量的高效输出，成为促进两国全面交流的有效手段。自欧洲第一座海外中国园林“芳华园”在慕尼黑建成，开启了里程碑式的中国园林对外传播新发展，迄今为止已有15座园林在德国陆续建成，德国也因此成为目前“欧洲范围内海外中国园林建成数量最多”的国家。但如果我们仔细考察海外中国园林在德国的发展轨迹，其发展历程远非一帆风顺，而是在各个阶段，都充满了各种意想不到的小插曲。举例来说，自建设初期，就需要充分考虑建筑规范的差异，落成以后，园林的维护与运营又长期困扰着中德双方。换而言之，海外中国园林在德国的发展呈现的是盘曲错节的螺旋上升性，目前仍有部分问题亟待解决。

2. 建设特征：分布广泛且形式多样

四十多年来，海外中国园林在德国呈现分布均匀、风格多样的整体建设特征。纵观海外中国园林在德国的建设历程，其最主要的造园动机不外乎外事活动的极大推动，与此同时，也正是在这样的建造背景下，开启了新时期中德合作形式观照下，海外中国园林的建造新阶段。

鉴于全球化的发展趋势，我们可以合理预测，中外合作的造园形式将成为未来的主体趋势及需求呼唤。以在德建成的一些园林为例，其营建主要是由中方牵线搭桥、提供草创的设计方案，施工则由中方工匠主导，德方辅助完成，但随着德方施工建造的比重及趋势逐渐加强，我们可以合理预测——在未来的实践过程中，中外合作造园的机会将有增无减，未来海外园林的设计建造分工也未必如此分明，后续的维护修缮可以放心地交给德方人员。

以参加园林展为由建造的海外中国园林，一方面体现了德国在园林展方面的主场优势，同时也暗示了时代背景下，海外中国园林的发展趋势及导向缘由。四十多年来，海外中国园林在德国的地理分布，呈现为大小城市分布均匀、星罗棋布的分布态势，但主要集中在原西德区域的城市中心区域。此外，在造园风格方面，虽然以传统园林风格为主导，但是各地方性园林风格有百花齐放之势，近年也开始出现现代园林风格，设计手法因此兼具仿建、复制、转译等，这也赋予了德国的海外中国园林更加多样化的景观形式。

3. 文化表达：日益丰满

随着岁月的流转，在德国的海外中国园林也在综合其国别经验、因地制宜的文化实践后，逐渐呈现出全新的发展趋势。上文以具有典型性、代表性的园林个案为观察切片，希冀能够借此深入窥探海外中国园林在德国的局部发展，以达到反观整体的考察效益。选取的三个园林案例兼具传统园林风格与现代园林风格，三者在园林规模方面也存在显著的差异。但我们必须承认的是，不同的风格和规模并未限制中国风格的自由表达，差异性的存在反而为呈现中国文化的内蕴提供了更多别样思路。总体而言，德国的海外中国园林的文化表达方式呈现出日益多样化的特征，在与时俱进、发展创新的历程中，转译手法或将成为未来中国在德国造园的一大亮点。

毋庸置疑，中国园林是一个包含丰富文化底蕴的载体，是一个跨越不同地域壁垒的桥梁，但在文化输出的环节中，由于客观的文化差异，西方文化语境下对中国园林的整体理解还存在较为片面、单一的弊病，而转译手法表现的现代风格的中国园林，或许能为中国文化精髓寻找到更易为海外接受的形式表征，并且以中西共通的方式传递出来，这也更有利于铺展海外中国园林卓有成效的文化输出之路。

与此同时，得月园建成后多年来的维护与运营管理链条，均呈现出了较为全面、贯穿前后、组织协调能力突出的发展模态，也在游客评价层面获得了正面的反馈，其成功发展的运营思路，或将为未来海外中国园林的长足发展提供一定的借鉴意义。

第七章 管窥：海外中国园林的审美认知

置身于全球传播的动态语境之下，海外中国园林对外传播的“问题视阈”相对应地指向也是不同文化之间的有机联系——整体及各部分之间的认知碰撞，及静态与动态结合的园林感知。这一“问题视阙”必然涉及不同个体之间、个体与群体、群体之间，以及势必需要面临不同文化之间各种相互关系的摩擦，以及交往过程中可能遇到的复杂现实。换而言之，置身于这一全球化“视阈”之下，也意味着研究者要从文化、社会、心理、观念、技术等多个视角及技术层面，筛选并探讨在海外中国园林对外传播进程中，涉及有关文化差异、社会关系、游园心理、游园反馈的变量问题，并对其进行确认、分析、分类研究。与此同时，从现实的动态发展中，追踪原文化对外传播进程中的特殊现象，甚至提炼出文化互通的普遍本质。显然，上述变量之间是相互关联、相互依存的，甚至存在相互重叠的现象，因此，在某种程度上也揭示了海外中国园林对外传播具有多维性、复杂性、动态性等特征。

作为中国文化的传播媒介，海外中国园林首先承担了园林基本的游赏功能，能够通过山水布局对海外游客接触中国文化形成潜移默化的引导作用，使其在声情感官的愉悦过程中，了解并欣赏中国文化。

其次，作为中国审美形象浓缩的突出代表，海外中国园林在外事活动、政治交往活动中，彰显了鲜明的符号特征和传播媒介的功能，也因此成为海外游客感知、认知中国文化的标志性承载物。如果说，海外游客对海外中国园林的感性认知，在一定程度上影响并塑造了海外游客对中国文化的整体感知，那么我们所能做的，就是在最大程度上尽可能发挥海外中国园林对中国文化传播的有益及促进作用。换句话说，海外中国园林能否精准且有效地代表中国文化、传播中国文化、诠释中国文化，是评价其建设成效的重要维度。

一、文化差异与审美认知

在目前阶段，国内外往往更关注营建过程中营建主体所发挥的文化承载功能。微观化到海外中国园林的营建领域，则需要尽可能突出园林的文化表意功能，这难免忽视了海外游客在园林游赏过程中的主体性感受，即游客是否能够较为准确地感知甚至认知园林背后的中国文化内涵，并形成较为积极、正面的双向反馈，其双向互动的重要性不言而喻，这也是文化传播中重要的一环。

在跨文化、跨地域的传播历程中，由于远隔重洋、地理隔离带来的社会背景、文化环境、意识形态、思维方式等方面的客观差异，以及历史性维度的概念嬗变，中国古典园林在踏入现代的西方社会时，往往会面临一系列“尴尬不适”的问题。具体来说，在其文化内涵的传播过程中，游客的游园感受受到自身历史经验的“先入为主”，其实际感知往往会产生一定偏差，而文化误读、认同缺失等现象更是时有发生。海外中国园林的文化传播也因此面临着僵化、断层、隔离的尴尬处境。这无疑严重阻遏并影响了海外中国园林的推介进程，并深刻形塑着最终的文化传播效果，也使其文化输出的主要功能面临着拷问及质询。因此，为了有效地解决这一问题，充分了解海外中国园林文化传播过程中受众的认知规律，无疑是相当重要的前提条件。

我们首先要明确的是，文化差异（cultural difference）不可避免。它就如同人类自身的存在一样，是不可改变的事实，影响着不同文化各自的存在、关系和行为方式。差异赋予了人类文化以多样性，没有差异就没有文化的多元发展，也不可能出现多姿多彩的人类文化。差异也往往导致冲突和战争，以及强势文化压制、攻击弱势文化，甚至带来灭绝性的后果。在当前复杂的全球语境中，如何理解文化差异，尽可能减少误读和冲突带来的负面影响，是海外中国园林发展需要持续面对的核心议题之一。

在此前提观照下，“高低语境文化”理论的出现，则为我们明晰海外游客对海外中国园林的游园感知及差异缘由，提供了可能的理论借鉴。1976 年，美国文化和人类专家、跨文化交际的奠基人爱德华·霍尔（Edward T. Hall）在其出版的《超越文化》（*Beyond Culture*）一书中，提出了“高语境”（high context）和“低语境”（low context）这两个概念。并且，根据信息传播依赖语境的程度不同，将各种文化分为“高语境文化”（high context culture）和“低语境文化”（low context culture）。

在高语境文化中，大部分信息存在于物质语境中，或内化于交际者的思维记忆深处。因此，信息的传递和编码功能也取决于社会文化环境和交际者所处的具体情景。显性、清晰的编码所负载的信息量相对较少，处于交际环境的人们对身边种种微妙的提示较为敏感。相比之下，在低语境文化中的社交活动则正好相反，大量的信息通过显性、直白的编码承载，隐性的环境传递出相应的信息和情景，暗示的信息则较少。

换而言之，身处于低语境文化中的交际双方，更倾向于借助语言本身的力量来交流。值得注意的是，这种区别并不是绝对的，高语境和低语境的界限并非非此即彼、泾渭分明，因为在实际的交流活动中，这两种类型的交际可能呈现为你中有我、我中有你，同时存在的样态。毋庸置疑，这一对概念的提出，为跨文化交际的研究提供了新的视角，并且明确指出了交际的任意一方都会受到具体的交流情景的影响，包括其所处的社会关系、人文环境，高低语境文化理论无疑拓宽了对于跨文化传播现象的研究视野。

总体而言，根据高低语境文化理论，我们可以得知，跨文化传播过程中的文化误读现象，根植于不同文化语境下审美体验、思维逻辑的客观差异。具体到园林审美感知领域，鉴于海内外游客对中国园林背后呈现的审美体验、逻辑思维存在客观差别，西方国家作为低语境文化国家，自然难以理解作为高语境文化国家的中国文化。

因此，想要解决这一问题，不论是强调改变文化输出方（中国园林）的表达逻辑，使之更为明白晓畅、通俗易懂，还是改变受众（西方国家）的理解方式，使之成为更好的文化容器，都是较为片面且流于理想主义的做法。只有在深入了解海外游客的审美逻辑之后，明晰海外游客的审美模式，并且凝练其审美规律，再充分结合中国园林的文化输出目标，删繁就简、取其精华，尽量以海外中国园林为载体，将中国园林文化的蕴藉风流之处精准且高效地传达给受众，才不失为解决这一问题的良策。

总而言之，我们应充分认知到当前语境下海外中国园林的对外传播现状，并因时偕行、与时俱进，积极地尊重游客审美认知的视角。通过深入探析海外游客在游赏海外中国园林过程中的场景感知，并结合分析与其情绪认知之间的相关性、成因，进而对比在不同社会背景、社会身份之下，海外游客对海外中国园林内部景观、文化活动场景的情绪反馈、价值判断等评测内容，理性地甄别两者之间的异同之处，为海外中国园林在未来的长足发展、建设活动与文化传播，提供可资借鉴的思路。

二、认识人类审美认知

从根本上说，“审美”是一个哲学概念，这个看似简单的概念中包含着“什么是美”“人如何感知美”“人的个体体验和认知差异”“人产生美感的心理机制”等多重复杂问题。

1. 人类内隐认知

德国哲学家康德（Immanuel Kant）在审美活动的研究过程中，首次揭示了人类感知过程具有“内隐性”的特点，用以解释人对“什么是美的”这个问题的判断过程，并在其《判断力批判》（*Kritik der Urteilskraft*）一书中对其做出了哲学角度的解释：

"为了区分某种东西是不是美的，我们不是通过知性把表象与客体相联系以达成知识，而是通过想象力（也许与知性相结合）把表象与主体及其愉快或者不快的情感相联系。因此，鉴赏判断不是知识判断，因而不是逻辑的，而是审美的，人们把它理解为这样的东西，它的规定根据只能是主观的。"①

① [德] 康德:《判断力批判（注释本）》，李秋零译注，北京：中国人民大学出版社，2011年，第33页。

康德希望通过审美的特点来揭示内隐认知的特点，但在过去的很长一段时间里，鲜有人理解。

近几十年来，脑科学即认知神经科学飞速发展，其影响不仅波及自然科学诸领域，还波及社会科学和人文研究的诸多学科。自 20 世纪末期以来，借鉴认知神经科学成果的美学研究形成了西方的神经美学和中国的认知美学。中国的认知美学又称为认知神经学。这一理论经过 20 多年的发展，已经基本成熟。在认知神经美学看来，《判断力批判》写作的主要用意是揭示人类特殊的心灵能力——无意识的内隐认知活动，同时，近几十年来的脑科学研究发现，人类在显意识的外显认知之外，的确还存在无意识的内隐认知，即在主体不自觉、不察觉的状态下进行的认知。内隐认知已经得到多方面验证，相关理论已广泛应用于现实生活的众多领域。

因此，结合现代的心理学、认知神经美学来解释康德的观点，"内隐认知"即，在主体不自觉、未察觉的状态下进行的认知，人对美的判断是在无利害的情况下，当对外界的感知符合自身内隐性对"美"的知觉模式时，自然产生的一种审美感受。

内隐认知关系是审美活动得以形成的前提。在美学的意义上，内隐认知关系相当于内隐的审美关系。因此可以说，内隐审美关系是现实审美关系的前提。

刘志宏植根康德美学思想，进一步揭示"内隐认知"的存在及其在人认知活动中的作用原理，提出"认知模块"假说，阐明了不同认知模式中人的认知过程，为人的审美认知过程提供了详细、科学的解释（图7-1）。

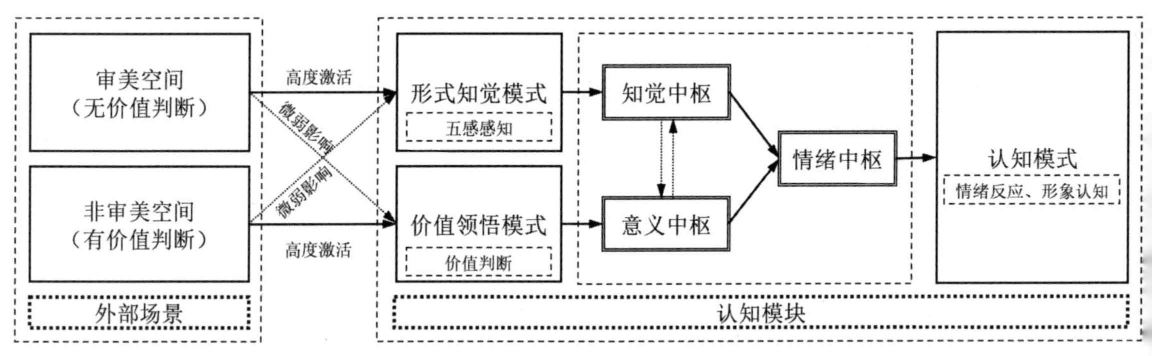

图7-1
内隐认知理论的框架示意

2. 认知模块：审美场景与非审美场景

“认知模块”认为，认知过程是大脑的神经系统对于事物的形式知觉模式、价值领悟模式和情感反应模式这三种机能的整合，形成“知觉中枢+意义中枢+情感中枢”的神经反应链。

主体在存有利害性需求时，会高度关注事物的价值信息，“意义中枢”和“情感中枢”被高度激活，形成一般的、利害性的认知方式。由此形成的愉悦感是利害性的、非审美的。这对应了海外中国园林中的服务设施，如餐饮、表演等场景。

主体没有利害性需求时，不会关注事物的价值信息，“意义中枢”也不会被高度激活，所以达不到显意识的阈值而处于无意识状态。而“知觉中枢”和“情感中枢”仍可被高度激活，达到显意识兴奋的阈值，从而形成事物外形和情感反应之间的直接关联，临时构成新的认知结构，即审美的认知模块。以审美认知模块为特殊的生命结构即可形成审美的认知方式，表现在生活现象中，就是事物外形直接引发美感。这对应了海外中国园林中的审美空间，如亭台楼阁等“非功用”场景。

这一神经活动过程是由大脑认知神经系统自动内隐性地完成的，深深地隐藏于潜意识中。特定的认知模块建立之后，当人在显意识知觉活动中再次遇到与此认知模块相匹配的事物及外形时，就能在无意识中内隐地以此认知模块为内部结构框架形成直觉性认知，进而迅速形成相应的情感反应。

3. 认知模块核心：形式知觉模式

在审美场景中，认知模块的核心组成因素是形式知觉模式，即一种具有抽象性和形式性的意识模板、范型，存在于主体意识深处，它对外连接着事物的外在形式，对内连接着意义中枢和情感中枢，是主客体之间在知觉和认识方面的中介点，可将外在的感官直观与主体内部的认知模块联结在一起，从而实现表象与愉快或不快情感的直接联系。

通俗地讲，形式知觉模式即是潜意识中人对视觉信息产生情绪反应的固有模板，例如开阔的、充满阳光的草坪空间会引起舒适开朗的心情，阴暗狭窄的胡同会引起负面的情绪。这是隐藏在人脑潜意识中的固有认知模块，是根据不同的成长环境所决定的认知模式。

从大脑的工作方式来看，在认知过程中，知觉中枢、意义中枢、情感中枢的作用是由大脑的不同部分独立完成的，但大脑对情感记忆的存储却是整体性的，因而不能割裂地通过单个模块作用机制的研究解释人的审美和认知过程。形式知觉模式才是研究审美规律提纲挈领的关键点。

康德提出：“真正说来只有鉴赏，而且是对自然对象的鉴赏，才是唯一地在其中显示出判断力是一种拥有自己特别的原则并借此有理由要求在对高级认识能力的普遍批判中占有一席之地的。”换句话说，对于自然对象等弱化了价值判断的无利害性场景的“纯审美”鉴赏过程才能最好地揭示内隐认知的本质。因此不仅从实践的角度，内隐认知理论为景观认知过程研究提供理论基础，而且从理论的角度，弱化了生态游憩功能而以审美和文化输出为主要任务的海外中国园林也是内隐认知研究的最适用材料。

三、技术支撑

工欲善其事，必先利其器。目前内隐认知局限于理论层面的解释，虽然从底层完整地解释了审美认知过程，但由于技术的限制和认知模块“内隐”的特点，难以设计实验，无法提出针对具体设计过程的结论。不过，近年来发展迅速的多模态深度学习技术和舆情大数据为其研究提供了契机。

1. 舆情大数据

舆情大数据中包含了用户自发生成的媒体数据，一定程度反映了公众的认知过程，包括音视频数据、点赞互动行为数据、页面停留时长、使用者的ID、使用者昵称、日期、更新日期、使用设备、文本描述、机器标签、话题分类、经纬度、照片网络版网址、照片下载地址、许可证名称、许可证网址、照片服务器地址、图片标识、照片密码、照片原始密码、扩展名、用户个人基本公开信息、用户关系网络、用户偏好等复杂的认知信息和社会信息。

其中，海外中国园林的审美认知重点关注社交媒体图像和文本信息，两者之间存在一定的相关性。不同于新闻媒体，用户在发布点评内容时，其图像通常是其较为关注和印象较深的场景，个人用户所撰写的文本通常带着强烈的个人情绪反应，两者在认知上存在一定的典型性。而且图像附带着图像元素位置、占比、画面结构等感知信息，文本附带着情绪、形象认知等认知信息，这为扩充认知研究的深度提供了扎实的数据基础。

因此，海外中国园林的审美认知尝试将两者联系起来，一方面扩充认知研究的深度，从认知的表面结果深入到认知背后的感知因素；另一方面扩充感知研究的广度，从网络范围的公众舆论总结视觉感知到认知反应的过程。

2. 多模态深度学习

模态（Modality），即信息的来源或者形式。例如，人类的触听视嗅觉；信息的语音、视频、文字不同格式；传感器中的雷达、红外、加速度计等信息类型，以上每一种都可以被称为一种模态。传统的机器学习技术只能解决单一模态的信息，而多模态深度学习技术通过不同信息的向量化处理，可以融合多种信息进行协同训练学习，在海量数据中学习不同信息来源的数据。

而深度学习本身在挖掘大量数据背后的隐式规律方面具有优秀的表现，借助多模态技术，可以通过多源、异构的复杂数据协同训练，总结社交媒体中海量图片数据中的常见模式及其附带文本数据中的认知信息并构建联系。因此其可以突破内隐认知理论研究难以定量化的困境，通过海量数据的隐式规律挖掘，为内隐认知定量研究提供切实可行的操作方法。

对于更加细致的认知和感知研究，多模态深度学习技术和舆情大数据技术也可以带来新的突破。

针对认知研究，舆情大数据中，社交媒体图像和文本之间的关联可以作为认知研究困境的另一突破口。正如前文所说，个人用户发表的信息通常由于个人情绪较为强烈而与新闻媒体有着明显的差异，将两者联系起来可以扩充认知研究的维度，解决目前认知研究当中的困境。

针对感知研究，目前深度学习可以借助注意力机制，模拟人眼观察图像，从而还原照片拍摄者在拍摄时关注的重点，以其为标准进行分类并提取海量社交媒体图片信息。另一方面，社交媒体图片本身在一定程度上也代表了公众关注的重点，结合文本情绪分析的技术。可以从一定程度上突破认知神经科学实验中实验对象数量的限制，将实验范围扩展到公众范围，以期获得认知的普适性规律。

四、方法论

海外游客对海外中国园林场景的认知是一个具有抽象性和内隐性的问题。结合数据分析与专业论证，在此提出基于社交网络图文关联性分析和机器学习技术的场景—情绪认知相关性分析的海外中国园林审美认知框架。

首先，基于海外社交分享平台上海外中国园林相关的图文信息采集，依次从原始文本数据中抽取文本情绪、文本关键词，从原始图片数据中抽取视觉注意力中心、场景元素共四大类数据信息，并以唯一的ID保持图文数据间的链接关系。其次，通过对四类信息主题模式的提取，将引起海外游客情绪感知的中国园林场景分类。最后，开展不同信息类别之间的耦合分析，深入挖掘海外游客对中国园林的审美认知规律。具体框架展开如图7-2所示。

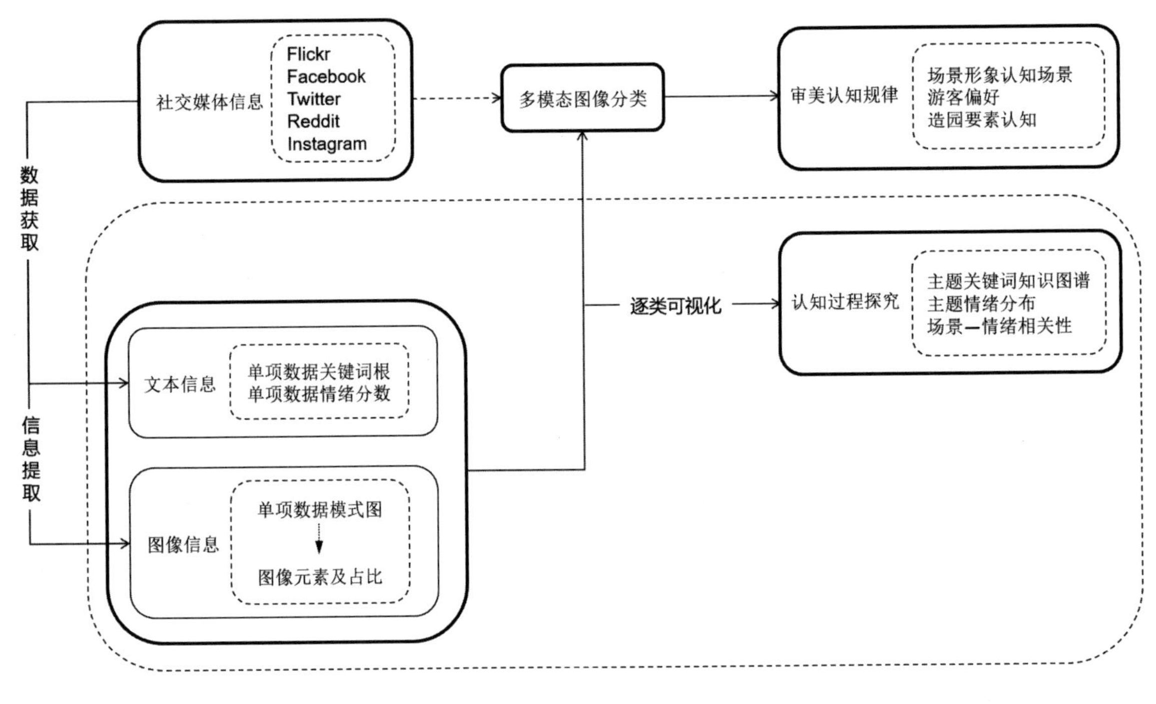

图7-2
海外中国园林审美认知的框架示意

1．数据获取

实验的源数据是以“Chinese Garden”为关键词，从Flickr、Twitter、Instagram、Tripadviser、Reddit五大社交媒体网站中搜索得出的2016—2021年的带图评论。

Flickr为知名摄影分享网站，网站内容以摄影师主动分享的照片为主，并包含摄影爱好者的交流评论文本，比如一段评论中说道：“Situated on the banks of Freshwater Lake，within the Centenary Lakes precinct at Edge Hill，the garden incorporates traditional features in a contemporary style”（花园坐落在淡水湖的岸边，在边山的百年湖区域内，融合了传统特色和现代风格）。此数据集合具有西方审美的艺术代表性。

Twitter、Instagram为时效性较强的短文本社交媒体分享网站，发文者多为游赏海外中国园林的普通海外游客，且基于网站社交性，其评论文本带有较为鲜明的情绪色彩，内容聚焦于具体点位的景观，反馈出游客的即时感知，比如一位游客评论道：“Well worth the small fee to enter”（这点门票钱是值得的）。此数据集合为收集大众游园感知提供了广泛的数据基础。

Tripadviser为知名旅游点评网站，评论文本反应更具整体性和综合性的游园评价，比如一位游客将悉尼的谊园评价为“Beautiful oasis in the centre of the city”（城市中心的美丽绿洲）；Reddit则为长文本博客类社交媒体分享网站，文本内容倾向于对园林景观的细致描述和发文者个人的细腻感受，比如一名游客评论道：“You could spend a good couple of hours in here soaking in the peaceful nature and tranquility”（你可以在这里待上几个小时，沉浸在宁静的大自然中）。其评价角度更为深入具体。

基于各网站不同的信息结构和信息类型，研究共收集538624条带图数据，作为基础数据来源。其中，每条数据包括一段文本和若干对应的图片，且每条数据中的图文信息以唯一的ID相链接，以展开后续的相关性分析。

2. 数据处理：文本信息

（1）情绪分数获取

由于源自Tripadviser的数据中自带公众点评的打分数据，且平台源数据中包含许多不带图的评论文本。因此先抽取831205条不带图的Tripadviser数据中的星标打分数据和文本数据，借助AIBERT深度学习网络，训练计算机理解不同篇章结构和语句关系的文本，并准确抽取文本中的情绪极性。传统机器学习研究中单纯基于情感词典的逐词分析往往会因为转折词、虚拟语气等因素导致情绪识别出现误差。因此，通过结合星标数据开展深度学习的方法可以大致规避此问题。为了避免深度学习算法不完善导致的误差，将此模型和情感词典结合，最终预测出每一条数据的情感极性，并评价生成情绪分数。

（2）文本关键词获取

首先调用由宾夕法尼亚大学开发的NLTK工具包，将文本中的词汇还原成词根，便于对词义相同的词语进行整合分析。关键词根可以还原每个英语单词的本质内容，避免由词性影响的计算误差。

在此基础上，调用Pytorch中的TF-IDF工具包，识别每一条文本中的关键词。TF-IDF的功能是可以通过对文本的分析提取出文中若干个关键词的重要程度。以海外中国园林的海外游客评价为例，TF-IDF工具从中抽取重要关键词的逻辑首先是，词在文件中出现的次数越高越重要，在此基础上，进一步计算该词在所有的评论文本，也就是评论文本的整体语料库中出现的次数，出现的频率越高越不重要。比如一名游客评论道：“It’s fantastic that the building which like a boat in the lake in Chinese Garden. It likes a boat but not really a boat, which I haven’t seen in other gardens”（中国园林里那个水中很像船的建筑让人耳目一新，它似船而非船，是其他园林中没有的建筑形式）。在这条文本中，“boat”（船）和“garden”（园林）都是出现频率较高的词汇，但由于“boat”（船）这个词汇在整个语料库，即所有评论文本中出现的频率不高，而“garden”（园林）这个词汇几乎在每一条评论中都出现了，因此认为“船”这个词汇是这段文本中更具重要性的关键词。通过这种逻辑抽取的文本关键词相比单纯用频次统计的非机器学习方法，可以大大降低量词、冠词、语气助词等虚词，以及在一定语料背景下会反复出现的名词［比如上文提到的“garden”（园林）一词］对识别效果的影响，得出更准确的判断结果。

最后，再次调用由宾夕法尼亚大学开发的NLTK工具包，进一步识别关键词的词性，并细分出“wonderful”（精彩的）、“fanstastic”（奇妙的）、“confused”（难以理解的）、“weird”（诡异的）等具有感情色彩的词语。

3. 数据处理：图像信息

（1）图像分割

中国地质大学基于ADE_20K数据集和FCN全卷积网络开发训练了城市影像语义的分割模型。其中，ADE_20K数据集包括20210张训练集图像和2000张验证集图像，包含天空、水、草地、道路、建筑等label。该模型基于此数据集，即可实现对城市有影响的场景语义理解，即通过图像分析识别图中的天空、草地等objects。

借助此模型，将数据库中的所有图像进行图像语义分割成为灰阶图。为呈现更好的数据分析可视化效果，研究进一步基于ArcGIS系统编写了符号化显示的批处理脚本，对图像进行处理，得到所有图像的“元素分割图”，以及每张图片中不同元素的占比信息。

最终处理得到的“元素分割图”中可以抽象出原图片上不同元素的类别、位置、占比、分布关系等多维语义信息，因此将元素分割图作为每个照片的“场景主题图”，用于后续的空间元素综合性分析和生成“主题模式图”（图7-3）。

（2）数据预分类及数据清洗

借助由麻省理工学院开发的Place365数据集，计算机可以准确识别图片中的各要素并得到图像的关键词，比如“natural light”（自然

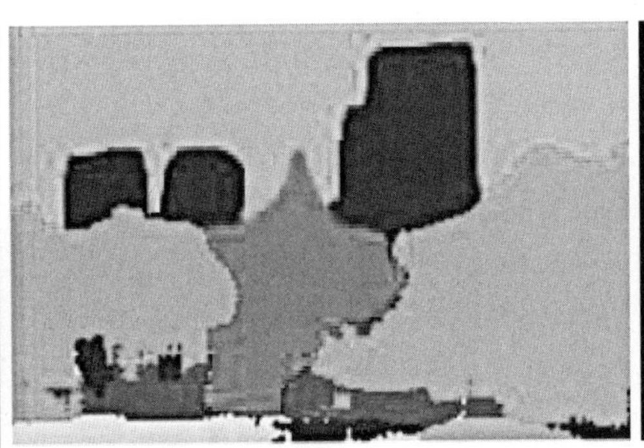

图7-3
海外中国园林图像的元素分割示意

光）、“vegetation”（植被）、“leaves”（树叶）等，并赋予其不同的分类标签，比如“fishpond”（鱼塘）、“zen”（禅宗）、“rainforest”（雨林）等；结合ResNet50网络和注意力机制（Attribute Mechanism）模拟人眼观测图像，可以进一步为每个分类标签分配权重（图7-4）。基于权重对一张图中提取的分类标签进行筛选，由于计算机对权重低于0.3的分类标签（三级分类）所指向的图像识别困难，因此丢弃分类标签权重低于0.3的图像数据。此轮数据筛选可以筛除模糊数据，提升数据质量。

此外，为避免过多的虚词和一些专有名词对计算机数据识别的干扰，非英文文字的数据和单词文本长度低于8的数据也被删除。

4. 数据分类和清洗

（1）数据分类

数据清洗：在数据中随机抽取样本进行打分，区分非园林内容的无关数据，以其为训练数据对擅长识别图片的卷积神经网络（Convolutional Neural Networks，CNN）进行监督学习训练，根据训练结果使计算机批量剔除无关数据，留下真实的海外中国园林数据内容。

卷积神经网络是一类包含卷积计算且具有深度结构的前馈神经网络（Feedforward Neural Networks），是深度学习（deep learning）的代表算法之一。卷积神经网络仿造生物的视知觉（visual perception）机制构建，其隐含层内的卷积核参数共享和层间连接的稀疏性使得卷积神经网络能够以较小的计算量对格点化（grid-like topology）特征，例如对像素和音频进行学习，有稳定的效果且对数据没有额外的特征工程（feature engineering）要求。

多模态分类：借助变分自编码器VAE（Variational Auto-Encoder）模型，协同训练图像、图像元素及占比、图像关键词、分类标签及权重、文本关键词、Flickr数据集自带机器标签等六类信息，并分类得到多级类别，根据每个类别中的数据内容重新命名形成若干个具

图7-4
深度学习基于注意力机制模拟人眼观测并进行海外中国园林分类标签示意

体场景类别。

验证：分别在各场景分类中对数据样本进行抽样，判断类别中的数据内容是否符合类别名称，符合则打1分，不符合打0分。借助卷积神经网络对打分结果进行监督学习训练，根据训练结果批量剔除分类错误的数据。

（2）主题模式图像生成

基于生成对抗网络GAN模型，将上述所有小类中相似度高的“场景主题图”生成“主题模式图”。每个小类的主题模式图即该类场景的形式知觉模式。最终得到96523条以“主题模式图”即某类场景的形式知觉模式为核心的数据，每条数据包括主题模式图、关键词等若干属性，各类型的数据通过最初标记的唯一ID相链接。

至此，包含最初从各数据平台中下载的原始图文数据信息、数据预处理过程中的过程数据信息和数据深度分析过后得到的最终数据信息，共同构建成为多源异构的全网海外游客的海外中国园林游园感知数据库（图7-5）。

其中，原始图文数据以及基于原始数据直接抓取的追加评论、评价分数、点赞数等数据类型，作为数据筛选、区别、训练的细分和参考；后续利用机器学习技术预处理数据过程中得到的关键词、构图模式等过程数据信息，进行数据分类训练和生成主题模式图；进一步利用多种算法开展细致的图片分析和文本分析，提取和生成得到的主题模式图、图像元素、元素占比、关键词根、情绪分数等最终数据信息，则用以支持最终不同场景类别下的认知规律、游客偏好分析。

图7-5
海外中国园林的游客游园感知数据库

类型	来源/方法	类型	目的
原始数据信息	直接抓取	ID	作为每条数据所有信息链接的数字凭证
		图片	用于后期挖掘场景元素、元素占比、主题模式图等
		文本	用于后期挖掘文本关键词、文本情绪等
		追加评论	作为文本分析的补充数据
		评价分数	用于训练文本情感预测模型
		点赞数	作为评价分数的补充数据
		发布者身份信息	用于区别海外与中国游客
		地理位置	用于区别海外中国园林与本土中国园林
		日期	用于筛选数据时间段
		话题标签	用于数据分类训练
过程数据信息	ResNet50 + 源图片	图像关键词	用于数据分类训练
		图像类别标签权重	
	FCN网络 + 源图片	模式图	用于主题模式图生成，代表不同场景的形式知觉模式
最终数据信息	GAN 网络 + 模式图	主题模式图	用于区分不同场景类别，代表同类场景的形式知觉模式
	FCN网络 + 源图片	图像元素	用于认知规律分析，代表场景形式知觉模式中的组成要素
		元素占比	用于认知规律分析，代表场景形式知觉模式中的组成要素比例
	TF-IDF算法 + 源文本	关键词根	用于数据分类和形象认知分析，代表形象认知
	AIBERT网络+源文本	情绪分数	用于游客偏好分析、认知规律分析，代表情绪反应
	ResNet50 + VEA + CNN +文本关键词+图像关键词+图像类别标签+图像元素	最终图片分类	最终数据类别

5. 数据可视化

基于前者逐条数据信息的提取和最终的分类结果，以每个类别中包含的互相关联的数据信息为分析对象，分别深入挖掘具体场景类别下认知与感知之间的对应关系。通过数据分析与可视化处理，以情绪分布图、关键词知识图谱、场景—情绪相关性散点图的形式表述数据库中各元素间的关系。

（1）情绪分布图

分析某个具体场景类别中的所有情绪分数信息，绘制该类别的情绪分布图来评价海外游客对此类场景的偏好，具有较高概率的情绪分数区间，代表了海外游客对此类型场景的情绪倾向。积极情绪区间众数与消极情绪区间众数的差值则反映了游客情绪的波动情况（图7-6）。

（2）关键词知识图谱

根据关键词在不同文本集合中共同出现的频率，绘制反映海外游客集体认知情况的知识图谱。当若干条评论文本中反复出现某一共线关系时，认为在此场景类别下，公众的认知倾向于此关键词。比如在“建筑和小片植物”这一场景类别下包含40条评论文本，其中有32条评论文本中都同时包含了“pavilion”（亭子）和“beautiful”（美丽的）两个词，因此认为游客对“建筑和小片植物”这类场景的感知过程中，“亭子”是关键影响因素，且整体的情绪感知较为积极（图7-7）。

（3）场景—情绪相关性散点图

根据某个具体场景类别的模式图中，某一要素占比的数量和其关联的情绪分数两个维度的信息，绘制二维散点分布图，根据散点集中分

图7-6
海外中国园林具体场景的游客情绪分布示意

图7-7
海外中国园林游客集体认知的关键词知识图谱示意

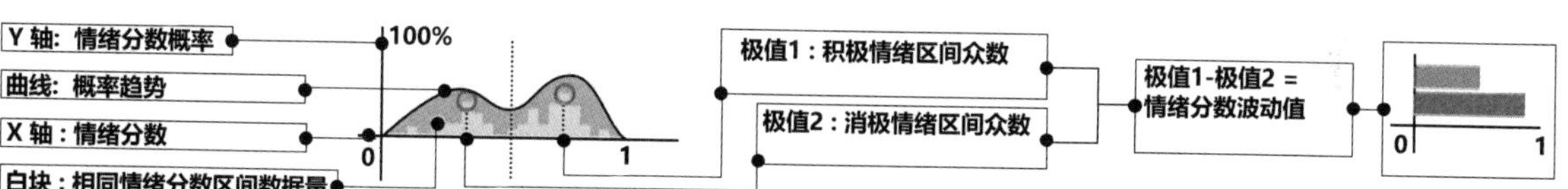

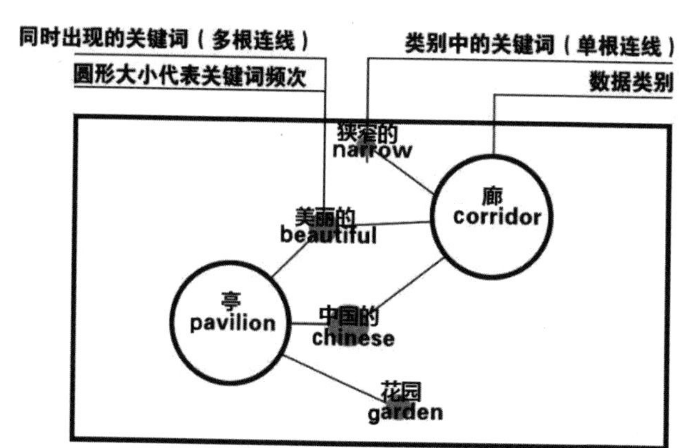

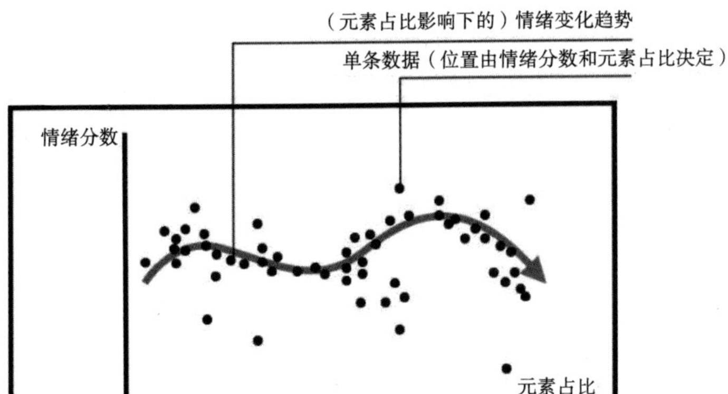

图7-8
海外中国园林游客的场景—情绪相关性散点示意

布区域与其相关情绪分数值之间的关系，挖掘场景要素变化时游客的情绪变化规律（图7-8）。

五、审美认知过程：从场景到要素

1. 场景—情绪数据库

认知模块理论将人的认知过程解释为包含利害判断的“知觉中枢+意义中枢+情感中枢”的“认知模块”，并提出了无利害判断时只激活“知觉中枢+情感中枢”的特殊的审美认知模块。由于这两种情况下激发的认知模式不同，游客对景观的感知逻辑也不同，因此将实验结果分为功能性场景和审美场景两大类。功能性场景对应游客有利害性判断的认知过程，反应游客对景观功能的满意度；审美场景则对应游客无利害性判断的审美过程，反映游客对园林景观的理解和鉴赏。基于ResNet50网络、VAE模型、监督分类，将所有场景类别按照认知类型、空间类型、图像相似度进行三级分类。

每个最小分类中包含此类下的所有相关数据，即源图片、源点评文本、文本关键词、文本情绪分数、场景模式图、场景元素及其占比等信息。其中文本情绪分数内含游客的情绪反应模式，文本关键词凝练了游客的具体认知，其二者共同反映了游客对景观的综合感知；场景模式图是游客的真实感知场景的拓扑形式，场景元素及其占比信息是深入探究形式知觉模式的关键变量，其三者共同作为游客所感知的场景对象的高度抽象；原始文本和图像信息则用于佐证、校验数据结果，保证结论的专业性和科学性。

2. 情绪反应：场景偏好

为直观地分析海外游客对园林中的功能性场景和审美场景的认知差异，按类分别提取其中所有的情绪分数信息，形成包含不同具体场景类别的情绪分布图，可视化数据成为三级分类的情绪分布概率统计图（图7-9）。

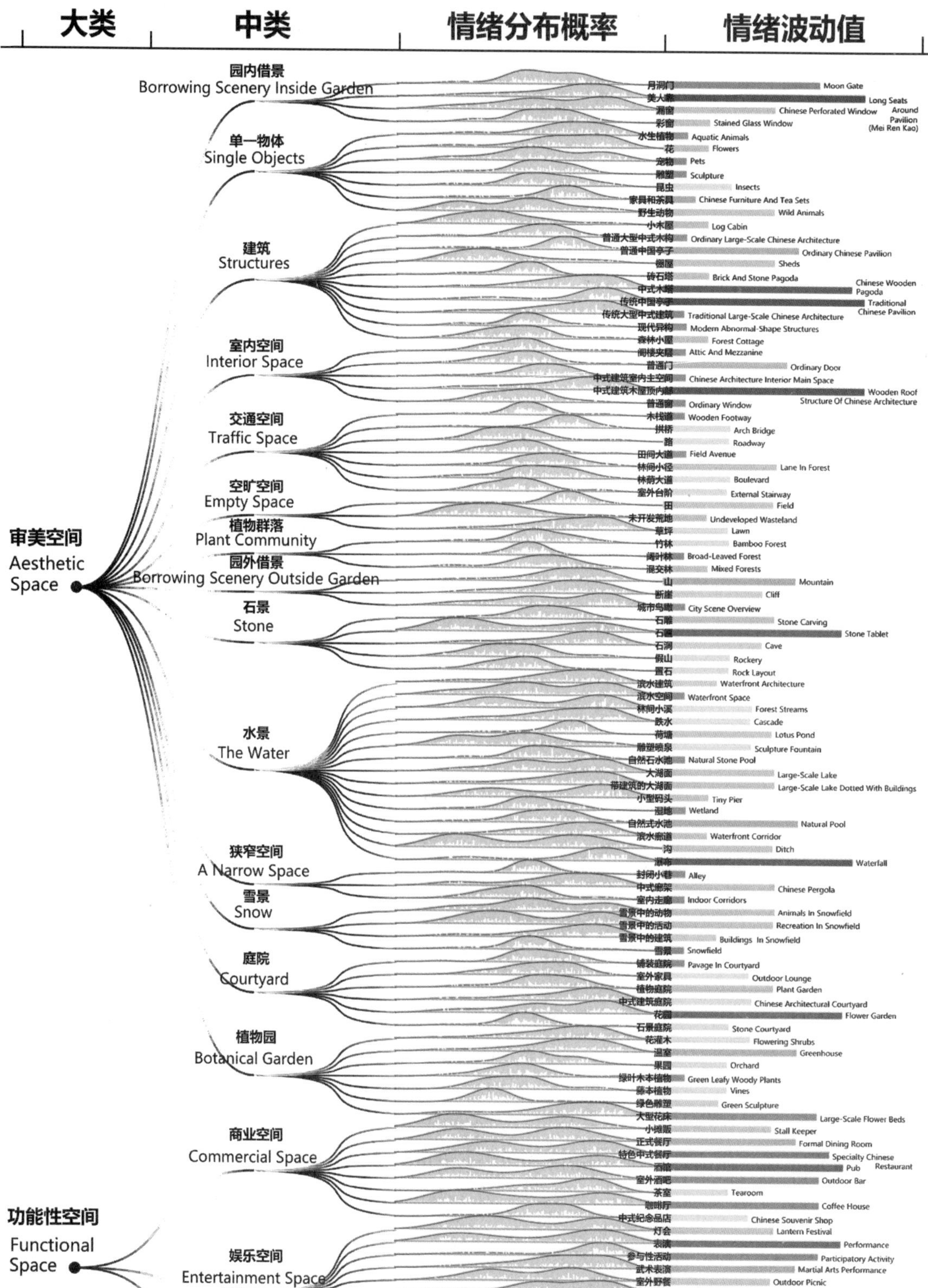

大类
中类
情绪分布概率
情绪波动值
审美空间
Aesthetic Space
功能性空间
Functional Space
园内借景
Borrowing Scenery Inside Garden
单一物体
Single Objects
建筑
Structures
室内空间
Interior Space
交通空间
Traffic Space
空旷空间
Empty Space
植物群落
Plant Community
园外借景
Borrowing Scenery Outside Garden
石景
Stone
水景
The Water
狭窄空间
A Narrow Space
雪景
Snow
庭院
Courtyard
植物园
Botanical Garden
商业空间
Commercial Space
娱乐空间
Entertainment Space
城市场景（带有中国园林元素的）
Urban Scene
月洞门 Moon Gate
美人靠 Long Seats Around Pavilion (Mei Ren Kao)
漏窗 Chinese Perforated Window
彩窗 Stained Glass Window
水生植物 Aquatic Animals
花 Flowers
宠物 Pets
雕塑 Sculpture
昆虫 Insects
家具和茶具 Chinese Furniture And Tea Sets
野生动物 Wild Animals
小木屋 Log Cabin
普通大型中式木构 Ordinary Large-Scale Chinese Architecture
普通中国亭子 Ordinary Chinese Pavilion
棚屋 Sheds
砖石塔 Brick And Stone Pagoda
中式木塔 Chinese Wooden Pagoda
传统中国亭子 Traditional Chinese Pavilion
传统大型中式建筑 Traditional Large-Scale Chinese Architecture
现代异构 Modern Abnormal-Shape Structures
森林小屋 Forest Cottage
阁楼夹层 Attic And Mezzanine
普通门 Ordinary Door
中式建筑室内主空间 Chinese Architecture Interior Main Space
中式建筑木屋顶内部 Wooden Roof Structure Of Chinese Architecture
普通窗 Ordinary Window
木栈道 Wooden Footway
拱桥 Arch Bridge
路 Roadway
田间大道 Field Avenue
林间小径 Lane In Forest
林荫大道 Boulevard
室外台阶 External Stairway
田 Field
未开发荒地 Undeveloped Wasteland
草坪 Lawn
竹林 Bamboo Forest
阔叶林 Broad-Leaved Forest
混交林 Mixed Forests
山 Mountain
断崖 Cliff
城市鸟瞰 City Scene Overview
石雕 Stone Carving
石碑 Stone Tablet
石洞 Cave
假山 Rockery
置石 Rock Layout
滨水建筑 Waterfront Architecture
滨水空间 Waterfront Space
林间小溪 Forest Streams
跌水 Cascade
荷塘 Lotus Pond
雕塑喷泉 Sculpture Fountain
自然石水池 Natural Stone Pool
大湖面 Large-Scale Lake
带建筑的大湖面 Large-Scale Lake Dotted With Buildings
小型码头 Tiny Pier
湿地 Wetland
自然式水池 Natural Pool
滨水廊道 Waterfront Corridor
沟 Ditch
瀑布 Waterfall
封闭小巷 Alley
中式廊架 Chinese Pergola
室内走廊 Indoor Corridors
雪景中的动物 Animals In Snowfield
雪景中的活动 Recreation In Snowfield
雪景中的建筑 Buildings In Snowfield
雪景 Snowfield
铺装庭院 Pavage In Courtyard
室外家具 Outdoor Lounge
植物庭院 Plant Garden
中式建筑庭院 Chinese Architectural Courtyard
花圃 Flower Garden
石景庭院 Stone Courtyard
花灌木 Flowering Shrubs
温室 Greenhouse
果园 Orchard
绿叶木本植物 Green Leafy Woody Plants
藤本植物 Vines
绿色雕塑 Green Sculpture
大型花床 Large-Scale Flower Beds
小摊贩 Stall Keeper
正式餐厅 Formal Dining Room
特色中式餐厅 Specialty Chinese Restaurant
酒馆 Pub
室外酒吧 Outdoor Bar
茶室 Tearoom
咖啡厅 Coffee House
中式纪念品店 Chinese Souvenir Shop
灯会 Lantern Festival
表演 Performance
参与性活动 Participatory Activity
武术表演 Martial Arts Performance
室外野餐 Outdoor Picnic
亭子中的野餐 Picnics In Chinese Pavlion
极限运动 Extreme Sports
中式舞台表演 Chinese Stage Performance
水乐园 Water Park
划船 The Boat On The Lake
中式庙会 Chinese Temple Fair
带有中国园林要素的城市场景 City Scene With Chinese Elements

图7-9

海外中国园林游客的情绪分布概率统计图及场景分类

（1）功能性场景

对比功能性场景和审美场景的情绪波动情况，功能性场景的好评和差评分布相对集中，取值区间在0和1附近，而审美场景的情绪分布则较为均衡并集中于中部。因此，功能性场景对游客的认知具有更强的影响力。且相较于审美场景，含有饮食、文化活动、演出等一定功能的空间场景，对游客表现出更强的吸引力。

按照相同的思路，进一步将所有小类数据（即按照图像相似度划分的不同类别数据的情绪分布概率图）分类堆叠绘制，成为情绪分布概率堆叠分析图，可以针对具体要素分析游客的感知情况。

比如以场景中是否包含中国元素作为区分，将功能性场景中的所有具体场景类别的情绪分数堆叠起来，可以更细致地分析游客对园林内中国元素的偏好情况（图7-10）。

图中暖色的堆叠图为带有中国元素的具体场景类别的情绪分布堆叠，冷色的堆叠图为不带有中国元素的具体场景类别的情绪分布堆叠。对比分析两图可以发现，游客对带有中国元素的场景具有更积极的情绪反馈。此外，值得关注的是，剪纸、书法等互动性活动对海外游客表现出突出的吸引力。这也直观地表现出海外游客对中国园林文化较高的接受程度，同时也启发我们可以通过融入更多有参与感的互动活动促使海外游客更积极地接触并理解中国文化。

图7-10
海外中国园林的功能性场景的情绪分布概率堆叠

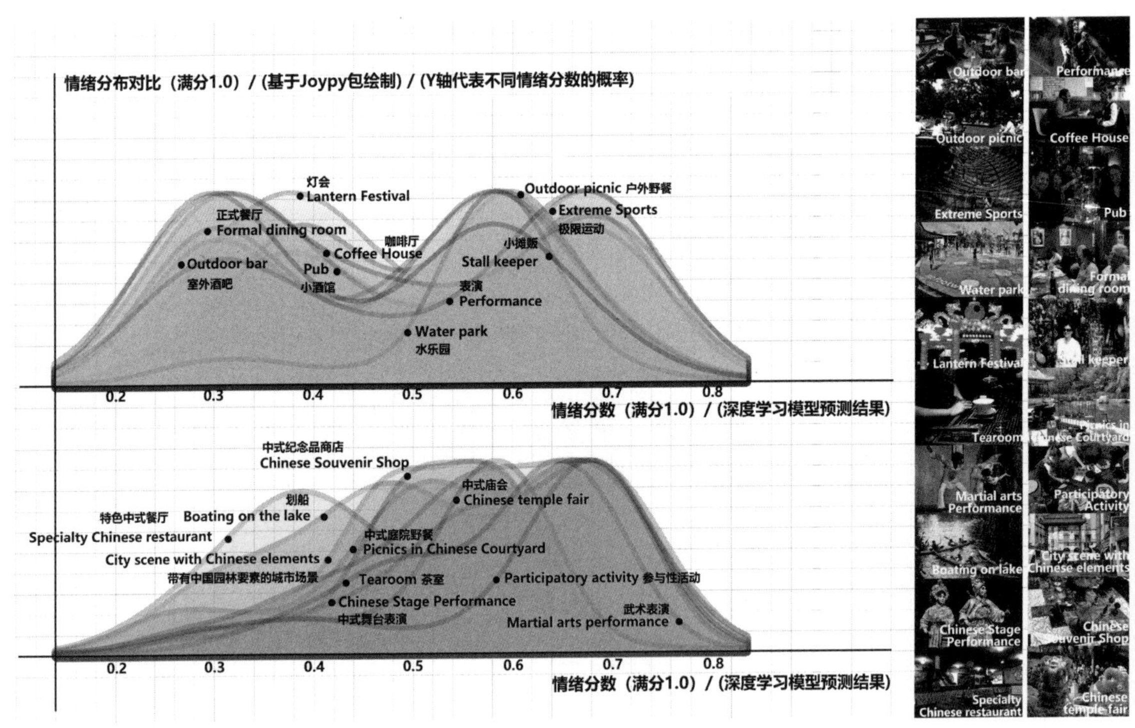

（2）审美场景

调用水空间中包含的具体场景类别的情绪分布图，并分别与其各自的主题模式图相对应（图7-11）。

对比分析不同的水景类别，几何式水池的情绪分布较为均匀，且情绪分数值整体偏低，说明几何式水池未能引起海外游客强烈的情绪反应。而四种自然式湖面类型（自然式水池、自然式湖面、大型湖面、建筑点缀的大型湖面）的游客情绪分布则富于变化，说明自然式湖面对海外游客引起的情绪反应较强，且总体情绪分布较为积极。其中，带有滨水建筑的情绪分布表现出更为突出的积极性，可以推断海外游客普遍更倾向于欣赏包含园林建筑的水景观。溪流景观和水渠景观的情绪分布则呈现两极分化的趋势，两者相比，溪流景观表现出更为积极的倾向性。

综上，海外游客对中国园林的偏好特征可被归纳为如下三点：

其一，功能性场景在中国园林文化海外传播的过程中展现出更为强烈的影响力。海外游客在游园过程中更倾向于关注超出其以往认知、具有文化内涵、可被意义解读的场景，而非收获符合个人既定知觉模式的审美体验。

其二，海外游客对于中国文化有着较高的接受程度，并乐于参与到戏曲、舞狮等文化活动过程中。园林中融入互动性的中国文化活动将有助于提升海外中国园林的游园体验。

其三，审美场景的建筑、花卉和自然式水体受到海外游客的普遍认可。其中，建筑元素在不同具体场景类别中都表现出积极的影响。

图7-11
海外中国园林中水空间的情绪分布概率统计及各小类主题模式

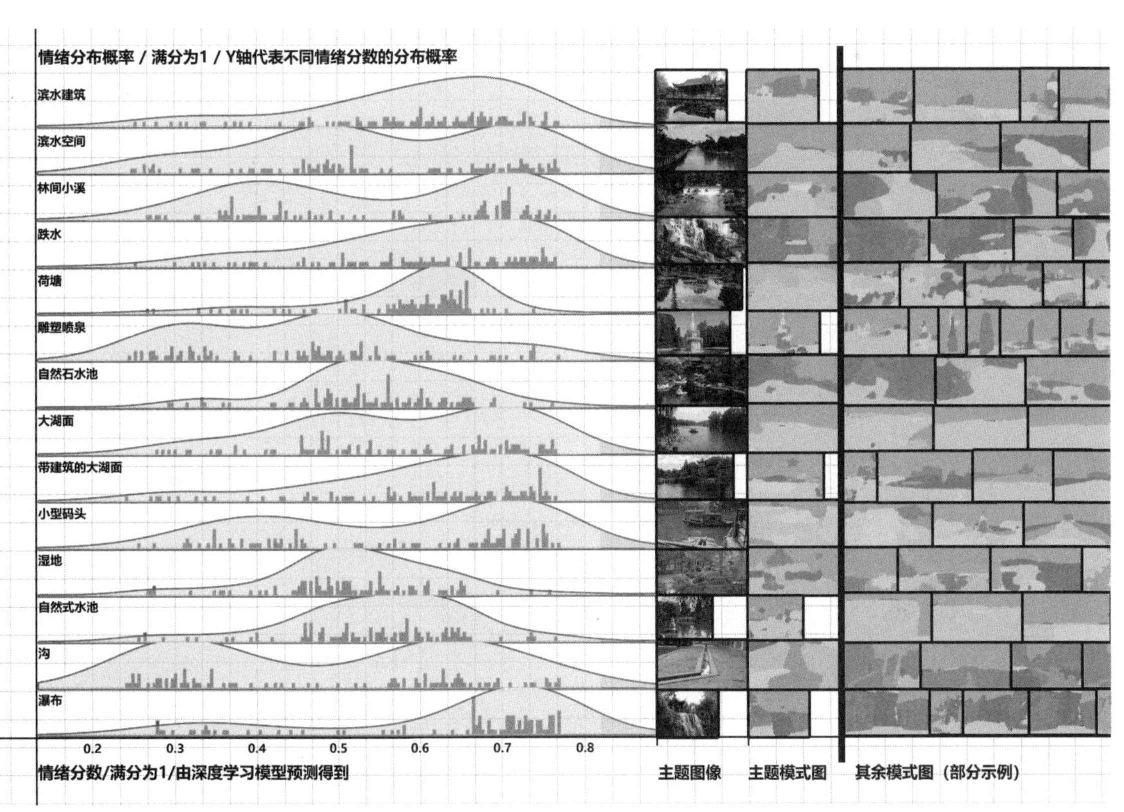

3. 相似场景：形象认知

细致分析前述研究结果，发现以下两条值得深入讨论的现象：

一方面，海外游客对于园林中的绿色雕塑表现出排斥的倾向，这与中国园林文化追求的“本于自然，高于自然”的思想具有一定的相似性。与之相反的是，海外游客更倾向于花色艳丽、数量丰富的花卉景观，这又与中国园林文化中简远、疏朗、雅致、天然的设计理念相悖。

另一方面，相较于自然式湖面，几何式水池的情绪分数较低。且海外游客对滨水的中国式建筑景观表现出强烈的关注。

我们分别提取植物景观、水景观和庭院景观类别下所有具体场景中的关键词，利用关键词共线关系绘制其知识图谱，用来分析以上现象；并以关键词为索引，分别检索与植物景观和水景观相关的源文本，开展专家小组讨论，对评论内容开展专业性解读。

在植物景观方面，“ecologic”（生态）、“beauty”（美丽）等关键词被提及较多，而与中国植物文化和园林文化相关的词语却很少见。与中国园林中典型的竹林景观相关联的关键词中，也仅包含“relax”（令人放松的）等代表海外游客直观感受的词语（图7-12）。总的来说，海外游客倾向于表达对自然的喜爱和向往，但大都未能对中国园林植物设

图7-12
海外中国园林的花卉、花园、竹林三个类别关键词共现

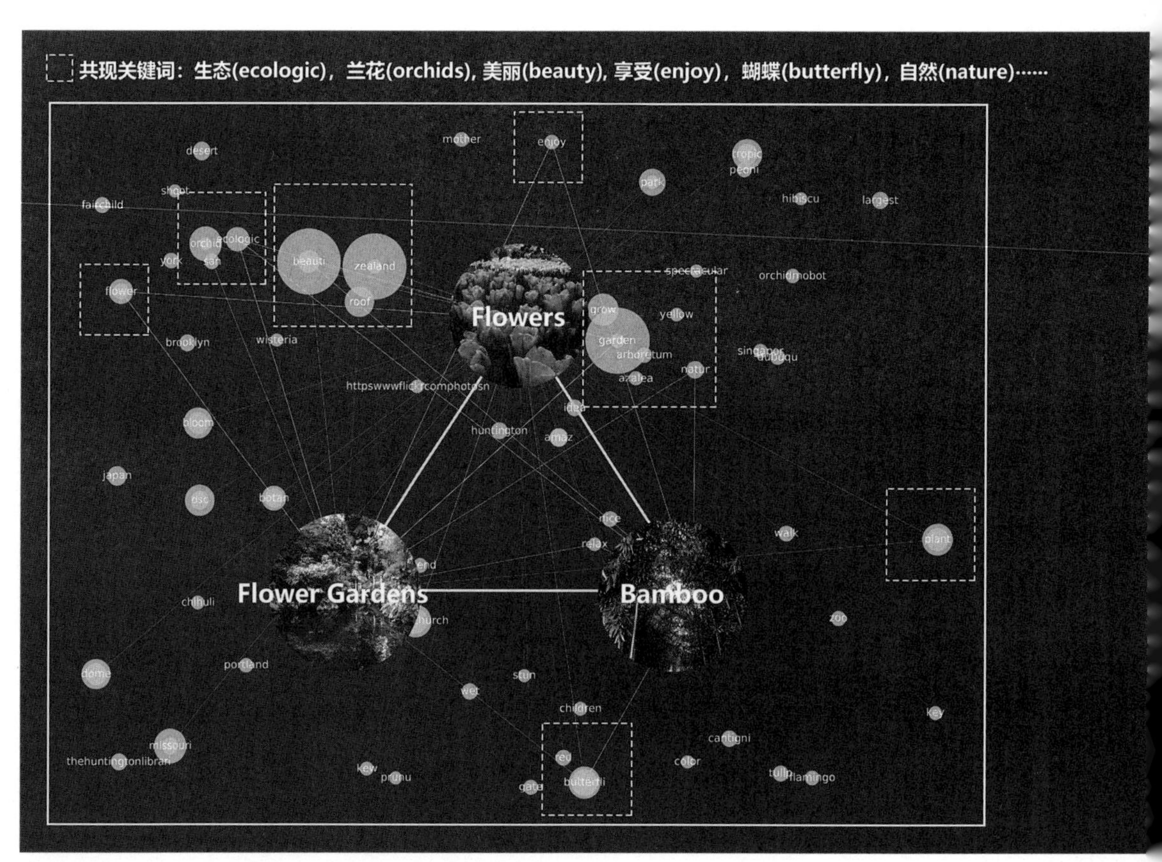

计的理念形成深刻的理解。

在水景方面，与自然式湖面相关的关键词呈现出与植物景观类似的“ecologic”（生态）、“nature”（自然）、“peace”（平和）等词汇，而滨水建筑则以其较强的关注度，与“Chinese”（中式的）、“Suzhou”（苏州）、“Shanghai”（上海）等词紧密联系。符合西方传统审美形式的几何式水景却被海外游客认为是“commonplace”（司空见惯的）、“have no particular appeal”（没有特别的吸引力）（图7-13）。可以推断，海外游客更多的是以一种求异心理来评价中国园林景观。

在庭院景观方面，“Japanese”（日本的）、“Zen”（禅寂）等关键词与多种具体场景类别都有明显的共现关系，更从侧面反映出海外游客对于中国园林文化的认知处于较为模糊的状态（图7-14）。

综上，海外游客对中国园林形象的认知程度可被归纳为如下三点：

其一，海外游客在游赏中国园林时，其正向的情绪反馈更多地来源于对原始生态自然的喜爱，以及对异域文化的新奇体验。未对深层次的中国园林文化产生兴趣和求知欲。

其二，建筑要素是海外游客识别中国园林风格的关键要素。但这种识别并不准确，海外游客往往会将中国园林与日本园林相混淆。

图7-13
海外中国园林的自然式水池、建筑水池、山石水池三个类别关键词共现

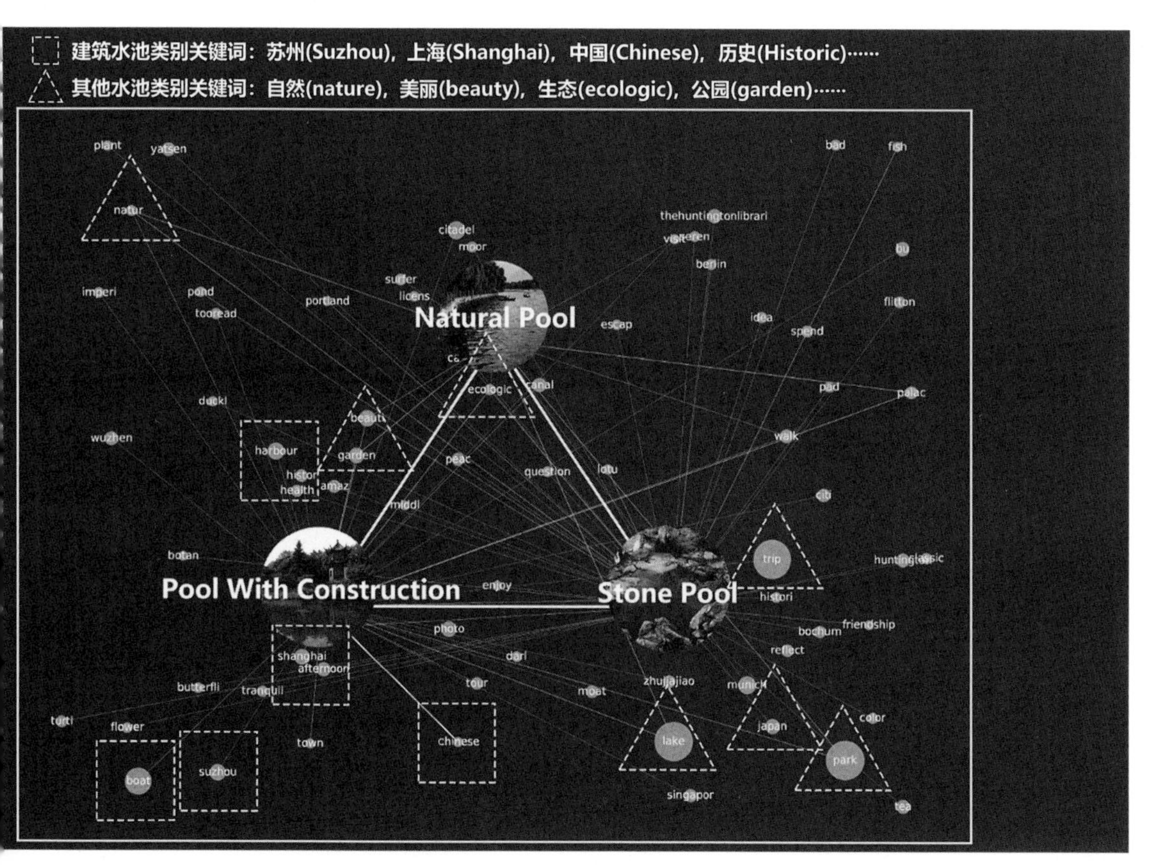

其三，海外游客对中国园林文化的认知模糊，认知程度较低，缺乏相关的文化背景，难以理解园林植物意象、园林设计理念等园林景观背后深层次的文化内涵。

4. 同类场景模式：造园要素认知

由上文已知，海外游客对中国园林的认知仍旧停留在比较浅层的状态，对中国园林文化的理解也较为困难，因此对审美场景的情绪分布较为均衡并集中于中部，并未产生明显的情绪倾向，亦即中国园林中的审美场景无法激发海外游客的具有烈度的审美感知。在这种情况下，了解海外游客内隐的审美认知模块中具有相似性的形式知觉模式、分析具体的场景模式如何影响游客认知就显得尤为重要。这既是海外中国园林的设计营建过程中避免文化误读的要求，也是破解文化传播难题的关键。

以审美场景中分值最高的建筑类别场景为这一部分的研究对象，对不同具体场景类别的主题模式图进行精细对比，分析这一场景下海外游客普遍的认知模式特点。

图7-14
海外中国园林的建筑庭院、山石庭院、植物庭院三个类别关键词共现分析

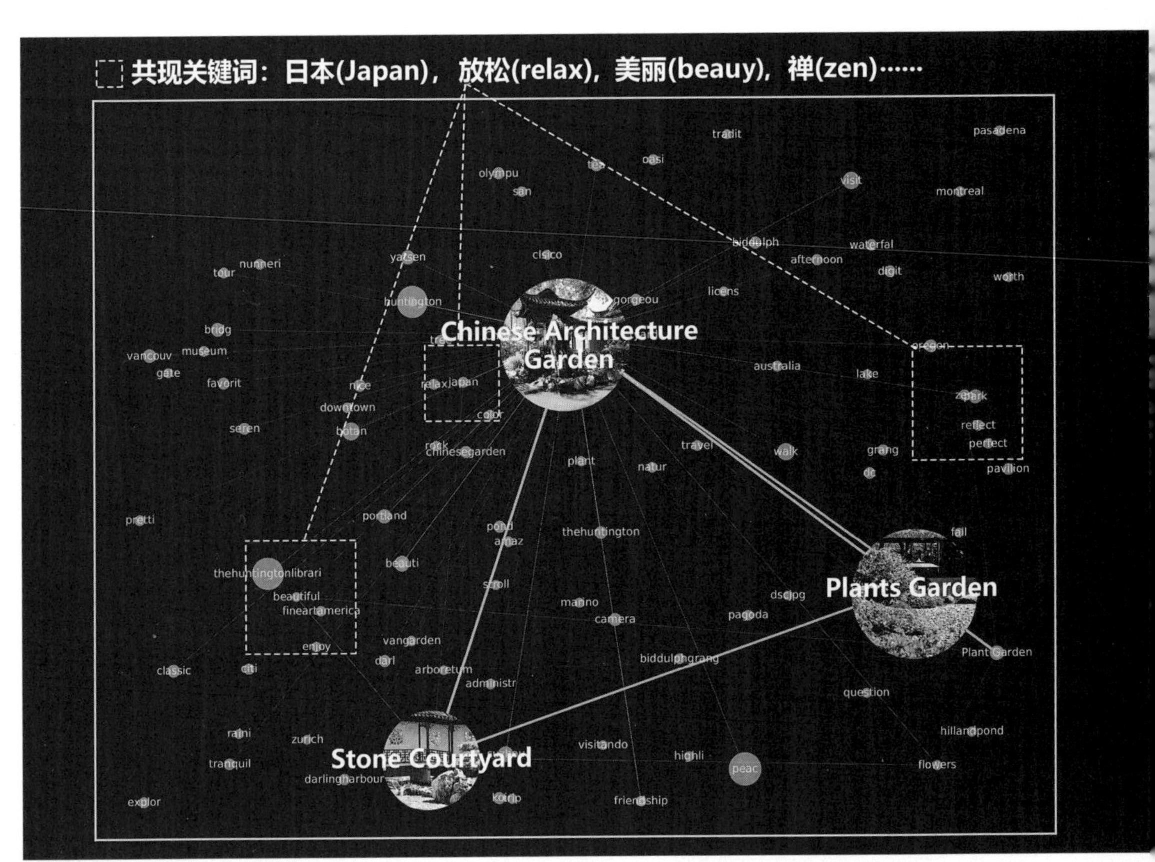

（1）不同要素比例对游客情绪分数的影响

将“亭子”这一具体场景类别（最小类别）中的数据遍历，调取其中每张模式图的植物占比、建筑占比与情绪分数。“视觉恒常性理论”提出：“我们之所以能看见物体，是因为物体在视网膜上产生的映象。视网膜上物体映象的大小变化，不是被感知为物体大小的变化，而是被感知为物体距离远近的变化。”基于此理论内容，为避免因拍照者的角度不同导致的画幅中建筑大小的差异，以植物占比和建筑占比的比值为衡量指标，分析不同场景中建筑植物配比与游客情绪感知之间的关系。

以情绪分数为纵轴、建筑植物配比为横轴，绘制不同场景下游客情绪分数的散点图（图7-15）。从数据可视化的结果中可以看出，当植物与建筑的比例接近2：1时，情绪分布集中于积极区间（情绪分数值大于0.6），这在一定程度上与李格非提出的“三分水，二分竹，一分屋”的园林疏密关系相一致。这一结论证明了不同文化背景和社会背景之下的文化传播虽然难以简单有效地开展，但设计的底层审美规律具有一般性。因此，尽管目前海外游客对中国园林的认知程度较低，但海内外游客共同的底层审美逻辑，依旧为跨文化的美学理解提供了现实的理论基础。

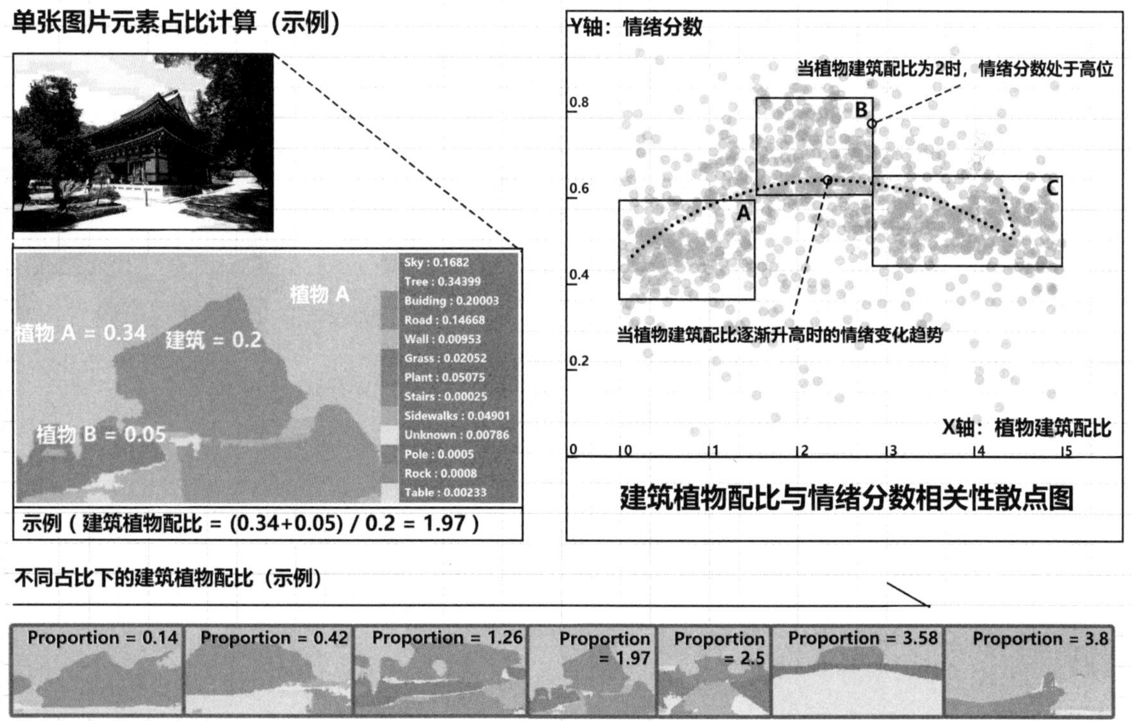

图7-15
海外中国园林的建筑、植物比例与情绪分数概率分布相关性

多种元素的感知特征对比可以为海外游客审美认知规律的研究提供更准确的参考。从“亭子”这一具体场景类别（最小类别）的数据中调取水体、植物、建筑、石头四个要素，根据排列组合和元素的现实存在状态将之分为“建筑+植物”“建筑+植物+石头”“建筑+植物+石头+水体”三种情况，并绘制对应的情绪分布图（图7-16）。三种情况中，四要素齐全的场景的分数最高，其中场景中是否包含石头对游客的情绪感知没有太大影响，而水体则表现出较强的影响力。

（2）空间开阔度对情绪的影响

类似地，将大量具体场景类别中的模式图进行堆叠，分析海外游客对园林空间的感知偏好。以室外狭窄空间这一具体场景类别中的模式图为分析对象，提取其中建筑、墙体等与空间分割有关的元素占比数据。以情绪分数为纵轴、元素占比为横轴，绘制不同场景下游客情绪分数的散点图（图7-17）。

从数据可视化的结果中可以看出，当墙体等元素占比超过0.2后，情绪分数出现明显的下降。这一结论证明，封闭的空间会为游客带来消极的情绪感知。

为验证这一结论，我们进一步调取了室外狭窄空间、廊架、漏窗、月洞门四种具体场景类别的模式图和情绪分数，并绘制对应的情绪分布图（图7-18）展开对比分析。

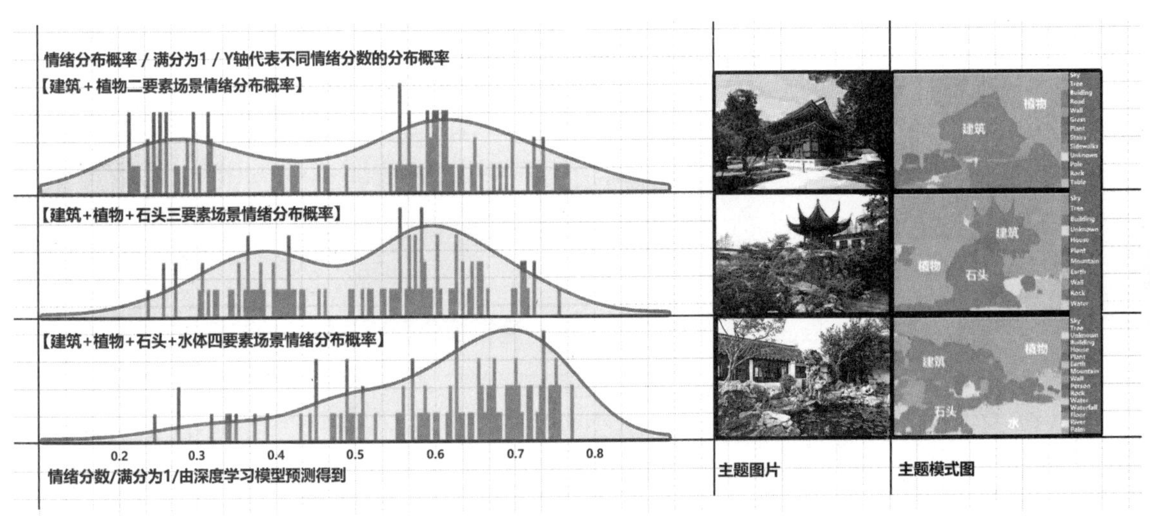

图7-16
海外中国园林的场景元素类型与情绪分数概率分布相关性

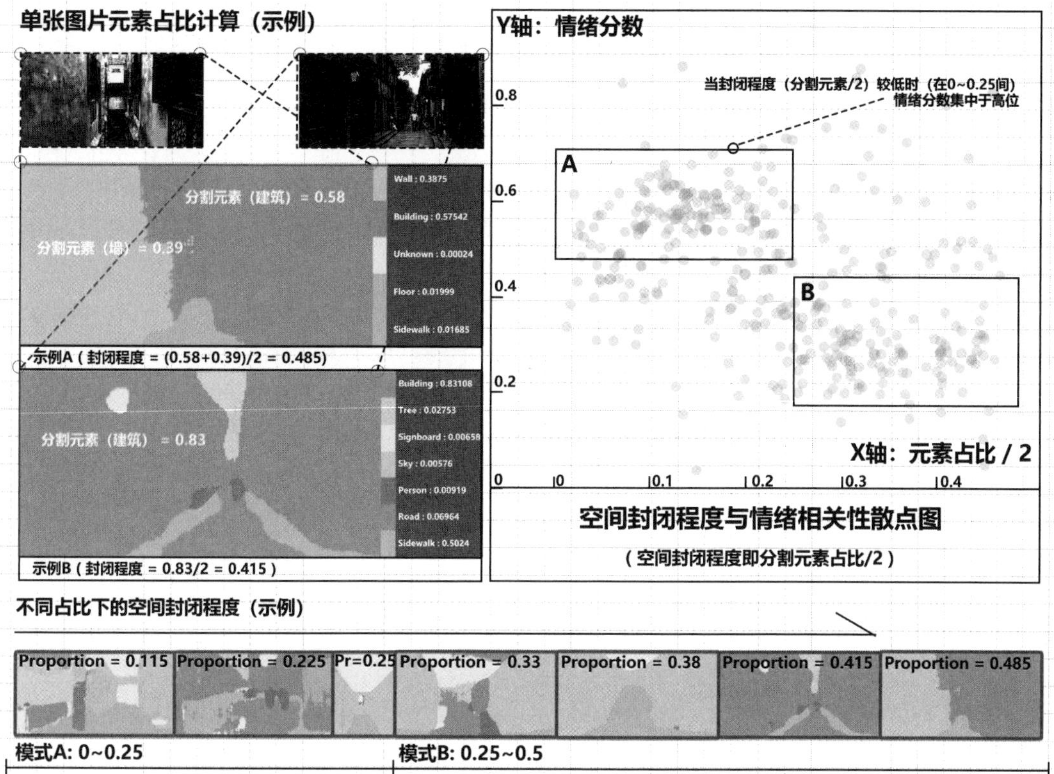

图7-17
海外中国园林的空间封闭性与情绪分数概率分布相关性

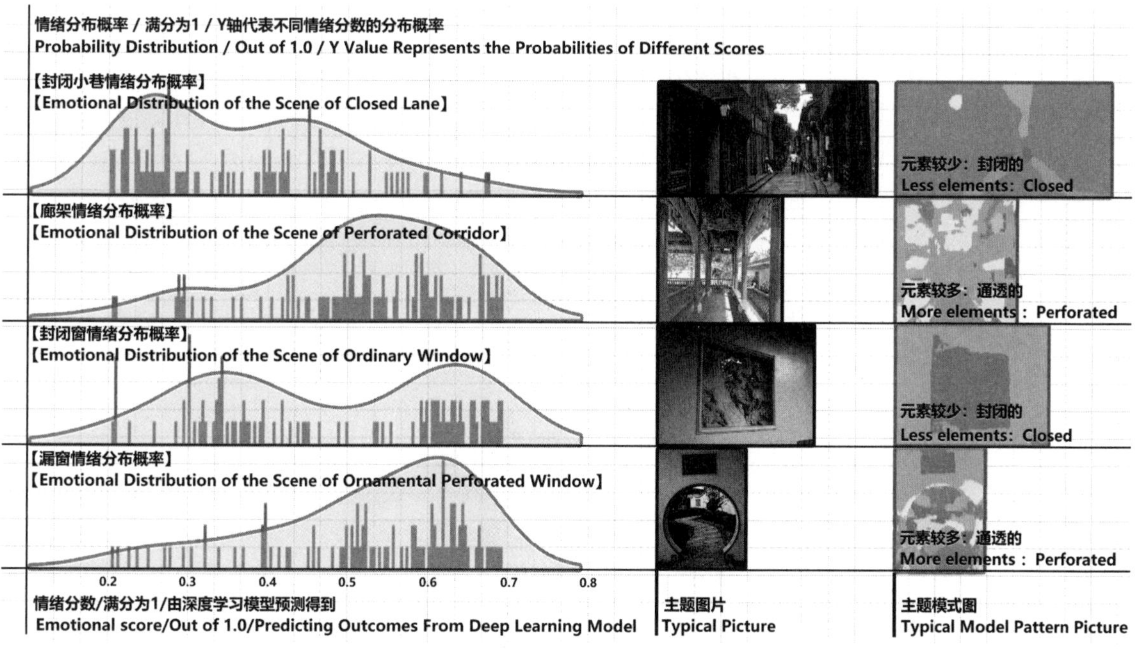

图7-18
海外中国园林的空廊与封闭走廊、窗与漏窗小类情绪分布对比

结果表明，廊架、漏窗和月洞门的情绪分布呈现出明显的积极性。展现出漏窗等园林景观要素在扩大视觉空间、丰富视觉层次以激发海外游客积极情绪感知上的可观作用。

综上，海外游客对中国园林的审美规律可被归纳为如下两点：

其一，海内外游客对空间关系感知的底层审美规律具有一般性，这也从侧面进一步解释并印证了前述的“海外游客对中国园林认知程度低，但接受程度高”的特点。

其二，中国元素的融入在一定程度上能够为海外游客带来新鲜感，但其对园林设计作品的鉴赏更多地取决于作品本身的空间组织和场景设计的质量。元素丰富、搭配和谐的场景能更好地引起审美愉悦，而灰空间的设计和使用则能显著提高游客对园林的景观认可度。

六、审美认知规律：接受与认知

在本节之中，介绍了一种可以付诸实现，有关审美认知规律大规模测度的可视化方法，对比参照组则基于生理反馈的循证式设计研究。虽然，其过程不如仪器精确，但在大量数据的搜集、累积、罗列、堆叠过程中，也可以发现一定的隐式规律。因此，其优势在于可以极大突破实验对象在数量上的匮乏，以及仪器使用的限制，并且从广泛的大数据中，尽可能科学地测度真实场景中的反应数据。

正如认知过程具有高度复杂性所呈现的那样，其相应得出的结果也呈现出多信息维度、多层次类别、各结构高度等与之对应的特征。透过海外中国园林游客的审美认知情况，我们可以看到认知问题背后包含了多种场景的认知反应，认知过程本身也包含了多层级、多维度的信息。从总体上来说，认知过程是一个相当复杂的问题，而两者结合则形成了一个规模更为庞大的复杂系统。本文所挖掘的信息仅是冰山一角，聚焦于小部分较为明显的隐式规律，在不同的信息层级内，进行小部分实证研究。在未来的研究中，或许通过结合多种变量的相关性分析，能够借助大数据舆情图景，充分挖掘并解读出更多有价值的隐形信息，完整呈现海外游客对受众的审美认知规律全貌，势必能够进而指导海外中国园林准确把握受众偏好，从宏观和微观层面制定更为全面、理想的文化传播策略。

通过结构严谨、逐层深入的数据分析，本节依次阐释了海外游客在海外中国园林游园、感知过程中，所具体涉猎的多个环节和不同方面，先后梳理了园林中具体场景类别的游客情绪分布，以及不同场景类别下的知识图谱、具体景观元素的游客情绪分布这三重关系。由浅入深地揭示了海外游客对某一场景类型的审美认知情况，以及对相似场景偏好上所呈现的细微差别，并充分考虑到不同场景及类别下的差异认知，我们可以最终将海外中国园林的审美认知规律，总结、归纳为以下三点：

首先，海外游客对中国园林的认知程度整体较低，但接受程度较高，尚且属于发展初期阶段。

其次，相较于空间设计，合理引入文化活动显得更加关键，也能更好地引导海外游客对中国园林文化产生了解兴趣，并展开进一步深入探究。

再次，海外游客对中国园林的审美愉悦特征，符合一般性设计的总体规律。

总而言之，在一定程度上，空间设计的质量影响了游客的审美感知、愉悦体验，但进一步引导游客深入理解中国园林背后的诗情画意，乃至领略古奥精彩的中国文化，无疑需要更多质量兼佳的文化活动组织。

目前，海外游客对于海外中国园林的认知仍处于起步阶段，大多数人仅是出于认知上的猎奇心态，或者是被陌生文化的新奇风格吸引，尚未能深入理解其背后内蕴所系。从舆情感知的维度，我们也可以发现，在海外中国园林的靶向受众里，有大量将中国园林与日本园林进行横向对比，甚至混淆两者本质差异的现象。因此，对于中国园林背后所系的东方精粹，如儒、释、道文化的深远之处，包括所传达的隐逸文化、托物言志等形而上追求，对于上述受众则更是匪夷所思、茫然不知。

从审美喜好上来看，海外游客更加偏向于建筑、水景、植物等要素的审美叠加。这是由于在其认知中，东方园林建筑代表了中国园林的典型形象，而对于水景和植物等要素的偏好，则主要出于对城市中自然的内在向往。通过对于审美场景的详细分析，我们能够进一步发现，海内外游客对空间关系感知的底层审美，具有可以把握的一般性、规律性。言下之意，即海内外游客对中国园林区别于西方园林景观的喜恶偏好，一定程度上不与其空间的组织和分布直接相关，而在于其对异域文化偏差的强烈反应。因此，与审美场景相比，功能性场景更容易引起游客的特定情绪反应。

延此思路，我们可以参照与之相似的一起成功案例，功能性空间引起的审美偏好，其实也有迹可循。从19世纪末开始，在海外修建的日本园林，往往都会结合一系列文化和商业活动，从而形成完整的“文化—商业—产品”链条。虽修建主体不尽相同，如企业家为了其商业运营而修建，再如酒店或日本餐厅的配套庭院建设、游乐场中修建的日本茶园等，抑或是国家驱动的宣传活动开展，如参加世博会等国际展会等。但日本园林结合配套的文化和商业活动，则成为不约而同的默契——如搭配家具、植物（包括盆景）、饮食和纪念品等的展示与售卖，有的还会伴随身穿和服的日本人热情周到的服务，因此整体的游园体验也呈现出浓厚的异域风情，能够向世人展现出日本文化的整体风貌。

总之，目前海外游客对于中国园林文化喜忧参半：虽然有着较高的接受程度，但认知深度流于浅表。在现阶段的园林文化输出手段中，文化服务、文化活动无疑有着较强的表现效果。因此，在未来的建设中，中国园林的设计不应局限于空间设计上的单纯营造，而应该采取多样手段并行、多策并举的形式。

一方面，以园林设计为传播的载体，综合考量了海外游客的审美喜好，针对其对植物、花卉等要素的心理偏好，因地制宜、别出心裁地设计符合“西方向往”的园林。与此同时，以园林建筑为核心的文化符号，将中国园林文化的深邃内涵点滴融入游园体验当中。还应当充分发挥文化活动作为传播良策的作用，通过定期举办中国园林文化相关活动、搭建商业交流平台，在为游客提供服务、传播理念、创造价值的过程中，将游客步步引入佳境，逐步深入中国园林文化精神的桃花源之中。

另一方面，鉴于受众认知经验的复杂性、差异性、地域性，本节呈现了一个繁复的“认知信息图谱”。从信息上来看，这一图谱主要包括了文本关键词、图像关键词、场景类别、文本类别、情绪极性、感知场景元素、感知场景元素位置关系等等多种维度信息；从场景类别上来看，这一图谱充分涵盖了功能性和审美两大场景，以及下属的三个层级、大量类别。

其中，如果我们深入每个类别内部，又会发现多维度信息对比，多个大小类别之间，乃至同一信息的对比，都能解读出打破旧识、别有洞天的深刻信息。例如，本节中建筑下属多个类别不同信息的呈现，而如果我们深入建筑中“亭子”这一小类展开微观解析的视角，单向度地引入亭子的位置，那么占比信息就得出了完全不同的结论。同理，如果加入水体、山石等外在元素，势必将涉及更多深入的讨论。

但值得关注的是，本书主要侧重于呈现这一方法论体系的构建，因此只致力于呈现对象大体发展的趋势，并针对性地证明了其在具体场景中的普遍认知规律，阐述了研究的可行性、逻辑的合理性，而基于受众感知的循证式设计则需要从多个角度对于不同知觉模式进行详细的解读，因此在今后对于此一问题的深入挖掘，我们相信将会进一步展开一个潜能无限的信息图景。

第八章 展望：海外中国园林的未来发展之路

改革开放四十多年来，中国以开放包容的姿态参与到国际交流之中，中国园林也转而进入对外文化交流更为主动的发展阶段。在海内外社会各界的支持及推动下，以及园林自身不断演进拓展的共同作用下，无论是在数量还是质量上，海外中国园林的发展、建设都取得了累累硕果。

读史以明事，知古而鉴今。我们在辩证与对立中往往能发现统一与互通：在变迁中发现连续，在现代化中发现传统，甚至在差异中发现共通。通过系统梳理四十多年来海外中国园林的发展与建设，希冀此研究成果能够带来启示性意义，为当今中国园林和中国文化的对外传播实践，提供一定的借鉴和指导价值。

中国园林“走出去”之路可谓道阻且长，任重道远。从20世纪70年代末，有展园和纪念园广泛“送出去”的不懈尝试，也有主题公园“卖出去”的探索，然而大部分海外中国园林尚未“融入”当地社会。东西方的客观文化差异依旧长存，我们首先要承认这种区别的辩证前提，必须要从中国园林海外传播的发展、变迁中探索出适合的方向。在这一进程中，我们应当始终怀抱着兼容开放的态度，明确中国传统文化的价值，珍视并弘扬中国园林独特的艺术魅力，阐释中华文化深厚的文化内涵所系。总而言之，在文化交流中，应时刻保持清醒而辩证的头脑，坚守传统文化的阵地，坚定不移地弘扬民族精神，并具有高屋建瓴的眼光，立足全球战略高度。

一、知古：贯通世界文化沟通的桥梁

1. 兼具中国记忆与世界记忆的精髓

在海外传播的早期阶段，中国园林就在特定的历史时期内和特殊的社会环境中，逐步见证着西方人对中国文化心理的“接受史”：从崇拜与欣羡、喜爱与欢迎，到初步接触与好奇探究，再到偏见与误解，西方人对中国园林的认知阶段与态度也亦步亦趋。

随着改革开放政策的落实和中国文化宣传媒介的演进，以园林为媒介的外事活动开始浮出水面、崭露头角。继17世纪欧洲“中国热”后，掀起了新一轮波及更大范围的中国文化热潮。在这种氛围的推动之下，如今中国园林的海外建造活动成了一种积极的文化交流实践。

目前，大部分海外中国园林的筹建方式，都来自国家和地方政府外事活动中以友好交流纪念为目的的外交赠予。近年来更是陆续入驻瑞士日内瓦WTO总部、联合国教科文组织巴黎总部等机构组织。可以预想，这些园林建成后不仅会成为中外友谊的永久性标志和象征，与此同时，将会更进一步深化国家和地方的合作，这势必有助于巩固多边主义，促进共同发展。还有一部分园林，主要由海外华人华侨和热爱中国文化的国际友人自发建造，即便他们可能来自五湖四海，可能拥有不同的角色身份、文化背景，但是他们都积极投入到了中国园林的筹建中，给予了中国海外造园事业很大的支持。在当地，从建设到落成再到开放游览的过程中，中国园林已经逐渐成为中国文化传播的中心，发挥着巨大的功效。在欧洲各地的花园节上，数座现代风格的园林也受到了热烈欢迎，正如中国新一代设计师们普遍秉持的观点所认为的那样，当代的园林设计，应该建立在一个尽量让东西方游客都可以理解的语境之上。根据2016年的《中华文化国际影响力系列问卷调查》结果显示，如今中国园林在不同文化圈层国家的喜爱程度排名都显著提升，在美国、德国、俄罗斯、日本、沙特等诸多国家都普及率较高。可见，四十多年的海外造园着实取得了不俗成绩，让更多未踏出过国门的外国人目睹了来自遥远东方中国的园林的别样魅力，并且留下了深刻而美好的印象。

如今，中国园林作为一种集体的、国家的文化记忆，在当代语境下已经得到多样化的表达，中华民族的文化认同也在园林中得以逐步构建。海外中国园林建设最重要的意义之一，也正在于其丰厚的文化涵纳张力，从中，我们不仅可以看到中国传统与现代的思维火花碰撞在交相辉映中迸发别样生机，也可以看到中西方文化的深层差异和沟通交流的可能性。虽然如今西方对中国依然有着深刻的“先见”印象，但是从古今中外西方对于中国园林的不同描绘中，譬如，王致诚描绘的“圆明园是一个真正的人间天堂”，到阿斯特夫人称赞明轩“这是我梦中的花园”，都无一例外地阐明了东西方共同追求的造园含义。中国园林不仅是中国的文化记忆，也可以成为全世界共同的文化记忆，因此，跨文化的认同在相当程度上也是可以跨越地域与国别，打破不同文化之间的屏障而构建的。

总而言之，无论是认为海外中国园林是作为“外交礼物”还是“文化使者”的矛盾身份，抑或是争辩其作为耗时耗力的“艺术复制品”必要性及争议性。对于这一复杂的事物，实则难以产生具有一致性、普适性、认同感的价值判断。但若是放置于世界史的宏观视角，便会看到转变过程中固有思维的形塑作用，因此，我们需要从政治、文化、经济交流发展等角度，重新理解海外造园现象的源动力与后续前进方向。有关上述问题的思考，对于推动中华文化在世界范围内的传播及发展，以及在未来发生更为深远迫近的联系，具有重要意义和不俗价值。

2. 中华文化传播的世界舞台

四十多年来，伴随着海外中国园林的蓬勃发展，其营建模式由起初的“自上而下”衍生出“自下而上”的新机制。目前来看，现在二者兼具、齐头并进，其定位与规划也逐渐清晰，功能逐渐拓展。另一方面，海外中国园林也从依靠文化机构内单一的静态展示，到能够提供完整的游赏路线，再到如今有机融合中国非物质文化遗产与园林场景，海外中国园林的运行机制正在伴随着中外文化的深入交流日益完善。

目前，海外中国园林的传播方式主要以官方网站、旅游网站以及社交网站占据主导的线上宣传为主，辅之以相关著作、旅游杂志、导览手册等形式。一方面受到场地大小的客观限制，另一方面也局限于体系化的运营计划，如今大部分文化活动基本只由少数知名度较高、影响力较大的园林主动开展，如兰苏园、流芳园等。大部分海外中国园林依然以供游人参观游赏为主，双向的体验互动是较为稀少的。通过对园林运营方式和海外受众认知的综合研究，我们可以发现，目前阶段海外中国园林传播的最大困境之一，就在于其精致外观和单薄游览模式之间的矛盾——由于外国游客缺少客观文化及基本尝试的引导，他们的认知往往只能停留在对于表象的浮光掠影，也只能局限在物质观赏层面，而无法进一步上升到文化精神层面，因此更为深入的跨文化认同难以实现。换而言之，如今海外中国园林传播所面临的困惑并不只局限于某个艺术门类之中，而是广泛存在的、具有普遍性的问题，能否正视它们并制定相应对策将直接关系到中国文化国际传播的未来及前景。

面对这一困境及现状，笔者联想到20世纪初，京剧大师梅兰芳的“梅之团队”的文化输出策略及有效传播。梅兰芳的“梅之团队”曾先后前往日本、美国及苏联三国的多个城市进行京剧演出，这一举动曾吸引了大量国外观众，并开启了欣赏和关注中国艺术与文化的序幕。“梅之团队”并非进行简单地海外巡演，他们周密、先进的运营模式带来了卓有成效、远超预期的传播效果。而在随后的近80年间，纵观戏曲海外传播案例中，无人、无戏能出其右，堪称独步。究其原因，“梅之团队”文化输出的成功有赖于三点：目标明晰且多管齐下的“演前造势”，兼顾本体与客体需求的“内容规划”，安排周密且协力团结的“落地执行”。其成功事迹给中国文明的对外传输史，留下了无法磨灭的深远影响与丰厚启迪。

无论是梅兰芳在20世纪“走出去”的成功经验，还是中国园林海外传播现状带来的深刻启发，无一不在提点我们——深入人心、卓有成效的跨文化传播实践，不可能是一蹴而就的，而是需要长久的心血经营。当代语境下，中国文化要更好地“走出去”，需要属于我们这个时代的“梅之团队”，也需要不断地大胆尝试、勇敢创新。正如2012年青春版《牡丹亭》在大都会博物馆明轩演出时，美中文化协会主席杨雪兰女士所说，“把中国最伟大的非物质文化遗产昆曲带到世界顶级博物馆中，在美国最重要的文化场所向观众展示中国文化，不仅对于昆曲艺术是一次难得的经历，对于大都会博物馆也是一次全新的文化尝试”。正值中国文化迈入世界舞台的契机，海外中国园林为我们向世界传播中华文化精华提供了知名的舞台，有形与无形的文化遗产需要协同创新，迈出中国文化“走出去”最坚实的步伐。

二、鉴今：海外中国园林的可持续发展

当今世界正值大发展、大变革、大调整时期，各种思想文化剧烈碰撞、频繁交织，各种思潮交流、交融、交锋更加层出不穷，文化软实力在综合国力竞争中占据的位置也进一步被强调、突出。整体而言，目前海外中国园林在国际上享有良好声誉，但与西方强国的文化输出相比，中国园林的影响力仍存在较大的提升空间。新时期的“一带一路”倡议，为经济交流提供了良好的展示平台，也为中国文化传播带来了前所未有的良好生长态势。在外来文化发展势头不减的当下以及不远的将来，我们更应立足自我、长远发展，在保持海外园林建设数量稳定上升的情况下，更加注重建设园林的知名度、影响力提升，着眼于海外中国园林建设与发展走向更精致、更具文化性的方向。

1. 打造海外中国园林文化输出品牌

古朴静谧的中式庭园景观、深厚含蓄的中华文化内涵，是海外中国园林的鲜明特色，也是隽永典雅的中式标签。因此，采取何种有效措施促使更多海外中国园林能够为人所知、为人所用、为人所爱，甚至形成特色文化品牌，这对于增强国人的文化自信、提高中国国际影响力，在此语境下显得尤为重要。

首先，从建设分布情况来看，目前海外园林建设大多集中于欧美发达国家和亚洲日本，其发展分布在全球范围内存在因国别发展不均等的客观问题，因此也无法起到良好的广泛传播效果。在此背景下，中国园林借助“一带一路”倡议这场东风，推动中国文化“走出去”，把握或许能够成为优秀的文化输出品牌的绝妙机遇。在65个“一带一路”成员国家和地区中，仅有新加坡（裕华园，Chinese Garden）、泰国（唐

园，Tang Garden）、土耳其（华园，Chinese Garden）、埃及（秀华园，Xiuhua Garden）、俄罗斯（友谊园，the Garden of Friendship）、波兰（中国园，Chinese Garden）等不足10个国家，尚且具有海外中国园林的历史铭牌。因此，我们应在"一带一路"整体战略布局下，结合国家间特殊地理环境，增强对于其他国家的个别关注，通过"送出去"等文化输出方式，让这些国家充分领略中国园林的别样魅力。

其次，从建设风格上看，海外中国园林还是"古为今用"占据绝大多数，这也从侧面说明了中国园林的优良传统自有它隽永恒瑞的光芒作为稳定支撑。目前已经具有广泛传播力的江南私家园林、北方皇家园林对外国人的吸引力是不容置喙的。这缘于早期海外造园主要是为了满足政治外交的客观需要，对面积的要求却并非决定因素，因此小型展园偏多；但是如今，已有近40座在海外现存的小型展园，它们散布在世界各地，然而大部分却缺少统一的管理、筹划，徒留建筑、山水、花木的空壳，供人拍照、简单观赏，这无疑阻碍了中国文化的进一步传播、发展。因此，这些由政府牵线搭建的园林亟需得到有关部门的高度重视，建议统一设置管理机构，配合外方机构负责运营，并且通过筹措园林婚礼、特色演出等文化活动，激发园林的内在活力。

最后，中国园林具有深厚的意蕴，海外中国园林的造园意匠显得尤其重要。一方面，可以借鉴日本园林对外输出的成功经验，以具有代表性、典型性的园林风格为建设范本，如江南私家园林、北方皇家园林等，充分提取其典型要素，凸出中国园林的独特风貌，这不仅提高了游客的接受度，也方便了园林规范化管理程度。另一方面，支持更多中国设计师走出去，增加转译类园林的数量和质量，这样一来，既能够鼓励中国园林深入发掘中国文化内涵、促进本土化发展，又能拓展世界对中国园林艺术的认识。

2. 优化海外中国园林营建机制

整体来说，国内对海外中国园林的认知情况亟待纠偏及改善，现有认知基本局限于政治层面上的外事需求，或是商业层面上的赢利需求，然而更为深刻的文化交流潜力，却遭到长期被忽略的"冷遇"。对此的开拓势必期待更多专项资金的投入，用以维系长期健康、良好运转，如借助友好城市、园林园艺展览等平台，给予中国园林更多国际合作交流的契机；或组织当地华人、华侨以及外国友人进行切实可行的文化建设；以及尝试将中国园林与孔子学院等文化场所深入融合，加强中国园林与社会民间团体的合作、交流等。

建设高质量的海外中国园林，无疑有利于中国园林文化产业在海外市场的持续、健康发展。因此，在进行海外营建过程时，亦应高度关注建设区位等要素，譬如考虑选择靠近城市内高热度的公共空间，发挥地理空间的效益最大化，如考虑唐人街、著名植物园和博物馆等场所，这类场所往往更易吸引对中华文化感兴趣的游客，同时可以结合其他中国文化要素，如定期举办专题展览，充分营造沉浸式的中国文化体验氛围，给予游人身临其境、感同身受的文化之旅。

如今中国广泛与“一带一路”的沿线国家筹措并开展文化交流等活动，海外中国园林也理应被赋予更丰富、更切实的价值内涵。这不仅能够发挥作为旅游景点的功能，更是适宜人们交流的理想文化场所。与此同时，还能够借助人才交流等实践活动，向来华留学的“一带一路”沿线国家的学生普及中国园林文化的内涵和精髓，同时组织具备语言优势的中国留学生，在海外中国园林中提供讲解等语言服务，提升游客的整体游览体验。此外，应充分考虑中国园林落地国家的文化特色，因地制宜、尊重差异，因此不仅要保证本国文化的原真性，还要在此基础上吸收并消化他国文化。如此一来，方能发挥海外中国园林增进中外文化交流的作用最大化，并且助力“一带一路”沿线国家文化相融、民心相通。

3. 完善海外中国园林运行机制

目前，世界更看重中国的经济实力，然而对中华文化等软实力，仍保持着警惕防备之心，甚至，妖魔化中国的现象依然频频发生。在这种情况下，中国文化必须坚持主动“走出去”，让世界充分了解、认知中国文化的无穷内蕴。但是，古典园林、京剧、昆曲等中国传统文化精华博大精深、内蕴深厚，要走向世界范围，必然要经历主动“送出去”的发展道路，甚至投入必要的金钱、精力，在国外培养中国传统文化的特定爱好者，这都是文化得以外向发展的必由之路。

作为海外人民深入了解中华文化的重要平台，海外中国园林的后续运营管理不容忽视。究其缘由，这不仅是保证园林正常运作的必要前提，更是扩大园林影响力、促进中外交流顺利推进的重要一环。然而，海外中国园林的后续运营管理现状却并不乐观，调查表明，仅有少数园林的运行机制相对完善，能够保持多年活力、长盛不衰，如美国亨廷顿“流芳园”、新西兰达尼丁“兰园”等。令人颇感遗憾的是，更多的园林则因管理不善问题，而逐渐荒芜破败甚至凋落消亡，如美国的锦绣中华公园“苏州苑”，日本的北海道“天华园”（Tian Hua Park in Doto），等等。上述作为文化旅游模式开发类型的海外中国园林，都曾肩负着通过主题公园形式发挥长期广泛宣传中国文化的光荣且重大的使命，然而最终却因管理经营过程中的诸多问题而不幸早早衰败，无以为继。

在园林的管理体系方面，要落实并深入贯彻国内外管理机构的互动和联动问题，因此可以考虑采用中方定期开展访问交流、中外合作协同管理的综合治理模式，以减少因文化差异带来的管理偏差问题。同时，目前很多海外中国园林的员工规模颇小，仅有寥寥几人，人员局限于当地中国文化爱好者，对此情况我国可以通过发挥友好城市关系，加强海外中国园林管理队伍的建设，重视管理和服务人才的培养。

在经营模式方面，势必要整合各方资源，加强与当地民间基金会、华人机构等社会组织的沟通、交流，拓宽收入渠道、合理分配资金。

针对园林的运营方式提升问题，要加强布局多种传播媒介，加强各方的宣传力度。一方面，要充分利用好线上、线下两个空间的传播渠道，增强传播、宣传力度。在线上渠道，建立园林自己的新闻媒体，与官方权威媒体通力合作，同时积极调动社交媒体上用户的积极性，实时获取用户反馈；在线下渠道，应充分尊重并鼓励中国文化爱好者、华人华侨自发宣传的意愿，重点联络在当地有舆论导向力的官员、学者、华人、商人等“意见领袖”，产生人员带动效应，营造良好风评与口碑效益，提高园林在当地人群中的知名度与影响力。另一方面，丰富海外中国园林的活动形式，并结合园林客观条件和游客认知调查结果，制定并积极举办能够融合当地民俗的中国文化活动，广泛邀请当地居民参与活动，增强活动的参与性、互动性、流动性。

4. 构建完整的文化传播体系

中国园林文化的传播，包括显性文化与隐形文化的传播。园林中的建筑、山石、植栽、题刻等可以明确被他人直接感知的事物，属于可直接进行感官接触的显性文化范畴；而造园者的空间布局、意境含蕴，以及实体环境背后更为深刻的中华文化思想体系和价值观念等因素，则属于无法言传、只可意会的隐性文化。

目前阶段，海外中国园林的显性文化传播整体态势良好，游客对于复制仿建类园林中的建筑、假山、水体都有着一定常识积累与较为清晰的认知，能清晰分辨出具有“中国特征”的东方元素。然而，园林里的隐性文化传播，则呈现出较为困难的传递质素。在中国古典园林中，匾联、题刻等文字寄托，能在一定程度上体现造园者的意境营造。即便中国设计师为了最大程度不损害原真性的前提下，对于海外中国园林的匾联、题刻等因素都进行了精心的策划与设计，然而其转译及表达问题，至今仍是难以攻克的难题。从中西文化的鸿沟来说，外国游客往往不具备理解匾联、题刻的中国文化基础，也难以单纯凭借英文的翻译手段，准确得知文字背后深层的中国文化。而现代转译风格的海外中国园林，则通过弱化传统文化符号烙印的方式，将东西方园林的表现方法融合，希望充分利用自然元素、意境营造等手法，利用人类共通的感知经验，跨越东西方文化观念的障壁，从而能够自觉地理解不同背景下息息相通的深层文化。这种设计方法，无需语义学的学究式阐释，也能让游览者发挥已有的文化和审美经验，自然且顺利地融入其中。但是，现代转译风格的海外中国园林往往会受限于展会举办周期和场地，因此，传播广度和时效是未来发展需要继续攻克的难题。

无论是探讨复制仿建类海外中国园林文化传播的效果，还是探索当代中国设计师的海外实践成果，以上实践均说明了将园林本身作为单一，甚至唯一的传播媒介，从而进行以造园意匠为核心的中国园林跨文化传播活动，并不能较为理想地彰显中国文化的深层魅力。西方受众最感兴趣也是最能唤醒其求知欲的部分，不单是中国园林巧夺天工、精益求精的技艺呈现，更是园林建筑背后的文化元素及具有东方美学特色的内涵，这些无形的内容必然要根据其特性选用不同的媒介进行传播，以突出其卓越的艺术特点和别样的内容魅力。因此，构建完整的显性和隐性文化传播体系，充分思量其辩证统一关系，是未来海外中国园林发展建设需要解决的重难点。

尽管，海外中国园林的对外传播之旅，亟需探索传播隐性文化的理想化路径，但是我们也要充分警惕以受众为核心的设计表现与运营定位模式，可能会导致园林沦落为单纯的现代主题化表达，由于一味迎合受众审美，从而失去原先丰富的本真，与向外传播文化的本意背道而驰。因此，对于今后海外中国园林的发展、建设、传播，我们既要注重寻找适合复制仿建类园林的隐性文化传播方式，也要在立足中国文化精髓的前提下，坚定清醒地守候文化初衷，探索转译类园林理想的设计手法。在丰富世界对于中国传统园林艺术印象的同时，也能促进中国现代本土园林风格更为长足的发展。

从“改革开放”到“一带一路”，中国逐步走向世界舞台的中心。经过四十多年的发展，海外中国园林在异质文化的交流和碰撞过程中，留下了独特的历史、艺术、经济、社会、文化价值。我们通过考察其发展变迁历程，可以更为清晰地认识到“园林”是属于人类共同的文化记忆，也无形联系着全球人心中的向往。如今，一部分古典园林已经声名远播、名扬海外，一部分当代园林兼容并蓄、厚积薄发，前者在受众层面拓宽，后者向创新层面纵深，经纬纵横间，二者并举、齐头并进、协同发展，这样的发展势头，可谓未来可期、方兴未艾。毋庸置疑，中国园林不仅有着深厚的文化积淀，其未来也充满了无限光明。

时光流转，岁月荏苒，邱园宝塔再次焕发生机，风韵不减，而南京的大报恩寺塔也得到进一步重建；四时转换，葱茏苍郁，大都会博物馆的明轩依旧典雅含蓄，一如苏州东园明轩的古朴沉静，东西两方时空竟以别样的呈现方式，彰显着一脉相承的中国文化意境。它们不仅是古往今来中国奇迹及审美精髓的再现，也跟随了新时代审美的新趋势。这些中华文化标志的确立，有着跨越时空的审美召唤与精神源泉，连同它们背后的故事与内蕴一道，在东西半球遥相呼应，相得益彰，熠熠生辉。东西方的互学互鉴从未停止，“美美与共”的人类文明画卷需要世界的智慧共享、共同绘就。

附录

除正文内容外，本书三个附录还精心收录了海外中国园林建设的基本信息、要闻资料。一方面，弥补了正文内容受到时空限制的局限，另一方面丰富的文献资料达到了拾遗补缺的效果，使得中国海外造园事业的辉煌成绩能够以更立体、更全面、更灵动的方式呈现。但是鉴于大量海外中国园林的建设时间久远，且存在资料散佚、零碎的问题，因此在资料收集过程中，难免遇到难以穷尽、挂一漏万的问题，若存在勘误不周之处，恳请批评指正、不吝赐教，在此鸣谢！

附录A：1978—2020年海外中国园林名录

序号	园林名称	建造地点	建造时间	设计手法 复制仿建对象 / 转译灵感来源	园林风格	面积（m^2）	状态
1	英国利物浦燕秀园 Yan Xiu Garden	利物浦市墨赛河畔	1983—1984年	复制 建筑（北京北海公园“沁泉廊”“枕峦亭”）、植物配置	北方皇家园林	920	现存
2	英国格拉斯哥亭园 Glasgow Pavilion Garden	格拉斯哥市1988年国际园艺节	1987—1988年	仿建 建筑（六角亭）、小品（小桥、云墙）	江南私家园林	250	不详
3	英国汉普敦皇宫园林展蝴蝶园/蝴蝶之恋 The Butterfly Lovers	伦敦市汉普顿官（参展）、萨里郡维斯丽皇家园林（移建）	2005年	仿建 建筑小品（亭）	江南私家园林	225	现存
4	英国伦敦塑与茶 Poly & Chai	伦敦V&A博物馆	2008年	转译 用常见的可循环材料创造多样的园林空间	现代园林	不详	拆除
5	英国畔溪中国花园 The Chinese Streamside Garden	曼彻斯特索尔福德市桥水公园	2018—2021年	仿建 建筑（扬州园林）、小品（扬州园林）、植物配置（扬州园林）	江南私家园林	约28000	现存
6	意大利威尼斯双年展瓦园 Wa Garden	威尼斯市威尼斯双年展建筑展	2006年	转译 旧建材循环再用	现代园林	约800	拆除
7	意大利威尼斯双年展达园 Da Garden	威尼斯市威尼斯双年艺术展	2009年	仿建 建筑（苏州园林）、叠山理水（苏州园林）、植物配置（苏州园林）	江南私家园林	200	拆除
8	意大利威尼斯双年展剪影山水 Silhouette Shanshui	威尼斯市威尼斯双年展建筑展	2014年	转译 中国传统园林的山水意境	现代园林	不详	拆除
9	新西兰汉密尔顿花园畅逸园 Chinese Scholar's Garden	汉密尔顿市汉密尔顿花园	不详	仿建 建筑（六角亭）、匾联题刻	江南私家园林	不详	现存
10	新加坡莲山双林寺 Siong Lim Temple	惹兰大巴窑	1898—1909年 1995年11月—1998年1月维修	仿建 建筑（闽南古建筑、福州风格）	其他地域园林（福建寺观园林）	20000	现存
11	新加坡裕华园蕴秀园 Yun Xiu Yuan	裕廊工业镇裕华园	1991年5月—1992年3月	仿建 建筑（苏州园林）、小品（苏派盆景）、叠山理水（苏州园林）	江南私家园林	5800	现存
12	新加坡同济院 Tong Ji Yard in Singapore	新加坡牛车水街	1997年1—7月	仿建 建筑形式（中国南方祠堂）、增设中国庭院、植物配置、叠石	岭南私家园林	1090	现存
13	新加坡花园节心灵的花园 Garden of Hearts	2012年新加坡国际花园节	2012年	转译 在有限的空间里表现出中国花园的空间变化和诗意	现代园林	100	拆除
14	新西兰达尼丁兰园 The Dunedin Chinese Garden	奥塔戈区达尼丁市	1997—2008年	仿建 空间布局、建筑（亭台、水榭、长廊）、叠山（太湖石）	江南私家园林	6000	现存
15	西班牙塞维利亚探梦园 The Discovery Garden	1992年塞维利亚世界博览会	1992年	仿建 建筑（黄琉璃瓦顶六角亭、汉白玉栏板）	北方皇家园林	150	不详

序号	园林名称	建造地点	建造时间	设计手法 复制仿建对象 / 转译灵感来源	园林风格	面积（m^2）	状态
16	土耳其安塔利亚世界园艺博览会中国华园 Chinese Garden	2016年安塔利亚世界园艺博览会	2016年	仿建 建筑（苏州园林、垂花门）、叠山理水（苏州园林）	江南私家园林	3150	现存
17	泰国曼谷市智乐园 Zhi Le Yuan	曼谷市九世王御园	1988年 2003年维修	仿建 空间布局（步移景异）、建筑（江南古典建筑）、叠山理水（苏州园林）、植物配置（江南园林）	江南私家园林	2086	现存
18	泰国孔敬中国园 Chinese Garden	孔敬市孔敬湖	1996年	仿建 空间布局、建筑（现代岭南园林建筑形式的轩、舫、榭、曲廊、六角亭）、叠山理水（太湖石）	岭南私家园林为主、江南私家园林	4800	不详
19	泰国清迈中国唐园 Tang Garden	清迈市清迈世园会	2006年6—10月	仿建 空间布局（扬州园林）、建筑（扬州唐代木兰院石佛塔、仿唐经幢、仿唐楼台）	江南私家园林	1000	现存
20	瑞士苏黎世中国园 China Garden	苏黎世市苏黎世湖	1993年5月—1994年3月	仿建 空间布局（仿翠湖公园）、建筑形式（昆明古建形式）	其他地域园林（云南园林）	约3400	现存
21	瑞士日内瓦世界贸易组织总部院落姑苏园 Chinese GUSU garden	日内瓦世贸组织总部大院	2012—2013年	仿建 空间布局（取意于苏州留园“石林小院”）、建筑（月洞门、连廊、海棠门）、叠山理水（苏州园林）	江南私家园林	1130	现存
22	日本札幌沈芳园 Shen Fang Park in Sapporo	北海道札幌市百合力原公园	1985—1986年6月	仿建 空间布局、建筑（仿明清园林建筑形式）、植物配置	北方皇家园林	1200	现存
23	日本川崎市沈秀园 Shen Xiu Park in Kawasaki	神奈川县川崎市大师公园	1987年9月	仿建 景点命名、建筑小品（垂花门、亭、廊）、匾联题刻、植物配置（梅、柳、荷）、叠山理水、空间布局/序列	北方私家园林	4300	现存
24	日本新潟县天寿园 Tian Shou Park in Niigata	新潟县不详	1988年9月	仿建 双环万寿亭、建筑小品（门、亭、桥、石舫、垂花门、浮玉堂、流杯台）	北方皇家园林	6700	现存
25	日本横滨市友谊园 Friendship Garden in Yokohama	横滨市本牧市民公园	1989年4月	仿建 造景手法、理水、植物配置（松、竹、梅、玉兰、海棠、牡丹、竹）、建筑小品（湖心亭、桥、木兰堂）	江南私家园林	约2000	现存
26	日本兵库县中国梅园 Chinese Plum Garden in Hyogo	兵库县揖保郡世界梅花公园	1990—1993年	仿建 建筑形式（仿古）、匾额题刻、叠石、植物配置	江南私家园林	3000	不详
27	日本大阪同乐园 Tong Le Garden in Osaka	大阪市大阪国际花与绿博览会	1990年4—12月	仿建 空间布局、造景手法（对景、借景）、地形处理、建筑小品（半亭、春泽堂、船舫、四面厅）、植物配置	江南私家园林	2000	现存
28	日本那霸福州园 Fukushuen Garden	冲绳县那霸市久米岛	1991—1992年9月	仿建 建筑小品（亭、桥）叠山理水手法，造景手法（借景等）、植物选择	岭南私家园林	8500	现存

续表

序号	园林名称	建造地点	建造时间	设计手法 复制仿建对象 / 转译灵感来源	园林风格	面积（m^2）	状态
29	日本熊本县孔子公园（泗水孔子公园）Confucian Park in Kumamoto	熊本县菊池郡泗水町	1991年10月—1992年10月	仿建 建筑形式（小式硬山屋面、小式歇山卷棚屋面）	北方私家园林	20000	现存
30	日本广岛市渝华园 Yu Hua Park in Hiroshima	广岛市中央公园	1991年11月	仿建 建筑小品（亭、廊、水榭、门）、匾联题刻、植物配置、空间布局、造景手法	其他地域园林	1680	现存
31	日本北海道天华园 Tian Hua Park in Doto	北海道登别市	1992年	仿建 空间布局（轴线）、建筑小品（亭、廊、院、塔）、高差处理手法、匾联题刻、植物配置、山石	北方皇家园林	约40000	拆除
32	日本滋贺县阳明园 Yang Ming Garden	滋贺县高岛郡安云川町青柳1150-1	1992年8月	仿建 建筑小品（“阳明亭”）	江南私家园林	不详	现存
33	日本唐津市国际交流广场中国园 International Exchange Square and Chinese Garden in Karatau	九州佐贺县唐津市国际交流广场	1994年9月	仿建 造景手法（障景）、建筑小品（四面八方亭、月洞门）、植物配置	江南私家园林	1000	不详
34	日本鸟取县燕赵园 Yan Zhao Park in Tottori	鸟取县东伯郡汤梨滨町	1995年7月	仿建 空间序列（欲扬先抑）、造景手法（框景、步移景异等）、山水、建筑小品（建筑群）、建筑形式（清制营造法式）	北方皇家园林	10000	现存
35	日本富士县中央植物园石林之石庭园 Shilin's Stone Garden in Toyama	富士县中央植物园	1995年10—11月	仿建 山石（云南石林）	其他地域园林	300	现存
36	日本新潟县西山町故乡公苑 Hometown Park in Niigata	日本新潟县西山町	1996—1997年4月	仿建 建筑小品（照壁、亭、牌楼、门）	北方私家园林	53250	现存
37	日本兵库县淡路岛粤秀园	兵库县淡路岛	2000年2月	不详 不详	岭南私家园林	不详	不详
38	日本福冈广州园 Guangzhou Garden	福冈市东区香椎照叶四丁目	2005年9月	仿建 建筑小品（广州）、叠石（广州）	岭南私家园林	350	现存
39	美国纽约大都会博物馆明轩 The Astor Court	纽约州纽约市大都会博物馆	1978—1980年	复制 苏州网师园“殿春簃”	江南私家园林	420	现存
40	美国纽约斯坦顿岛寄兴园 The New York Chinese Scholar's Garden	纽约州纽约市斯坦顿岛植物园	1985—1999年6月	仿建 建筑（苏州园林）、叠山理水（苏州园林）、植物配置（苏州园林）	江南私家园林	4000	破败
41	美国纽约惜春园 Xichun Garden	纽约州纽约市纽约花展	1988—1989年	仿建 空间布局、建筑、叠山理水、植物配置	江南私家园林	60	不详
42	美国西雅图西华园 Seattle Chinese Garden	华盛顿州西雅图市南西雅图社区学院北端	1988—2011年	仿建 建筑（巴渝园林）、叠山理水、植物配置	其他地域园林（巴渝）	18600	现存

续表

序号	园林名称	建造地点	建造时间	设计手法 复制仿建对象 / 转译灵感来源	园林风格	面积（m^2）	状态
43	美国华盛顿世界技术中心大厦翠园、云园 Chinese Garden in Techworld Plaza	华盛顿哥伦比亚特区世界技术中心大厦	1989年6—12月	仿建 叠山理水（扬州园林）、植物配置、小品（石灯笼）	江南私家园林	3000	现存
44	美国国家植物园半园	华盛顿哥伦比亚特区	1990年	仿建 建筑（苏州园林半亭）、叠山理水（苏州园林）	江南私家园林	380	拆除
45	美国菲尼克斯市中国文化中心和园 Chinese Garden	亚利桑那州菲尼克斯市中国文化中心	1990—1997年	复制 南京（棂星门、天下文枢）、镇江（天下第一泉、天下第一江山、碑廊）、杭州（三潭印月、小瀛洲）、苏州（拙政园"笠亭"、沧浪亭）、无锡（天下第二泉）	江南私家园林	3000	拆除
46	美国锦绣中华公园苏州苑 Splendid China	佛罗里达州奥兰多市迪士尼世界附近	1992—1993年12月	仿建 建筑（苏州园林）、叠山理水（苏州园林）、植物配置	江南私家园林	40000	拆除
47	美国密苏里植物园友宁园 The Margaret, Grigg Nanjing Friendship Garden at the Missouri Botanical Garden	密苏里州圣路易斯市密苏里植物园	1994—1996年7月	仿建 建筑（明式江南园林）、叠山理水（苏州园林）、植物配置、小品（南京）	江南私家园林	3000	现存
48	美国波特兰兰苏园 Lan Su Chinese Garden	俄勒冈州波特兰市唐人街	1995—2000年9月	仿建 空间布局（苏州园林）、建筑（苏州园林）、叠山理水（苏州园林）、植物配置（苏州园林）、小品（苏州园林）、匾联题刻（苏州园林）	江南私家园林	3700	现存
49	美国波士顿中国城公园 Boston Chinatown Park	马萨诸塞州波士顿市唐人街	2003—2005年	转译 广东、福建村口景观	现代园林	10000	现存
50	美国洛杉矶亨廷顿图书馆流芳园 the Garden of Flowing Fragrance	加利福尼亚州洛杉矶市亨廷顿图书馆	2003—2008年（一期）、2014年1月（二期）2019年12月（三期）	仿建 空间布局、建筑（苏州园林）、叠山理水（苏州园林）、植物配置（苏州园林）、小品（苏州园林）、匾联题刻（苏州园林）	江南私家园林	48562	现存
51	美国国家中国园 National China Garden	华盛顿哥伦比亚特区美国国家树木园	2003年至今	仿建 空间布局（扬州园林）、建筑（扬州园林、苏州园林）、植物配置（扬州园林、杭州园林）	江南私家园林	不详	尚未建成
52	美国西雅图庆喜公园 Hing Hay Park	华盛顿州西雅图市中国城街区	2007—2018年12月	转译 戏台、中国剪纸和梯田元素	现代园林	2600	现存
53	美国圣保罗市柳明园 St.Paul-Changsha Friendship Garden at Lake Phalen	明尼苏达州圣保罗市费伦公园	2018年5月—2019年7月	仿建 建筑（长沙岳麓山"爱晚亭"）、小品（长沙苗族特色）	其他地域园林（荆楚）	4800	现存
54	马耳他共和国桑塔露琪亚市静园 Chinese Garden of Serenity	桑塔露琪亚市	1997年7月 2014年修复	仿建 空间布局、建筑、植物配置、小品（《姑苏繁华图：虎丘山》）	江南私家园林	8000	现存

续表

序号	园林名称	建造地点	建造时间	设计手法 复制仿建对象 / 转译灵感来源	园林风格	面积（m^2）	状态
55	加拿大温哥华逸园 Dr. Sun Yat-Sen Classical Chinese Garden	加拿大温哥华唐人街中山公园	1985—1986年4月	仿建 仿苏州网师园（水榭、四宜书屋、华枫堂、云蔚亭）	江南私家园林	1430	现存
56	加拿大蒙特利尔梦湖园 Dream Lake Garden	蒙特利尔市蒙特利尔植物园	1988—1991年6月	仿建 空间布局、建筑（廊亭轩榭舫墙堂）、匾联题刻、叠山理水、植物配置	江南私家园林	20000	现存
57	几内亚科纳克里市十月二日公园 October 2nd Park	科纳克里市中心	1990—1992年	仿建 空间布局、植物配置	北方私家园林	3600	不详
58	荷兰格罗宁根霍托斯植物园谊园 The Friendship Garden of Hortus Botanical Garden	格罗宁根市霍托斯植物园	1994年11月	仿建 以"龙"为主题、九龙影壁	北方皇家园林	6700	现存
59	荷兰阿姆斯特丹中国园 Chinese Garden	阿姆斯特丹、哈勒姆	2002年	仿建	江南私家园林	1500	拆除
60	荷兰芬洛市中国园 Chinese Garden	芬洛世园博会（参展）、芬洛绿色公园（移建）	2012年	仿建 空间布局、造景手法	江南私家园林	1500	现存
61	韩国京畿道粤华苑 Yue Hua Garden （월화원）	京畿道水原市孝园公园	2005—2006年	仿建 假山水体、建筑小品（亭）、空间布局	岭南私家园林	6000	现存
62	韩国城南市沈阳主题公园 성남중앙공원	城南市中央公园	2005—2006年	仿建 不详	北方私家园林	1600	不详
63	法国马赛植物园上海园 Shanghai Garden	马赛市马赛植物园	2004年	仿建 建筑（月洞门、卧虹桥）、小品（青浦放生桥、豫园湖心亭、新天地石库门、外滩风貌）	江南私家园林	1600	现存
64	法国肖蒙花园节天地之间 Between Sky and Earth	谢尔省卢瓦河畔肖蒙城堡	2011年5月	转译 不详	现代园林	235	拆除
65	法国肖蒙花园节亭云 Pavilion of Hanging Clouds	谢尔省卢瓦河畔肖蒙城堡	2012年5月	转译 中国的艺术（诗歌、绘画）、诗意、处世态度	现代园林	200	现存
66	法国肖蒙花园节华庐 Hualu	谢尔省卢瓦河畔肖蒙城堡	2012年5月	转译 乡村气息、山水精神、意境美	现代园林	200	现存
67	法国肖蒙花园节方圆 Square & Round	谢尔省卢瓦河畔肖蒙城堡	2013年5月	转译 小中见大的中国园林手法、填挖方的工程技术	现代园林	100	现存
68	法国肖蒙花园节和园	谢尔省卢瓦河畔肖蒙城堡	2016年5月	转译 灵感来自三山五园、对无限的思考	现代园林	200	现存
69	法国巴黎怡黎园 YIli Garden	巴黎市圣雷米-奥诺雷	1994—2004年	仿建 建筑（仿沧浪亭长廊、绮绣亭）	江南私家园林	6000	现存

续表

序号	园林名称	建造地点	建造时间	设计手法 复制仿建对象/转译灵感来源	园林风格	面积（m^2）	状态
70	俄罗斯圣彼得堡市友谊园 The Garden of Friendship	圣彼得堡市彼得堡铸造厂大街	2002—2003年5月	仿建 九龙影壁	北方私家园林	3000	现存
71	德国慕尼黑芳华园 Fanghua Garden/ Garten von Duft und Pracht	慕尼黑市国际园艺展亚洲区	1982年9—10月	仿建 空间布局、叠山理水、造景手法（对景、障景）、建筑样式、植物配置、匾联题刻	岭南园林	540	现存
72	德国杜塞尔多夫帼园 Glagow Garden	杜塞尔多夫	1985年	仿建 空间布局、造景叠山理水之手法（障景、借景）、匾额题名	江南私家园林	60	不详
73	德国汉堡市玉兰香径亭 Yu Lan Xiang Jing Pavilion	汉堡市汉堡植物园	1988年	仿建 建筑样式（八角亭）	江南私家园林	不详	不详
74	德国杜伊斯堡郢趣园 Lebendiger Chinesischer Garden/Garten des Kranichs	杜伊斯堡市杜伊斯堡动物园	1988年5月	仿建 建筑色彩、装饰手法及小品（全园采用孔雀蓝色的琉璃瓦和黑色木作；建筑装饰和摆件小品参考战国时期图案）	其他地域园林（荆楚风格）	5000	现存
75	德国法兰克福春华园 Chinesischer Garten / Chunhua Garden	法兰克福市东贝克曼公园	1989年4—9月建成 2007年修复 2018年3月—2019年10月复建	仿建 空间布局、造景手法（对景等）、建筑形式、植物配置、匾额题名、叠山理水手法	其他地域园林（徽州水口园林）	4000	现存
76	德国波鸿潜园 Chinesischer Garten Qian Yuan	波鸿市波鸿植物园中国园	1990年11月	仿建 建筑小品（桥、亭、廊）、叠山理水、植物配置、空间布局、造景手法（巧于因借）、文化意象（《桃花源记》）	江南私家园林	1000	现存
77	德国斯图加特清音园 Garten der schönen Melodie	巴登-符腾堡州斯图加特市国际园艺展国际园艺博览会	1993年	仿建 瘦西湖——静香书屋。空间布局、造景手法（障景）、叠山理水、植物配置、建筑（亭、厅）	江南私家园林	2000	现存
78	德国大实中国中心 Dashi China Center	斯图加特市福德堡市	1995年	仿建 山石植物配置、建筑小品	北方皇家园林	2000	现存
79	德国柏林得月园 Garden of the Recovered Moon/ Garten des wiedergewonnenen Mondes	柏林市东郊马尔灿区公园	2000年	仿建 建筑（茶室、舫、廊）、匾额题刻、空间布局、造景手法、理水	江南私家园林	30000	现存
80	德国曼海姆多景园 Garten der vielen Ansichten	曼海姆市路易森公园	2001年	仿建 空间布局、建筑小品（亭、台、廊、桥）、叠山理水、匾额题刻	江南私家园林	6000	现存
81	德国罗斯托克瑞华园 Ruihua Garden	罗斯托克市国际园艺展亚洲区	2002年7—10月	仿建 空间布局（宋代园林）、建筑小品、植物配置（文人园林）、匾联题刻	其他地域园林（宋代园林）	2024	现存
82	德国汉堡豫园 Yu Garden	汉堡市菲尔德布朗纳大街	2008年9月	复制 九曲桥、湖心亭茶楼、绿波廊为上海豫园-1：0.8复建	江南私家园林	3400	现存

续表

序号	园林名称	建造地点	建造时间	设计手法 复制仿建对象 / 转译灵感来源	园林风格	面积（m^2）	状态
83	德国柏林措伊藤九曲十八弯 Neun Krümmungen und achtzehn Windungen	达默-施普雷瓦尔德县	2009年	仿建 建筑小品（亭、山石）、文化意象（黄河）	现代园林	1500	现存
84	德国图林根州白湖怡园 Garten des ewigen Glücks	白湖市	2011年9月	仿建 空间布局、建筑小品（亭、台、榭、廊、桥）、叠山理水	江南私家园林	5400	现存
85	德国柏林独乐园 Dule Garden	柏林市柏林国际园林博览会	2017年3月	转译 转译司马光《独乐园记》与仇英《独乐园》中的轴线空间	现代园林	385	现存
86	德国特里尔厦门园 Chinese Garden	特里尔市佩特里斯公园	2018年5月	转译 东方哲学思想，厦门元素（红砖、瓷板画、铸铜根雕）	现代园林	10000	现存
87	波兰华沙瓦津基公园中国园 Chinese Garden	华沙市波兰皇家瓦津基公园	2014年5—8月	仿建 建筑（水榭、六角亭、石桥来自颐和园、北海、恭王府）、小品（铜路灯、石狮子）	北方皇家园林	15000	现存
88	比利时天堂动物园中国园 Chinese Garden	埃诺省布吕热莱特市	1997—2006年8月	仿建 建筑（上海豫园“茶楼”）	江南私家园林	55000	现存
89	澳大利亚悉尼达令港谊园 The Chinese Garden of Friendship	新南威尔士州悉尼市达令港	1986—1988年1月	仿建 空间布局、建筑（月洞门）、小品（九龙影壁）	岭南私家园林	10300	现存
90	澳大利亚瓦加瓦加市茶花园 Camellia Garden in Wagga Wagga	新南威尔士州瓦加瓦加植物园	1988年8月	仿建 建筑小品（亭、垂花门、牌坊）、植物配置手法	北方私家园林	750	现存
91	中国驻澳使馆庭院 The Garden Project of Chinese Embassy in Australia	堪培拉市亚拉鲁姆大区	1988—1989年7月	仿建 建筑（江南园林水榭、亭廊）、小品（石灯笼、石桥）、理水（水面分割）	江南私家园林	约6000	不详
92	澳大利亚兰明平原华敬花园 Lambing Flat Chinese Tribute Garden	新南威尔士州杨市	1992年	仿建 中式园林建筑	北方皇家园林	不详	现存
93	澳大利亚新州布莱克市昌莱园 Chang Lai Yuan Chinese Gardens	新南威尔士州布莱克镇	2006—2012年8月	仿建 建筑（八角攒尖式楼阁、廊榭、重檐六角亭）、小品（四大名著雕刻）	北方私家园林	2800	现存
94	澳大利亚赫维湾植物园中国花园 Hervey Bay Botanic Gardens Chinese Garden	昆士兰州赫维湾	2012年9月	仿建 江南园林建筑元素	江南私家园林	不详	现存
95	澳大利亚凯恩斯中国友谊园 Cairns Chinese Friendship Gardens	昆士兰州凯恩斯市	2013—2015年12月	仿建 大红门廊柱、亭阁、太极图案草	其他地域园林	不详	现存

续表

序号	园林名称	建造地点	建造时间	设计手法 复制仿建对象 / 转译灵感来源	园林风格	面积（m^2）	状态
96	澳大利亚堪培拉北京花园 Beijing Garden	堪培拉市格里芬湖	2014年5—11月	仿建 花园内的主体建筑、门、亭、铜石雕塑和山石路径等	北方皇家园林	约10000	现存
97	澳大利亚墨尔本中国城天津花园 Tianjin Garden	墨尔本中国城	不详	不详	北方皇家园林	不详	现存
98	爱尔兰都柏林凤凰公园爱苏园 Ire-Su Garden	都柏林市凤凰公园	2011年3—6月	仿建 建筑（苏州网师园“殿春簃”）	江南私家园林	187	拆除
99	爱尔兰都柏林谊园 Yi Garden	都柏林市凤凰公园	2015—2016年6月	仿建 扬州园林	江南私家园林	210	拆除
100	埃及开罗国际会议中心秀华园 Xiuhua Garden	开罗国际会议中心	1984—1990年10月	仿建 建筑（水榭、半亭曲廊、砖雕门楼、方亭、重檐八角亭）	江南私家园林	不详	现存
101	埃及开罗世界公园中国园 Chinese Garden	开罗市纳赛尔城世界公园	1998年5月	仿建 建筑小品（重檐六角亭）植物配置方式	北方私家园林	1500	不详

附录B：1978—2020年海外中国园林建设信息

序号	园林名称	设计建造主体	背景动因	历史事件	建设信息 / 获奖情况
1	英哥利物浦燕秀园 Yan Xiu Garden	北京市园林局	参展	园林园艺专类	获1984年国际园林展“大金奖”金质奖章、“最佳亭子奖”奖状、“最佳园林艺术保留奖”奖状
2	英国格拉斯哥亭园 Glasgow Pavilion Garden	上海市园林工程有限公司	参展	园林园艺专类	获格拉斯哥国际园艺节“奥斯卡”奖
3	英国汉普敦皇宫园林展蝴蝶园/蝴蝶之恋 The Butterfly Lovers	杭州蓝天园林集团、刘庭风	参展	园林园艺专类	获2005年汉普敦皇宫园林展“超银奖”
4	英国伦敦塑与茶 Poly & Chai	非常建筑事务所、张永和	参展	艺术类	V&A博物馆最后一次夏季花园设计
5	英国畔溪中国花园 The Chinese Streamside Garden	扬州古典园林建设有限公司	私人层面	中外交流	无
6	意大利威尼斯双年展瓦园 Wa Garden	王澍	参展	艺术类	2006年第10届威尼斯双年展国际建筑展中国国家馆； 中国首次以国家馆的名义在威尼斯双年展国际建筑展参展
7	意大利威尼斯双年展达园 Da Garden	叶放	参展	艺术类	第53届威尼斯国际艺术双年展； 首度以艺术作品呈现在国际艺术大展上的苏州园林
8	意大利威尼斯双年展剪影山水 Silhouette Shanshui	MAD建筑事务所	参展	艺术类	2014年第14届威尼斯双年展国际建筑展
9	新西兰汉密尔顿花园畅逸园 Chinese Scholar's Garden	不详	政治层面	缔结友好城市	无锡赠建汉密尔顿
10	新加坡莲山双林寺 Siong Lim Temple	中外园林建设有限公司	私人层面	民间组织筹建	获新加坡国家发展部1999年度建筑遗产奖
11	新加坡裕华园蕴秀园 Yun Xiu Yuan	苏州园林设计院、中外园林建设有限公司	私人层面	中外交流	被称为“东南亚地区唯一完整和具代表性的苏州古典盆景园”； 获1993年江苏省优秀设计表扬奖、苏州市优秀设计一等奖
12	新加坡同济院 Tong Ji Yard in Singapore	杭州市园林管理局陈樟德	私人层面	民间组织筹建	建筑修复、庭园设计
13	新加坡花园节心灵的花园 Garden of Hearts	北京多义景观规划设计事务所、林箐、王向荣	参展	艺术类	2012年新加坡国际花园节； 获2013年IFLA APR设计杰出奖
14	新西兰达尼丁兰园 The Dunedin Chinese Gadren	上海博物馆、上海建筑装饰集团	私人层面	民间华人团体组织建造	被称为“南半球最纯正的中国花园”
15	西班牙塞维利亚探梦园 The Discovery Garden	中外园林建设有限公司	参展	艺术类	1992年西班牙塞维利亚世博会； 会后被安道尔国一位观众购走
16	土耳其安塔利亚世界园艺博览会中国华园 Chinese Garden	苏州农业职业技术学院	政治层面、参展	友好交流、园林园艺专类	纪念中土建交45周年； 至2016年中国赴境外参展面积最大的室外展园，永久保留
17	泰国曼谷市智乐园 Zhi Le Yuan	中建总公司园林建设公司	政治层面	中外交流	中国政府赠送给泰国九世王六十寿辰的礼物
18	泰国孔敬中国园 Chinese Garden	南宁市园林规划设计室	政治层面	缔结友好城市	南宁市与孔敬市为促进中泰两国的文化交流和发展友好关系而建
19	泰国清迈中国唐园 Tang Garden	扬州古典园林建设公司	参展	园林园艺专类	获2006年泰国世界园艺博览会室外国际展园评比一等奖

续表

序号	园林名称	设计建造主体	背景动因	历史事件	建设信息 / 获奖情况
20	瑞士苏黎世中国园 China Garden	昆明市园林规划设计院	政治层面	缔结友好城市	苏黎世唯一友好城市昆明赠建的礼物
21	瑞士日内瓦世界贸易组织总部院落姑苏园 Chinese GUSU garden	苏州园林设计院、苏州园林发展股份有限公司	政治层面	中外交流	中国商务部和苏州市政府捐建； 瑞士首座苏式园林； 世贸组织总部院落内唯一的园林建筑
22	日本札幌沈芳园 Shen Fang Park in Sapporo	沈阳园林规划设计院	政治层面	友好交流、参展	沈阳和札幌友好城市互赠纪念礼物； 曾参与花与绿博览会
23	日本川崎市沈秀园 Shen Xiu Park in Kawasaki	沈阳园林规划设计院	政治层面	缔结友好城市	沈阳赠建川崎缔结友好城市五周年纪念礼物
24	日本新潟县天寿园 Tian Shou Park in Niigata	北京市园林古建设计研究院	政治层面	中外交流	无
25	日本横滨市友谊园 Friendship Garden in Yokohama	上海市园林设计院	政治层面	缔结友好城市	上海市政府为与横滨缔结友好城市15周年增建
26	日本兵库县中国梅园 Chinese Plum Garden in Hyogo	杭州园林设计院	私人层面	商业建造	日本兵库县御津町世界梅公园主要景区
27	日本大阪同乐园 Tong Le Garden in Osaka	上海市园林工程有限公司	参展	园林园艺专类	1990年大阪国际花与绿博览会唯一永久保留花园； 获1990年日本国际花与绿博览会“大金奖”、“国际友好奖”、庭园总体设计及单体建筑设计等9项金奖；
28	日本那霸福州园 Fukushuen Garden	福州市规划设计研究院	政治层面	缔结友好城市	那霸与福州缔结友好城市10周年纪念
29	日本熊本县孔子公园 Confucian Park in Kumamoto	中外园林建设有限公司；日本中桐造园设计研究所	私人层面	中外交流	泗水町政府投资的孔子纪念性公园
30	日本广岛市渝华园 Yu Hua Park in Hiroshima	重庆市园林建筑规划设计院	政治层面	缔结友好城市	重庆和广岛友好城市缔结5周年的纪念礼物
31	日本北海道天华园 Tian Hua Park in Doto	北京市园林古建设计研究院	私人层面	商业建造	获北京市优秀设计一等奖、部级优秀设计二等奖、国家优秀设计铜质奖； 1999年关闭，2017年拆除
32	日本滋贺县阳明园 Yang Ming Garden	上海市园林工程有限公司	政治层面	中外交流	纪念王阳明出生地中国浙江省余姚市与日本阳明学创始人中江藤树先生出生地安云川町的友好交流
33	日本唐津市国际交流广场中国园 International Exchange Square and Chinese Garden in Karatau	中外园林建设总公司	政治层面	中外交流	作为中、日、韩三国友谊象征
34	日本鸟取县燕赵园 Yan Zhao Park in TOttori	石家庄市建筑设计院	政治层面	缔结友好城市	河北省和鸟取县友好城市5周年纪念； 日本国内规模最大的中式庭园
35	日本富士县中央植物园石林之石庭园 Shilin's Stone Garden in Toyama	昆明市园林规划设计院	政治层面	缔结友好城市	以昆明市郊的原生石组景
36	日本新潟县西山町故乡公苑 Hometown Park in Niigata	北京古建园林对外工程公司	政治层面	缔结友好城市	纪念西山町与淮安市友好城市； 以“西游记”为主题
37	日本兵库县淡路岛粤秀园	广州市市政园林局	参展	国际花卉展览会	获2000年日本淡路花卉博览会设计金奖

续表

序号	园林名称	设计建造主体	背景动因	历史事件	建设信息 / 获奖情况
38	日本福冈广州园 Guangzhou Garden	广州市市政园林局	参展	园林园艺专类	参加日本第22届全国城市绿化福冈展
39	美国纽约大都会博物馆明轩 the Astor Court	苏州园林设计院、南京工学院、苏州古典园林建筑公司	政治层面	中外交流	中国首次园林艺术出口工程
40	美国纽约斯坦顿岛寄兴园 The New York Chinese Scholar's Garden	邹宫伍、中外园林建设总公司	私人层面	外国友人邀建	温港文化中心和植物园总裁邀建； 全美第一座完整的完全仿真的较大型的苏州园林； 获1999年美国纽约市"最佳设计和建筑奖""最佳园林项目奖""最佳室内装潢奖"
41	美国纽约惜春园 Xichun Garden	中外园林建设总公司	参展	园林园艺专类	1989年美国"纽约花展"； 展后移建永久留在纽约
42	美国西雅图西华园 Seattle Chinese Garden	重庆市园林建筑规划设计院、苏州园林设计院	政治层面	缔结友好城市	纪念重庆与西雅图缔结友好城市； 中国在海外第一座巴渝风格园林
43	美国华盛顿世界技术中心大厦翠园、云园 Chinese Garden in Techworld Plaza	刘熙、中国扬州古典园林建设公司	私人层面	商业建造	美国第一座建成的民间邀建的中国园林项目
44	美国国家植物园半园	同济大学	私人层面	中外交流	无
45	美国菲尼克斯市中国文化中心和园 Chinese Garden	叶菊华、南京市建设委员会	城市更新	唐人街新建	2018年因商业原因拆除
46	美国锦绣中华公园苏州苑 Splendid China	苏州园林设计院、苏州园林发展股份有限公司	私人层面	商业建造	中国境外第一座大规模集中介绍中华文化的景区； 规模属于当时中国园林出口工程之冠； 2004年1月闭园停业
47	美国密苏里植物园友宁园 The Margaret, Grigg Nanjing Friendship Garden at the Missouri Botanical Garden	南京市园林规划设计院	政治层面	缔结友好城市	纪念南京市与圣路易斯市缔结友好城市15周年； 2019年南京赠送明式铜椅和茶几
48	美国波特兰兰苏园 Lan Su Chinese Garden	苏州园林设计院、苏州园林发展股份有限公司	政治层面	缔结友好城市	被称为"世纪之交外建最大且为北美唯一完整的苏州风格古典园林"； 获2001年俄勒冈政府"人居环境奖"、波特兰市建筑质量最高奖"模范安全奖"、2002年建设部优秀设计一等奖
49	美国波士顿中国城公园 Boston Chinatown Park	北京土人景观与建筑规划设计研究院、美国CRJA事务所	城市更新	唐人街更新	罗斯·肯尼迪绿道规划设计节点； 改造成了一个公共活动中心和演艺场所
50	美国洛杉矶亨廷顿图书馆流芳园 The Garden of Flowing Fragrance	苏州园林设计院、苏州园林发展股份有限公司	私人层面	中外交流	迄今北美最大的中国古典式园林 2006年一期开工，2008年建成； 2013年二期开工，2018年三期开工，2019年底建成
51	美国国家中国园 National China Garden	中国林科院、美国佩奇公司（PAGE）	政治层面	中外交流	2004年10月启动； 2016年10月28日举行开工典礼
52	美国西雅图"庆喜公园" Hing Hay Park	北京土人景观与建筑规划设计研究院、美国SvR设计公司	城市更新	唐人街更新	被称为一个"具有国际视野并有当地特色"的作品
53	美国圣保罗市柳明园 St. Paul-Changsha Friendship Garden at Lake Phalen	湖南建科园林有限公司	私人和政治层面	外国友人邀建、缔结友好城市	苗丽莲（Linda Mealey-Lohmann）的中国花园梦； 纪念圣保罗市和长沙市缔结友好城市30周年

序号	园林名称	设计建造主体	背景动因	历史事件	建设信息 / 获奖情况
54	马耳他共和国桑塔露琪亚市静园 Chinese Garden of Serenity	苏州园林设计院、江苏国际经济技术合作公司	政治层面	中外交流	中国援建马耳他的文化项目； 2014年苏州园林发展股份有限公司修缮扩建
55	加拿大温哥华逸园 Dr. Sun Yat-Sen Classical Chinese Garden	苏州园林设计院	私人层面	中外交流	北美洲第一座完整的户外苏州古典园林式公园； 获江苏省优秀设计三等奖、1987年国际城市协会“特别成果奖”、1987年温哥华市“城市杰出贡献奖”、“北美城市特别奖”
56	加拿大蒙特利尔梦湖园 Dream Lake Garden	上海市园林设计院、上海市园林工程有限公司	政治层面	缔结友好城市	上海和蒙特利尔“友好城市”的象征； 获1991年加拿大地区“荣誉奖”、1991年蒙特利尔市“拯救历史遗产保护协会”优秀规划奖、1993年建设部优秀设计奖
57	几内亚科纳克里市十月二日公园 October 2nd Park	北京市园林古建设计研究院	政治层面	中外交流	20世纪90年代几内亚首都唯一的公园； 原为中国20世纪60年代援建项目； 1989年中方整治并增设儿童游乐项目
58	荷兰格罗宁根霍托斯植物园谊园 The Friendship Garden of Hortus Botanical Garden	上海园林设计院、中外园林建设总公司上海、杭州分公司	政治层面	缔结友好城市	荷兰第一座中国园林； 获1997年上海市优秀设计二等奖
59	荷兰阿姆斯特丹中国园 Chinese Garden	成海钟、苏州农业职业技术学院	参展	园林园艺专类	获2002年荷兰世界花卉园艺博览会铜奖
60	荷兰芬洛市中国园 Chinese Garden	苏州农业职业技术学院	参展、政治层面	园林园艺专类、中外交流	2012年荷兰世界园艺博览会最大展园； 永久保留在荷兰芬洛绿色公园
61	韩国京畿道粤华苑 Yue Hua Garden（월화원）	广州市园林建筑规划设计院	政治层面	友好交流	2000年广东省与韩国京畿道签署《关于两省道加强友好合作的联合声明》
62	韩国城南市沈阳主题公园 성남중앙공원	沈阳市园林规划设计院、韩国城南市保健环境局	政治层面	缔结友好城市	2004年12月沈阳市政府与城南市政府签署互建友好主题公园备忘录
63	法国马赛植物园上海园 Shanghai Garden	上海市园林工程有限公司	政治层面	缔结友好城市	上海市赠建马赛市的礼物
64	法国肖蒙花园节天地之间 Between Sky and Earth	王向荣、林箐、北京多义景观规划设计事务所	参展	艺术类	第20届法国肖蒙城堡国际花园艺术节“未来的花园或快乐生物多样性的艺术”
65	法国肖蒙花园节亭云 Pavillion of Hanging Clouds	王澍	参展	艺术类	第21届法国肖蒙城堡国际花园艺术节； 永久性花园
66	法国肖蒙花园节华庐 Hualu	邱治平	参展	艺术类	第21届法国肖蒙城堡国际花园艺术节； 永久性花园
67	法国肖蒙花园节方圆 Square & Round	俞孔坚、北京土人景观与建筑规划设计研究院	参展	艺术类	第23届法国肖蒙城堡国际花园艺术节； “永久性花园”
68	法国肖蒙花园节和园	中国园林博物馆、北京市颐和园管理处	参展	艺术类	第26届法国肖蒙城堡国际花园艺术节“来自下个世纪的花园”； “永久性花园”
69	法国巴黎怡黎园 YIli Garden	康群威、石巧芳、苏州园林局	私人层面	私人建造	法国第一座中国园林
70	俄罗斯圣彼得堡市友谊园 The Garden of Friendship	上海市园林设计院、上海园林（集团）公司	政治层面	中外交流	上海赠建圣彼得堡市建城300周年礼物
71	德国慕尼黑芳华园 Fanghua Garden/Garten von Duft und Pracht	广州市园林局	参展	园林园艺专类	欧洲第一座中国园林； 1983年慕尼黑国际园艺展览会； 获世界园艺展“德意志联邦共和国大金奖”、“联邦德国园艺建设中央联合会大金质奖章”

续表

序号	园林名称	设计建造主体	背景动因	历史事件	建设信息/获奖情况
72	德国杜塞尔多夫帼园 Glagow Garden	中外园林建设有限公司	私人层面	私人建造	被玛丽安娜·鲍谢蒂（Marianne Beuchert）称为"精美的小珍珠"
73	德国汉堡市玉兰香径亭 Yu Lan Xiang Jing Pavilion	上海市园林工程有限公司	政治层面	缔结友好城市	上海市赠建德国汉堡
74	德国杜伊斯堡郢趣园 lebendiger Chinesischer Garden/Garten des Kranichs	武汉市园林建筑规划设计院	政治层面	缔结友好城市	纪念1982年武汉和杜伊斯堡结成中德两国首对友好城市
75	德国法兰克福春华园 Chinesischer Garten / Chunhua Garden	中外园林建设有限公司、安徽省徽州古建筑研究所、徽州古建园林公司	政治层面	中外交流	2007年由中外园林建设有限公司修缮；2017年遭遇火灾，次年邀请中外园林建设有限公复建
76	德国波鸿潜园 Chinesischer Garten Qian Yuan	张振山、同济大学设计院、无锡市园林古典建筑公司	政治层面	中外交流	同济大学赠送波鸿鲁尔大学礼物； 2001年无锡市园林古典建筑公司维修
77	德国斯图加特清音园 Garten der schönen Melodie	扬州古典园林建设有限公司（现扬州园林设计院）	参展	园林园艺专类	1993年斯图加特国际园林博览会永久保留展园； 国际园艺展-德国园艺家协会金奖、联邦政府铜奖
78	德国大实中国中心 Dashi China Center	中外园林建设总公司	私人层面	商业邀建	兼有餐饮贸易的中国传统园林
79	德国柏林得月园 Garden of the Recovered Moon/Garten des wiedergewonnenen Mondes	北京市园林古建设计研究院、北京市园林古建工程公司	政治层面	中外交流	迄今德国最大的海外中国园林； 寓意对德国民族团圆的庆贺； 1994年北京与柏林缔结友好城市合作项目
80	德国曼海姆多景园 Garten der vielen Ansichten	镇江国际经济技术合作公司、巴符州曼海姆城市公园有限公司	政治层面	中外交流	2004年苏州与曼海姆缔结友好城市项目； 目前欧洲规模最大、保存最为完整的古典江南园林建筑群体
81	德国罗斯托克瑞华园 Ruihua Garden	中外园林建设总公司	参展	国际园艺展览会参展	2003年德国罗斯托克博览会
82	德国汉堡豫园 Yu Garden	上海豫园旅游股份有限公司	政治层面	中外交流	按照上海豫园1：0.8的比例建设，是上海和汉堡两市政府的友好合作项目； 2018年闭馆整修，2020年重新开放
83	德国柏林措伊藤九曲十八弯 Neun Krümmungen und achtzehn Windungen	来维墨西尼景观设计公司Levein-Monsigny Landschaftsarchitekten	政治层面	中外交流	无
84	德国图林根州白湖怡园 Garten des ewigen Glücks	上海市园林工程有限公司	政治层面	中外交流	无
85	德国柏林独乐园 Dule Garden	朱育帆、北京一语一成景观规划设计有限公司	参展	园林园艺专类	作为永久设施驻留在德国柏林马灿区的"世界公园"内
86	德国特里尔厦门园 Chinese Garden	厦门都市环境设计工程有限公司	政治层面	缔结友好城市	友城厦门与特里尔共同建设； 2018年英国景观行业协会（BALI）国家景观奖国际奖
87	波兰华沙瓦津基公园中国园 Chinese Garden	中国文化部恭王府管理中心	政治层面	中外交流	中波经济文化交流基金会作为重要组织者
88	比利时天堂动物园中国园 Chinese Garden	上海市园林工程有限公司	私人层面	中外交流	欧洲最大的海外中国园林
89	澳大利亚悉尼达令港谊园 The Chinese Garden of Friendship	广州园林局设计、上海市园林工程有限公司	政治层面	缔结友好城市	庆祝澳大利亚建国200周年重要项目； 广东省与新南威尔士州友好文化交流合作项目； 2017年成立"谊园咨询委员会"

续表

序号	园林名称	设计建造主体	背景动因	历史事件	建设信息 / 获奖情况
90	澳大利亚瓦加瓦加市茶花园 Camellia Garden in Wagga Wagga	昆明市园林规划设计院	政治层面	缔结友好城市	昆明市赠建瓦加瓦加市的礼物
91	中国驻澳使馆庭院 The Garden Project of Chinese Embassy in Australia	上海市园林工程有限公司	政治层面	中外交流	中国政府首次自行出资建造的大型使馆
92	澳大利亚兰明平原华敬花园 Lambing Flat Chinese Tribute Garden	不详	私人层面	中外交流	为纪念华工在19世纪60年代为西南威尔士州杨市淘金业发展所做贡献而建
93	澳大利亚新州布莱克市昌莱园 Chang Lai Yuan Chinese Gardens	聊城市规划建筑设计院	政治层面	缔结友好城市	新州布莱克镇和山东聊城共同出资修建； 获2013年"澳洲姐妹城市奖"
94	澳大利亚赫维湾植物园中国花园 Hervey Bay Botanic Gardens Chinese Garden	乐山高级工程师刘红英、Stephen Perry	政治层面	缔结友好城市	2005年中国四川乐山市赠建赫维湾市友好城市纪念花园
95	澳大利亚凯恩斯中国友谊园 Cairns Chinese Friendship Gardens	不详	政治层面	缔结友好城市	庆祝中国湛江与澳大利亚凯恩斯缔结友好城市10周年
96	澳大利亚堪培拉北京花园 Beijing Garden	韩阳、北京市文物古建工程公司	政治层面	缔结友好城市	北京市政府为庆祝与堪培拉友好城市建交14周年捐建
97	澳大利亚墨尔本中国城天津花园 Tianjin Garden	不详	政治层面	缔结友好城市	天津赠建墨尔本市的礼物
98	爱尔兰都柏林凤凰公园爱苏园 Ire-Su Garden	苏州园林发展股份有限公司	参展	园林园艺专类	2011年第五届爱尔兰布鲁姆国际园艺节
99	爱尔兰都柏林谊园 Yi Garden	扬州园林建筑装饰公司	参展	园林园艺专类	2016年第十届爱尔兰布鲁姆国际园艺节
100	埃及开罗国际会议中心秀华园 Xiuhua Garden	上海园林设计院、中建上海园林分公司	政治层面	友好交流	非洲第一座中国园林； 当时中国最大援外项目； 获1993年上海优秀设计二等奖
101	埃及开罗世界公园中国园 Chinese Garden	北京市文物局、北京市园林古建设计研究院	政治层面	友好交流	无

附录C：1978—2020年海外中国造园单体名录

序号	园林名称	建造地点	建造时间	设计建造主体	背景动因	历史事件	设计手法	状态
1	日本神奈川县风月亭	神奈川县厚木市	1984年10月—1985年3月	不详	政治层面	中外交流	不详	现存
2	日本池田市齐芳亭	池田市水月公园	1984年	苏州园林发展股份有限公司	政治层面	缔结友好城市 苏州池田友好城市3周年	仿建 苏州拙政园“荷风四面亭”	不详
3	缅甸仰光扬州亭	仰光市湄公河“扬州号”	1996年	扬州古建公司	政治层面	中外交流	仿建 扬州瘦西湖风景名胜区“四面八方亭”	现存
4	英国伦敦六角亭	伦敦唐人街	1987—1988年	扬州古建公司	私人层面	中外交流	仿建	拆除
5	加拿大多伦多六角亭	多伦多市	1989年	不详	政治层面	中外交流	不详	不详
6	美国肯特市友谊亭	肯特市	1994年	扬州古建公司	政治层面	缔结友好城市 扬州市赠建肯、特市	仿建 扬州瘦西湖风景名胜区“四面八方亭”	不详
7	墨西哥谊亭	卡尼市	1995年	南京市园林规划设计院	政治层面	缔结友好城市 南京市赠建卡尼市	仿建 彩绘双亭	不详
8	法国里尔市湖心亭	里尔市菲德尔特街歌剧院主场	2003—2004年	苏州园林发展股份有限公司	政治层面	中外交流	仿建 上海豫园	现存
9	德国北威州迪伦市金华亭	北威州迪伦市市政公园	2011年	不详	政治层面	缔结友好城市 金华市迪恩市结好10周年庆典	仿建 东阳木雕工艺	现存

参考书目

第一章

[1] [法]杜赫德. 耶稣会士中国书简集——中国回忆录Ⅳ[M]. 郑德弟译. 郑州：大象出版社，2001.

[2] 段建强. 从谐奇趣到明轩：十七至十八世纪中西文化交流拾遗[M]. 上海：同济大学出版社，2019.

[3] 童寯. 论园[M]. 北京：北京出版集团公司，2016：4.

[4] 朱建宁，张文甫. 中国园林在18世纪欧洲的影响[J]. 中国园林，2011，27(03)：90-95.

第二章

[1] 陈从周. 说园[M]. 上海：同济大学出版社，1984.

[2] 曹林娣. 中国园林文化[M]. 北京：中国建筑工业出版社，2005：1-6.

[3] 潘谷西. 江南理景艺术[M]. 南京：东南大学出版社，2001：1-2.

第三章

[1] 查前舟. 中国传统园林艺术对西方园林的影响[D]. 广州：华南理工大学硕士学位论文. 2005：7-12.

[2] 甘伟林. 文化使节：中国园林在海外[M]. 北京：中国建筑工业出版社，2000：13-239.

[3] 乐卫忠. 梦湖园造园要领——加拿大蒙特利尔植物园内的中国园林[J]. 中国园林，1994.02.

[4] 李景奇，查前舟. "中国热"与"新中国热"时期中国古典园林艺术对西方园林发展影响的研究[J]. 中国园林. 2007.01.

[5] 刘少宗. 中国园林设计优秀作品集锦(海外篇)[M]. 北京：中国建筑工业出版社. 1999.

[6] 刘庭风. 中国古典园林的设计、施工与移建：汉普敦皇宫园林展超银奖实录[M]. 天津：天津大学出版社，2007：4-127.

[7] 苏州园林发展股份有限公司. 海外苏州园林[M]. 北京：中国建筑工业出版社，2017：54.

[8] 王缺，巧筑园林播芬芳——记1983年慕尼黑国际园艺展中国园"芳华园"[Q]. 广东园林，2015.

[9] 王向荣，林箐. 心灵的花园[J]. 中国园林，2012，28(8)：83-85.

[10] 朱伟. 近三十年来海外中国传统园林研究[D]. 上海：华东理工大学，2011：12.

第四章

[1] 查前舟. 中国传统园林艺术对西方园林的影响[D]. 广州：华南理工大学硕士学位论文. 2005：7-12.

[2] [美]陈劲. 美国流芳园设计[M]. 上海：上海人民出版社，2015：6-271.

[3] 翟炼. 改革开放后中国园林跨文化传播研究[D]. 南京：东南大学，2016：70.

[4] 甘伟林. 文化使节：中国园林在海外[M]. 北京：中国建筑工业出版社，2000：13-239.

[5] 乐卫忠. 梦湖园造园要领——加拿大蒙特利尔植物园内的中国园林[J]. 中国园林，1994.02.

[6] 李景奇，查前舟. "中国热"与"新中国热"时期中国古典园林艺术对西方园林发展影响的研究[J]. 中国园林. 2007.01.

[7] 廉国钊. 关于推进我国园林文化国际影响力的思考[J]. 国土绿化，2018(1)：44-46.

[8] 刘虹. "中国风"与新"中国风"：中国传统园林对西方的两次集中影响[D]. 广州：华南理工大学，2002：4-16.

[9] 刘少宗. 中国园林设计优秀作品集锦(海外篇)[M]. 北京：中国建筑工业出版社. 1999.

[10] 刘庭风. 中国古典园林的设计，施工与移建：汉普敦皇宫园林展超银奖实录[M]. 天津：天津大学出版社，2007：4-127.

[11] 刘通，王向荣. 建构语境下的小尺度风景园林设计——以三个小花园为例[J]. 中国园林，2014，30(4)：86-90.

[12] 沈惠身. 中国园林在海外[J]. 美术观察，1996，(07)：77-78.

[13] 苏州园林发展股份有限公司. 海外苏州园林[M]. 北京：中国建筑工业出版社，2017：54.

[14] 王缺. 巧筑园林播芬芳——记1983年慕尼黑国际园艺展中国园"芳华园"[Q]. 广东园林，2015.

[15] 王向荣，林箐. 心灵的花园[J]. 中国园林，2012，28(08)：83-85.

[16] 魏宪伟. 苏州古典园林经营管理的现代转型研究[D]. 苏州：苏州大学，2018：70-71.

[17] 谢爱华. 海外最大苏州园林"流芳园"规划设计回顾[J]. 中国园林，2009，25(03)：40-44.

[18] 朱伟. 近三十年来海外中国传统园林研究[D]. 上海：华东理工大学，2011：12.

第五章

[1] Dumoulin-Genest，Marie-Pierre. L'introduction et l'acclimatation des plantes chinoises en france au dix-huitieme siecle[D]. E.H.E.S.S.，1994.

[2] Gebhard D. Clay Lancaster，The Japanese Influence in America[J]. Art Journal，1964，24(2)：206-208.

[3] Goldstein J. America Views China：American Images of China Then and Now[M]. Lehigh University Press，1991：43-55.

[4] Keswick M. In a Chinese Garden：The Art & Architecture of the Dr. Sun Yat-sen Classical Chinese Garden[M]. The Dr. Sun Yat-sen Garden Society of Vancouver，1990.

[5] Lancaster C. Oriental Forms in American Architecture 1800-1870 [J]. The Art Bulletin，1947，29 (03)：183-193.

[6] Li T J. Another World Lies Beyond：Creating Liu Fang Yuan，the Huntington Chinese Garden [M]. University of California Press，2008.

[7] LIH. Another World Lies Beyond：Three Chinese Gardens in the US [J]. Education About Asia，2017，Volume22：3 (Winter2017).

[8] Murck A.，Fong W C. A Chinese Garden Court ：The Astor Court at The Metropolitan Museum of Art. [M]. Metropolitan Museum of Art，2012：30-64.

[9] Sirén O. China and Gardens of Europe of the Eighteenth Century [M]. Dumbarton Oaks Research Library and Collection，1990：24-452.

[10] 安文，李挺. 纽约大都会博物馆珍藏中国古典画作 [J]. 东方收藏，2014 (05)：104-108.

[11] 毕洋洋，田芃，王晓炎，等. 现代建筑七项原则与中国传统园林建筑创作精神的比较研究 [J]. 南方建筑，2017 (01)：119-123.

[12] 曾昭奋. 兰苏园记 [J]. 世界建筑，2001 (01)：84-85.

[13] 查前舟. 中国传统园林艺术对西方园林的影响 [D]. 武汉：华中科技大学，2005.

[14] 常怀云. 中国传统文化的国际化传播困境 [J]. 出版广角，2017 (19)：58-60.

[15] 陈从周. 说园 [M]. 上海：同济大学出版社，1984.

[16] 陈从周. 说园 [M]. 上海：同济大学出版社，2017：6-143.

[17] 陈从周. 中国诗文与中国园林艺术 [J]. 扬州师范学院学报（社会科学版），1985 (03)：41-42.

[18] [美] 陈劲. 美国流芳园设计 [M]. 上海：上海人民出版社，2015：6-271.

[19] 陈苗苗，朱霞清，郭雨楠，等. 威廉·钱伯斯和他的中国园林观 [J]. 北京林业大学学报（社会科学版），2014，13 (03)：44-49.

[20] 陈明，戴菲，郭晓华. 基于空间句法的中外传统园林对比研究 [J]. 城市建筑，2018 (23)：21-24.

[21] 陈受颐. 十八世纪欧洲之中国园林 [J]. 岭南学报，1931，第2卷（第1期）.

[22] 陈晓伟等. 消费信息资本与消费信息产业 [M]. 北京：新华出版社，2007：20-24.

[23] 陈星聚，张发勇. 中国园林文化对外传播的现状与改进措施 [J]. 英语广场，2019 (07)：56-58.

[24] 陈植. 园冶注释 [M]. 北京：中国建筑工业出版社，1981.

[25] 陈志华. 中国造园艺术在欧洲的影响 [M]. 济南：山东画报出版社，2006：5-147.

[26] 翟炼. 改革开放后中国园林跨文化传播研究 [D]. 南京：东南大学，2016.

[27] 丁斌. “明轩”及其建造轶闻 [N]. 文汇报，2019-11-15 (W16).

[28] 丁磊，任兰红，张晓斐. 园林中的榭 [J]. 南方建筑，2018 (04)：94-99.

[29] 杜赫德. 耶稣会士中国书简集 [M]. 郑州：大象出版社，2001.

[30] 范俊芳，文友华，李亚春. 从“爱晚亭”到“湘江亭”——美国明州费伦公园“湘江亭”的设计总结 [J]. 中外建筑，2019 (06)：184-188.

[31] [美] 费正清. 美国与中国 [M]. 张理京译. 北京：商务印书馆，1971：2-460.

[32] 甘伟林等. 文化使节——中国园林在海外 [M]. 北京：中国建筑工业出版社，2000：84-86，232-238.

[33] 高雅.《园冶》掇山置石理论在苏州古典园林的应用研究 [D]. 哈尔滨：东北林业大学，2018.

[34] 高燕. 中美文化基金会运作研究 [D]. 武汉：华中师范大学，2009.

[35] 顾凯. 童寯与刘敦桢的中国园林研究比较 [J]. 建筑师，2015 (01)：92-105.

[36] 何慕文，尹彤云. 方闻与大都会博物馆亚洲艺术收藏 [J]. 西北美术，2016 (2)：40-46.

[37] 何勇利. 冷战后中国文化外交的理论分析与实践探索 [D]. 石家庄：河北师范大学，2007.

[38] [美] 亨利·基辛格. 论中国 [M]. 胡利平等译. 北京：中信出版社，2012：2-600.

[39] 黄秀蓉. 从"苗族""美国苗族"到"苗裔美国人"——美国苗族群体文化认同变迁 [J]. 世界民族，2017 (01)：83-93.

[40] 蒋健鸣. 中美间第一对友好城市：南京—圣路易斯结好前后——写在两市结好20周年之际 [J]. 改革与开放，1999 (10)：27-28.

[41] 黎明. 中美公益性文化基金会比较研究 [D]. 北京：北京印刷学院，2013.

[42] 李景奇，查前舟. "中国热"与"新中国热"时期中国古典园林艺术对西方园林发展影响的研究 [J]. 中国园林，2007 (01)：66-73.

[43] 李清源. 中美文化与交际 [M]. 上海：复旦大学出版社，2012.

[44] 李文琳. 发达国家博物馆的经营管理模式及其启示 [J]. 中国民族博览，2016 (06)：210-211.

[45] 李小林. 中国城市竞争力专题报告：开放的城市　共赢的未来 (1973—2015) [M]. 北京：社会科学文献出版社，2016：5-64.

[46] 李晓丹，王其亨. 17～18世纪中西建筑文化交流 [J]. 新建筑，2006 (03)：122-123.

[47] 李泽，夏成艳，孙浩伦. 海外中国园林之造园意匠及游园感知探析——以美国为例 [J]. 新建筑，2020 (01)：1-6.

[48] 李正. 造园意匠 [M]. 北京：中国建筑工业出版社，2010：3.

[49] 令狐萍. 美国华侨华人研究：历史、现状与前瞻 [J]. 2018，第十卷 (第一期)：81-110.

[50] 刘敦桢. 苏州古典园林 [M]. 北京：中国建筑工业出版社，1979.

[51] 刘敦桢. 苏州古典园林 [M]. 北京：中国建筑工业出版社，2005：10-55.

[52] 刘虹."中国风"与新"中国风"——中国传统园林对西方的两次集中影响 [D]. 广州：华南理工大学，2002.

[53] 刘少宗. 中国园林设计优秀作品集锦-海外篇 [M]. 北京：中国建筑工业出版社，1999：97-99，200-201，205-206.

[54] 刘天华. 古典园林的守护者和复兴者——怀念陈从周先生 [J]. 中国园林，2010，26 (04)：4-5.

[55] 刘炜. 社会冲突视野下美国波士顿唐人街空间演变研究 [J]. 建筑学报，2018

（04）：28-35.

［56］卢仁．中国园林中的古典亭［J］．中国园林，1986（03）：25-27.

［57］路秉杰等．陈从周纪念文集［M］．上海：上海科学技术出版社，2002：169-205.

［58］骆天庆．美国城市公园的建设管理与发展启示——以洛杉矶市为例［J］．中国园林，2013，29（07）：67-71.

［59］冒皎姣．中美友好城市发展现状研究［D］．北京：外交学院，2011.

［60］孟兆祯．园衍［M］．北京：中国建筑工业出版社，2012：18-141.

［61］牛宇轩．遗址公园开发模式研究［D］．西安：西安建筑科技大学，2015.

［62］潘谷西等．一隅之耕［M］．北京：中国建筑工业出版社，2016：80-91.

［63］彭一刚．中国古典园林分析［M］．北京：中国建筑工业出版社，1986：1-6.

［64］秦江．巴渝传统园林的异地构建设计研究与实践运用［D］．重庆：重庆大学，2015.

［65］任淑华．世界主题公园之都——奥兰多对我国中小城镇特色发展之路的借鉴意义［J］．艺术科技，2017，30（06）：325.

［66］沈立新．海外华人民俗文化研究［J］．八桂侨刊，2008（01）：16-20.

［67］宋俊芳．中美关系的政治经济学研究［D］．上海：复旦大学，2003.

［68］苏畅．江南古典园林舫类建筑的环境空间特征研究［D］．苏州：苏州大学，2018.

［69］苏州园林发展股份有限公司．海外苏州园林［M］．北京：中国建筑工业出版社，2017：4-37，84-152.

［70］孙鹄．苏州园林中的舫和榭［J］．古建园林技术，2011（02）：54.

［71］孙维学，林地主编．新中国对外文化交流史略［M］．北京：中国友谊出版公司，1999.

［72］孙筱祥．中国传统园林艺术创作方法的探讨［J］．园艺学报，1962（01）：79-88.

［73］孙艳玲．和平发展合作：新世纪的中国外交［M］．北京：中共党史出版社，2014.

［74］陶文钊．改革开放40年来中美关系的复杂性、矛盾性和基本经验［J］．当代中国史研究，2019，26（04）：152.

［75］陶文钊．中美关系史［M］．北京：中国社会科学出版社，2009.

［76］陶文钊．中美关系史1949—1972［M］．北京：中国社会科学出版社，2007：274-377.

［77］陶文钊．中美关系史（三）1972—2000［M］．北京：中国社会科学出版社，2007：1-466.

［78］童寯．江南园林志［M］．北京：中国工业出版社，1963.

［79］童寯．论园［M］．北京：北京出版社，2016：36-45.

［80］童寯．园论［M］．天津：百花文艺出版社，2006：41-48.

［81］王晓炎．基于现代园林设计六项原则的中国传统园林现代性分析［D］．郑州：河南农业大学，2017.

［82］王昕．苏州太湖石假山传统技法及鉴赏研究［D］．杭州：浙江大学，2013.

[83] 魏宪伟. 苏州古典园林经营管理的现代转型研究 [D]. 苏州大学，2018.
[84] 吴人韦. 园林创作——美国“半园”[J]. 园林，2000 (01)：10-11.
[85] 吴伟农. 锦绣中华公园在美关张 [J]. 中国经贸导刊，2004 (04)：50-51.
[86] 夏征农. 辞海 [M]. 上海：上海辞书出版社，2002：746.
[87] 谢爱华. 海外最大苏州园林“流芳园”规划设计回顾 [J]. 中国园林，2009，25 (03)：40-44.
[88] [英] 休·昂纳. 中国风：遗失在西方800年的中国元素 [M]. 刘爱英等译. 北京：北京大学出版社，2014：8-300.
[89] 徐亮. 从园林输出看扬州文化的影响力 [J]. 广东园林，2018 (06)：33-37.
[90] 徐欣. 现当代美国西部城市的崛起及菲尼克斯城市的个案研究 [D]. 苏州：苏州大学，2005.
[91] 薛爱东. 中国园林建筑欣赏与设计——以亭为例 [J]. 现代园艺，2012 (04)：38.
[92] 杨鸿勋. 江南园林论 [M]. 北京：中国建筑工业出版社，2011：1-348.
[93] 余璐. 浅析十一届三中全会召开后中国对外关系的变化 [J]. 山西青年，2016 (09)：111-131.
[94] 俞孔坚. 波士顿中国城公园：记忆与展望 [J]. 城市环境设计，2008 (01)：58-63.
[95] 俞孔坚. 从美国的经验看中国园林面临的机遇和挑战 [C]. 面向2049年北京城市园林绿化展望与对策论文集，2000.
[96] 袁琳. 城市在中美人文交流中的作用研究 [D]. 北京：外交学院，2015.
[97] 张波，金雳. 受中国影响的美国园林和建筑名录 [J]. 中国园林，2016，32 (04)：117-123.
[98] 张波. 中国对美国建筑和景观的影响概述 (1860-1940) [J]. 建筑学报，2016 (03)：6-12.
[99] 张建平，沈博. 改革开放40年中国经济发展成就及其对世界的影响 [J]. 当代世界，2018 (05)：13-16.
[100] 张钦仪. 曲径通幽、东西架桥——华盛顿新落成的中国花园 [J]. 建筑学报，1990 (10)：54-55.
[101] 张祖刚. 世界园林发展概论 [M]. 北京：中国建筑工业出版社，2003：1-205.
[102] 赵彬. 中美人文交流：影响因素与作用限度分析 [D]. 北京：北京外国语大学，2017.
[103] 赵春磊，段一凡. 美国密苏里植物园内的中国园景观评析 [J]. 南京林业大学学报 (自然科学版)，2014，38 (S1)：111-114.
[104] 赵庆泉. 美国波特兰的中国园：兰苏园 [J]. 花木盆景 (花卉园艺)，2003 (10)：38-39.
[105] 周建猷. 浅析美国袖珍公园的产生与发展 [D]. 北京林业大学，2010.
[106] 周明. 文化艺术品的可译性——在国外建造中国园林的困难和挑战 [M]. 哈尔滨：哈尔滨工业大学出版社，2010.
[107] 周苏宁. 敢为人先，开中国园林出口之先河——记明轩主要设计者张慰人 [J]. 园林，2018 (09)：60-63.

[108] 周维权. 中国古典园林史 [M]. 北京：清华大学出版社，2008：1-36.
[109] 朱道荚，瞿露波. 美国密苏里植物园内的中国园“友宁园”的设计与施工 [J]. 中国园林，1998 (02)：28-29.
[110] 朱观海. 中国优秀园林设计集-六 [M]. 天津：天津大学出版社，2003：23-33.
[111] 朱观海. 中国优秀园林设计集-五 [M]. 天津：天津大学出版社，2002：85-92.
[112] 朱光亚，李开然. 在城市拓展中的传统园林艺术 [J]. 新建筑,2000 (04):5-8.
[113] 朱建宁，杨云峰. 中国古典园林的现代意义 [J]. 中国园林，2005 (11)：1-7.
[114] 朱建宁，张文甫. 中国园林在18世纪欧洲的影响 [J]. 中国园林，2011，27 (03)：90-95.
[115] 朱伟. 近三十年来海外中国传统园林研究 [D]. 上海：华东理工大学，2012.
[116] 朱育帆. 文化传承与“三置论”——尊重传统面向未来的风景园林设计方法论 [J]. 中国园林，2007 (11)：33-40.
[117] 左菲菲. 美国城市规划中公众参与模式的转型与发展研究 [J]. 低碳世界，2016 (25)：170-171.

第六章

[1] Alfreda Murch，Wen Fong. A Chinese Garden Court：The Astor Court at the Metropolitan Museum of Art [M]. New York：the Metropolitan Museum of Art，1980.
[2] Andrew C.Theokas.Grounds For Review the Garden Festival in Urban Planning and Design [M]. Liverpool：Liverpool University Press，2004.
[3] Chinagarten in neuem Glanz. Verschönerungsverein Stuttgart saniert Dächer und Gebäude - Ziegel stammen aus der Volksrepublik [N]. 2007-09-27.
[4] Maggie Keswick，Charles Jencks，Alison Hardie. The Chinese Garden：History，Art and Architecture [M]. Cambridge：Harvard University Press，2003.
[5] Peter Kluska：Der Westpark Landschaft und Erholungsraum Ausstellung im Park. In：Garten Landschaft [M]，Ausgabe 4/83：269 - 274.
[6] T. June Li. Another World Lies Beyond Creating Liu Fang Yuan，the Huntington Chinese Garden [M]. California：University of California Press，2008.
[7] [英] 安东尼・吉登斯. 全球时代的欧洲 [M]. 潘华凌译. 郭忠华校. 上海：上海译文出版社，2010.
[8] 曹卫东. 同异之辩：中德文化关系研究 [M]. 北京：北京师范大学出版社，2016.
[9] 查前舟. 中国传统园林艺术对西方园林的影响 [D]. 武汉：华中科技大学，2005.
[10] 陈洪捷. 中德之间：大学、学人与交流 [M]. 北京：北京大学出版社，2010.
[11] 陈星聚，张发勇. 中国园林文化对外传播的现状与改进措施 [J]. 英语广场，2019，103 (7)：56-58.

［12］储斌，杨建英．“一带一路”视域下城市外交的动力、功能与机制［J］．青海社会科学，2018（2）：47-53，87.
［13］翟炼．改革开放后中国园林跨文化传播研究［D］．南京：东南大学，2016.
［14］杜赫德．耶稣会士中国书简集［M］．郑州：大象出版社，2005.
［15］杜继东．中德关系史话［M］．北京：社会科学文献出版社，2011.
［16］甘伟林，王泽民．让世界人民共赏中国园林艺术［J］．中国园林，1991（01）：58-62.
［17］甘伟林．文化使节——中国园林在海外［M］．北京：中国建筑工业出版社，2000：13-165.
［18］顾俊礼．列国志·德国［M］．北京：社会科学文献出版社，2007：148.
［19］顾俊礼．中德建交四十周年回顾与展望［M］．北京：社会科学文献出版社，2012.
［20］汉堡——上海欧洲旅游中心揭牌，豫园“飘洋过海”开张迎宾客［N］．海峡之声网，2008-09-27.
［21］侯丛思．德国高校体育馆的复合利用与设计研究［D］．西安：西安建筑科技大学，2013.
［22］黄勤．传承创新，异国再造古园林——苏州园林股份有限公司洛杉矶流芳园工程建设实录［J］．建筑，2009（21）：35-39.
［23］江建国．“得月园”里的笑声［N］．人民日报，2001-09-17（7）.
［24］金柏苓，丘荣，张新宇．德国柏林“得月园”［J］．城市住宅，2005（03）：90-98.
［25］金柏苓．柏林行思［J］．风景园林，2019，26（05）：60-64.
［26］金小花，周苏宁．大象无形——记大师傅陆耀祖［J］．中国民族建筑，2017（166）：55-62.
［27］居吉荣，吴保平．承古融今技精湛神韵重现姑苏园——苏州园林发展股份有限公司发展记略［J］．建筑，2007，598（15）：52-55.
［28］［德］克劳兹·R．昆斯曼，刘佳燕．德国城市：未来将会不同［J］．国际城市规划，2007（06）：5-15.
［29］乐卫忠．梦湖园造园要领——加拿大蒙特利尔植物园内的中国园林［J］．中国园林，1994（02）：30-36.
［30］李景奇，查前舟．“中国热”与“新中国热”时期中国古典园林艺术对西方园林发展影响的研究［J］．中国园林．2006（1）：66-73.
［31］李佩蓉，沈惠身，彭军．瑞华吟宋　花开异乡——德国罗斯托克市国际园艺展览会中的“瑞华园”［J］．中国园林，2003（03）：4-6.
［32］李正，忻一平．柳暗花明又一村——谈中国多景园的立意构思［J］．国土绿化，2012（03）：8-9.
［33］利建能．一代岭南园林宗师——郑祖良先生［J］．南方建筑，1997（06）：65-68.
［34］栗原．曼海姆的中国“新嫁娘”［N］．央视国际网络，2001-09-24.
［35］连玉如．新世界政治与德国外交政策：“新德国问题”探索［M］．北京：北京大学出版社，2003.

[36] 廉国钊. 关于推进我国园林文化国际影响力的思考 [J]. 国土绿化，2018 (1)：44-46.

[37] 林箐，王向荣，南楠. 艺术与创新——百年展览花园的生命之源 [J]. 中国园林，2007 (09)：14-20.

[38] 林箐，王向荣，南楠. 艺术与创新——百年展览花园的生命之源 [J]. 中国园林，2007：14-20.

[39] 刘虹. “中国风”与新“中国风”———中国传统园林对西方的两次集中影响 [D]. 广州：华南理工大学，2002.

[40] 刘少宗. 中国园林设计优秀作品集锦 (海外篇) [M]. 北京：中国建筑工业出版社，1999：81-210.

[41] 刘庭风. 中国古典园林的设计，施工与移建：汉普敦皇宫园林展超银奖实录 [M]. 天津：天津大学出版社，2007.

[42] 罗国文. 中德之间：一个资深外交官的回顾与展望 [M]. 北京：世界知识出版社，2019.

[43] [德] 玛丽安娜・鲍榭蒂. 中国园林 [M]. 北京：中国建筑工业出版社，1997：232-246.

[44] 梅兆荣. 中德关系回顾、剖析和展望——纪念中德建交45周年 [J]. 纵横，2017 (10)：35-40.

[45] 孟兆祯. 园衍 [M]. 北京：中国建筑工业出版社，2012.

[46] 木藕设计网Mooool.特里尔厦门园/厦门都市环境设计工程有限公司 [EB/OL]. https://mooool.com/trier-xiamen-park-by-xiamen-urban-environment-designengineering.html?from=singlemessage&isappinstalled=0，2020-06-14.

[47] 南楠. 园林展规划策略和会后利用研究 [D]. 北京：北京林业大学，2007.

[48] 彭一刚. 中国古典园林分析 [M]. 北京：中国建筑工业出版社，1986.

[49] 阮佳闻. 象征汉堡与上海友谊的“汉堡豫园”以崭新面貌重新开放 [N]. 中央广电总台国际在线，2020-1-18.

[50] [美] 塞缪尔・亨廷顿 (美). 文明的冲突和世界秩序的重建 [M]. 周琪译. 北京：新华出版社，2010.

[51] 沈惠身. 中国园林在海外 [J]. 美术观察，1996 (07)：77-78.

[52] 石忆邵. 德国均衡城镇化模式与中国小城镇发展的体制瓶颈 [J]. 经济地理，2015，35 (11)：54-60，70.

[53] 苏萍. 从波恩到柏林的历史跨越 [J]. 当代世界，1999 (09)：39-40.

[54] 孙立新. 近代中德关系史论 [M]. 北京：商务印书馆，2014.

[55] 童寯. 东南别墅 [M]. 北京：中国建筑工业出版社，1997.

[56] 童寯. 童寯文集 [M]. 北京：中国建筑工业出版社，2000.

[57] 王东. 中国古典园林———得月园在柏林开园 [N]. 人民日报海外版，2000-10-25 (06) .

[58] 王芳. 跨越三十年匠心传承　春华园“建证”中德友谊 [N]. 人民日报海外网，2019-04-15.

[59] 王缺. 巧筑园林播芬芳——记1983年慕尼黑国际园艺展中国园“芳华园” [J]. 广东园林，2015，37 (01)：4-7.

[60] 王胜才，柴修发. 德国城市化的经验与启示［J］. 安徽决策咨询，2002（01）：42-43.

[61] 王向荣. 关于园林展［J］. 中国园林，2006（01）：19-24，26-29.

[62] 王向荣. 联邦园林展与德国当代园林［J］. 中国园林，1996（03）：57-59.

[63] 王振宇. 德国责任教育的思想渊源与路径探究［J］. 教学与管理，2019：117-120.

[64]［英］威廉·钱伯斯. 东方造园论［M］. 邱博舜译. 台湾：联经出版事业股份有限公司，2012.

[65] 吴泽椿. "芳华园"规划设计［J］. 中国园林，1985（07）：1-2.

[66]［英］夏丽森. 计成《园冶》在欧美的传播及影响［J］. 中国园林，2012（12）：43-47.

[67] 谢爱华. 海外最大苏州园林"流芳园"规划设计回顾［J］. 中国园林，2009，25（03）：40-44.

[68] 新浪上海. 德国汉堡"豫园湖心亭"9月开业［N］. 新浪上海，2008-09-27.

[69] 熊瑶. 中国传统园林的现代意义［D］. 北京：北京林业大学，2010.

[70] 徐留琴，杨晓燕. "一带一路"背景下加速发展友好城市的意义和对策［J］. 城市观察，2017（05）：153-164.

[71] 许可新. 豫园吃不惯"汉堡"？［N］. 第一财经日报，2011-11-10.

[72] 许明龙. 中西文化交流先驱：从利玛窦到郎世宁［M］. 北京：东方出版社，1993.

[73] 杨隆琰. 当代语境下中国园林诗性的转译与园林意境的营造［J］. 设计，2019（03）：56-58.

[74] 殷帆. 文化牵线搭桥，共促进步发展——记德国措伊藤"和谐之园"落成［N］. 国际在线，2009-09-05.

[75] 于芳. 中德人文交流的发展历程及启示［J］. 学术探索，2018（04）：134-140.

[76] 张慧文. 大都市中的公共开放空间——IGABerlin2017国际会议［EB/OL］. http://www.youthla.org/2017/07/iga-berlin-2017/.2017-07-05/2020-06-14.

[77] 张诗阳，王晞月，王向荣. 基于城市更新的西方当代园林展研究——以德国、荷兰及英国为例［J］. 中国园林，2016，32（07）：60-66.

[78] 张振山. 画谈潜园——记建在德国的一处中国园［M］. 北京：中国建筑工业出版社，2014.

[79] 赵芸. 竹类植物造景研究——以扬州个园为例［D］. 南京：南京林业大学，2011.

[80] 中外园林公众号. 中外园林与德国贝特曼公园签订"春华园"复建项目合同［N］. 中外园林，2018-09-30.

[81] 中外园林公众号. 中外园林德国春华园修复工程圆满竣工［N］. 中外园林，2019-07-03.

[82] 周岩厦. 中德文化交流溯源［J］. 浙江科技学院学报，2004（02）：120-124，128.

[83] 朱观海. 中国优秀园林设计集-六［M］. 天津：天津大学出版社，2003：23-47.

[84] 朱观海. 中国优秀园林设计集-五 [M]. 天津：天津大学出版社，2002：85-92.

[85] 朱建宁，杨云峰. 中国古典园林的现代意义 [J]. 中国园林，2005 (11)：1-7.

[86] 朱建宁，张文甫. 中国园林在18世纪欧洲的影响 [J]. 中国园林，2011 (03)：90-95.

[87] 朱伟. 近三十年来海外中国传统园林研究 [D]. 上海：华东理工大学，2011.

[88] 邹卫妍. 园林展的规划设计探讨 [D]. 南京：南京林业大学，2008.

第七章

[1] Yao Y., Liang Z., Yuan Z., etal.A human-machine adversarial scoring framework for urban perception assessment using street-viewimages [J]. International Journal of Geographical Information Science，2019.

[2] Zhou B., Lapedriza A., Khosla A., etal.Places：A 10Million Image Database for Scene Recognition [J]. IEEE Transactionson Pattern Analysis&Machine Intelligence，2018：1.

[3] 曹畅，戴代新. 基于web大数据语义分析的景观文化传达与文化服务绩效评价方法探究：以辰山植物园为例，2017 [C].

[4] 陈筝，刘颂. 基于可穿戴传感器的实时环境情绪感受评价 [J]. 中国园林，2018，34 (03)：12-17.

[5] 陈筝，塞巴斯蒂安·舒尔兹，刘雨菡，等. 基于生理反馈的建成环境体验评价与设计辅助 [J]. 时代建筑，2017 (05)：24-28.

[6] 陈筝. 高密高异质性城市街区景观对心理健康影响评价及循证优化设计 [J]. 风景园林，2018，25 (01)：106-111.

[7] 翟炼. 改革开放后中国园林跨文化传播研究 [D]. 南京：东南大学，2016.

[8] 康琦. 基于园记文献的两宋私家园林造园风格及其流变研究 [D]. 北京：北京林业大学，2019.

[9] 李纲，张霁，毛进，马超. 灾害事件下社交媒体图文相关性研究 [J]. 情报学报，2020，v.39 (11)：95-103.

[10] 李萍，陈田，王甫园，等. 基于文本挖掘的城市旅游社区形象感知研究——以北京市为例 [J]. 地理研究，2017，36 (06)：1106-1122.

[11] 李泽，夏成艳，孙浩伦. 海外中国园林之造园意匠及游园感知探析——以美国为例 [J]. 新建筑，2020 (01)：57-62.

[12] 梁吉业，钱宇华，李德玉，等. 大数据挖掘的粒计算理论与方法 [J]. 中国科学：信息科学，2015，45 (11)：1355-1369.

[13] 梁玉水. "审美认知模式"理论探究——基于认知神经科学视域的当代美学研究 [J]. 文艺争鸣，2014 (04)：56-60.

[14] 刘翔. 园林景观空间组织的视觉性解析初探 [D]. 咸阳：西北农林科技大学，2008.

[15] 刘音，陈崇贤. 西方语境的中国古典园林审美认知历史溯源 [J]. 广东园林，2020，42 (06)：81-85.

[16] 孟祥瑞，杨文忠，王婷. 基于图文融合的情感分析研究综述 [J]. 计算机应用，2021，41(02)：307-317.

[17] 涂红伟，熊琳英，黄逸敏，等. 目的地形象对游客行为意愿的影响——基于情绪评价理论 [J]. 旅游学刊，2017，32(02)：32-41.

[18] 王志芳，赵稼楠，彭瑶瑶，等. 广州市公园对比评价研究——基于社交媒体数据的文本分析 [J]. 风景园林，2019，26(08)：89-94.

[19] 徐菲菲，剌利青，YeFeng.基于网络数据文本分析的目的地形象维度分异研究——以南京为例 [J]. 资源科学，2018，40(07)：1483-1493.

[20] 臧文华. 基于生成对抗网络的迁移学习算法研究 [D]. 电子科技大学，2018.

[21] 张成龙，刘斯迪，赵宏宇. 基于网络大数据语义分析的城市设计理念传达绩效评价新方法——以前海3、4单元城市设计为例 [J].《规划师》论丛，2018(00)：78-86.

[22] 张春娥. 广州旅游目的地形象感知研究——基于网络文本分析 [J]. 华南理工大学学报(社会科学版)，2015，17(04)：25-32.

[23] 张瑾. 基于改进TF-IDF算法的情报关键词提取方法 [J]. 情报杂志，2014，33(04)：153-155.

[24] 张丽娟，崔天舒，井佩光，等. 基于深度多模态特征融合的短视频分类 [J]. 北京航空航天大学学报，2020：1-9.

[25] 赵宏宇，林展略，张成龙. 基于网络语义资源挖掘的景观设计理念传达有效性评价——以长春莲花山生态旅游度假区浅山区为例 [J]. 风景园林，2018，25(12)：36-40.

[26] 郑欣悦. 基于深度学习的少样本图像分类方法 [D]. 北京：中国科学院大学，2019.

致谢

本书尽可能完整收录并客观反映了新时代中国海外造园的辉煌成就，横贯改革开放以来的四十多年，历数一路走来风雨兼程，集中多方智慧，始成此作。这本书既是记录昨日之历史，也是展望明天之未来，其目的不仅是帮助一切对中国园林感兴趣的初学者、相关从业人员深入了解我国园林事业在全球蓬勃发展的全貌，更是为了引导读者能够正确认识并管窥蠡测中国文化海外传播的精髓与奥义，这对于中华文化走出国门、走向世界的发展过程，具有重要意义。

这本专著在成书过程中，课题组得到了国内外多方专家、学者的无私支持、热忱关心。有赖于我的同事、同仁们的无私奉献、不辞辛苦、慷慨援助，不吝提供多方面宝贵建议和第一手资料，才能使得本书不断完善、精益求精，最终付梓。在此，对于在本书出版过程中付出智慧与心血的中外专家、学者们，表示衷心且真挚的感谢！

感谢在海外中国园林、中国驻外机构工作的华人华侨、外国友人们的支持，洛杉矶亨廷顿图书馆东亚园林艺术所所长卜向荣（Phillip E. Bloom）先生、美国洛杉矶亨廷顿美西昆曲社、波特兰兰苏园工作人员Lisa女士、曾任教于波特兰州立大学孔子学院的廖诗琴女士和张宁女士，以及德国柏林得月园工作人员，提供了宝贵的影像资料。感谢海外中国留学生们的帮助，美国宾夕法尼亚大学王天硕、美国波特兰州立大学刘西航、美国纽约大学廖思宇、美国华盛顿大学秦睿卿、美国加利福尼亚大学洛杉矶分校徐沁炜、美国西雅图亚马逊公司靳晴协助拍摄并提供了大量照片。感谢德国波恩大学孔洞一博士、清华大学建筑学院景观学系许愿、北京一语一成景观规划设计有限公司马珂、北京林业大学园林学院黄思寒提供了德国部分园林的照片。

过去的三年里，课题组的成员们不负重托、团结一心、潜心研究，超额完成了课题任务。感谢我的研究生王凯伦、赵文琪、陆青梅、郝慧超、陈然对于书稿中部分文字的贡献，我们基于这一研究框架相继开展了对海外中国园林发展建设、营建运行、受众认知的研究，研究过程中我们经过了多次的讨论，到今天很多成果已发表在各学术期刊上，有些已经成为他们硕士毕业论文的一部分。感谢邵壮、练则可、凌怡晨、张烨、姜昕怿、唐丰芸、吴霜、鲍贝、马文莉、谢毓婧、刘德嘉对书中主要插图的绘制工作，海外中国园林平面图的绘制工作因图纸年代久远而较为困难，过程中经过了几番更改，课题组成员们以严谨专业的精神很好地完成了工作。

最后，本书的出版得到北京林业大学园林学院的支持。感谢中国建筑工业出版社杜洁、孙书妍编辑为本书出版给予的支持与帮助。此次完成本书，是对海外中国园林以往多年研究成果的继承与整合，呈现并凝聚了许多前辈的工作结晶与心血成果，也是当下新的研究成果的集中亮相与展望，希望对海外中国园林相关理论与实践起到抛砖引玉的作用。最后，还有一个出于严谨治学的补充说明，鉴于目前国内外对海外中国园林及部分国外城市、地方的音译尚未统一，本书尽可能旁征博引，参考了相关专业书籍中的译名。虽经努力辗转、多方求证，但受专业水平的限制，仍难免有疏漏或谬误，还请广大专家、同行和读者不吝指正。

后记

十余年前的春天，在法国卢瓦河畔的肖蒙城堡，我有幸参与了“天地之间”花园的搭建与体验，信步游历在蓝白相间的帷幕间，仿佛在天地穹宇间漫游、飞舞、翩跹，逐渐远离尘世的喧嚣与烦扰。鉴于那一年的成功举办，在2012年的新加坡花园节，我们又收到来自新加坡国家公园局的盛情邀约。在这一年的花园节上，更是有幸参与设计搭建了“心灵的花园”展园。值此契机，我也惊喜地了解到中国园林的足迹竟已遍布亚、欧、美各大洲的诸多国家，中国园林在海外的漂流、漫游足迹中，以东方美学的文化内涵及隽永神韵，始终勾连着中华文明精髓与世界文化。

中国需要了解世界，世界也需要了解中国。历史已经无数次证明，不同文化之间的碰撞和交流是文明发展的里程碑。我国拥有历史悠久的杰出造园艺术，千百年来，中国园林不俗的世界影响力绵延至今。改革开放以来，在中外新一轮对话的背景下，无论是立足传统的复制仿建，还是对现代转译的探索，中国园林已经在日新月异的发展轨迹中发掘出了许多利于对外传播的全新表现形式。

我们处在更新迭代、瞬息万变的时代进程中，挑战与契机纷至沓来，中国璀璨的文化走向世界之路依然任重道远、道阻且长。或许把握中国园林的自身演进与对外传播实践，能够为中国文化的生长提供更广阔的平台。正如孙筱祥先生所说，“全世界都是在天堂里建造虚无的极乐世界或伊甸园，都是出世的。只有中国是入世的，只有中国是在大地上建造‘人间天堂’的”。从古至今，无论国界或地域，对于园林的期待与憧憬，都被描摹为世界人民最美好、最接近于天堂的理想寓所。以中国园林为依托载体，昆曲、京剧、书法等众多中国文化精粹形式，或许能迎来国际化发展的崭新阶段，也能够以一种自下而上与自上而下有机结合的方式，在世界范围内传播中国文化。静水流深，润物无声，宁静方能致远，古今结合方能长足生长、深入人心。

20世纪末，《文化使节——中国园林在海外》与《中国园林设计优秀作品集锦（海外篇）》相继出版，这两本著作的面世，为世界认识海外中国园林提供了焕然一新的文字召唤。新世纪以来，亦有多项分散成果如雨后春笋、稳健生长，从公司到个人出版的形式，层出不穷。但就海外中国园林发展与建设的系统分析和总结而言，目前研究还较为缺乏，尚存在较大的生长空间。透过海外中国园林，我们可以看到形式背后，是巧夺天工的营造智慧与经年累月形成的文化积淀。因此，海外中国园林本身也集成了历史、文化、审美、经济、社会等多重价值，然而，如今部分园林陷入发展的困厄之境，其保护、修缮、健康发展亟待各方关注。因此，启动海外中国园林的系统研究，对于提升海外中国园林在国际上的关注度，反映改革开放以来中国文化对外传播的累累硕果，呈现中国园林继往开来的传承发展建设成果，助推中国园林更好地走向世界，都有着切近而深刻的价值及意义。

于2017年，课题组正式开启了以海外中国园林为对象的系统研究，积累至今已经有近五载的光阴积淀。在此过程中，我们追溯了海外中国园林的建设开端与发展历程，论述国际政治、经济、文化格局变迁对其发展的影响，重点归纳并总结其发展分期、全球分布、建造动机、建造风格及设计手法等层面的特征。与此同时，阐述了海外中国园林的营建与运行机制，并对相关开发筹划、资金筹集、营建主体、管理体系、经营模式及运营方式等，进行了详细调查与整合编纂。通过深入研究与实地探访的结合，我们对于现阶段海外中国园林在美国和德国的发展与建设情况进行了深入分析，并重点剖析不同地域文化背景关照下，海外中国园林的影响与差异。在此期间，课题组发表了相关专题论文《近四十年海外中国园林建设与发展研究》《近四十年海外中国园林营建与运行机制研究》，对于海外中国园林的发展脉络、分类方式、造园意匠、管理经营等层面，进行了较为全面深入的研究和整体性的总结，希冀能够为相关领域提供第一手研究成果。在2020年，我们还结合不同园林的具体特点，通过跨学科的学习和思考，对于东西方文化差异与海外受众审美认知进行了尝试性的探索和试验，借此契机进一步拓宽研究视野。

在2020年至2021年期间，我们还结合不同园林的具体特点，通过跨学科的学习和思考，对于东西方文化差异与海外受众审美认知进行了尝试性的探索和试验，借此契机进一步拓宽研究视野。一方面，基于网络大数据和深度学习技术，课题组于《装饰》发表论文《基于多模态深度学习的审美认知规律大规模测度方法》，完成论文《跨文化传播视角下基于人工智能技术的海外中国园林文化传达有效性研究——以美国流芳园为例》；另一方面，课题组结合跨文化传播理论，构建了海外中国园林景观价值理论体系，采用现场参与式制图的方式在美国、德国、日本开展了价值评估，明晰海外中国园林的价值构成和受众认知机制，成果以论文《海外中国园林的景观价值建构与认知差异机制研究》呈现。未来，课题组将基于上述成果，继续拓展研究边界，促进中国海外造园事业更加蓬勃发展。

基于上述认识和工作的既有经验，我们回望历史、展望未来，重新整理、继续前进，渴盼能够在原有研究上有所补充与开拓，尽力呈现海外中国园林研究的最新、最全面貌，以飨读者；与此同时，也尝试借助网络媒介开展创新性研究，扩大中国园林的海外传播影响力，助力中国文化稳步向前、走向世界，为未来预期轨道保驾护航。在历时两年多的书稿撰写过程中，课题组召开了多次专题讨论会，请教多方专家听取指导和修改意见，把握外业契机前往美国、土耳其等国开展现场调研、资料搜集、采访交流等工作，草拟初稿后，进行一系列补充、调整、完善工作，最终成果以《海外中国园林发展与建设：1978—2020》一书展现，共计30余万字、百余幅照片、50余幅平面和分析图、3份建设名录。以上种种虽然远非尽善尽美，但希望能够以微薄之力为中华民族的文化复兴事业，踵事增华、添砖加瓦。

守正创新是中华文化传承与弘扬的宗旨，也是中国园林在新时代语境下得以熠熠生辉、焕发新生的根基。图书与文字的力量，作为承载文化发展、持续创新的重要媒介，以汗青笔墨托起了无言的历史与厚重的文明积淀。感谢各方给予本书成书的无私支持、不吝献计，切盼本书能为中国园林事业的发展、推动中华文化走向国际作出贡献。并殷切期望各方批评，恳请专业人士斧正！

2021年9月于北京